网络工程专业职教师资培养系列教材

Windows Server 网络操作系统配置与管理

主　编　林　崧
副主编　黄　川　刘晓芬

科学出版社
北　京

内 容 简 介

本书循序渐进地介绍 Windows Server 2008 R2 网络操作系统的功能，从系统安装到服务器的配置和管理，引导读者轻松入门。全书共 12 章。第 1 章对网络操作系统进行简要介绍，便于读者对网络操作系统有一个整体的了解；第 2～4 章主要介绍 Windows Server 2008 R2 的安装和一些基本配置；从第 5 章开始介绍各类应用型的网络服务，通过实际案例详细介绍服务器配置和管理的方法，具体包括 Active Directory 域服务、DNS 服务、DHCP 服务、文件服务、Web 服务、FTP 服务、远程桌面服务、证书服务等。

本书以实践为主，可操作性强，能够快速提高读者的动手能力和技术水平。

本书可以作为职业技术学校网络工程或相关专业的教材，也可作为从事系统管理和网络管理的专业人员的参考书。

图书在版编目(CIP)数据

Windows Server 网络操作系统配置与管理/林崧主编. —北京：科学出版社，2016.6
网络工程专业职教师资培养系列教材
ISBN 978-7-03-048336-2

Ⅰ. ①W… Ⅱ. ①林… Ⅲ. ①Windows 操作系统–师资培训–教材 Ⅳ. ①TP316.86

中国版本图书馆 CIP 数据核字（2016）第 111691 号

责任编辑：邹 杰 / 责任校对：郭瑞芝
责任印制：徐晓晨 / 封面设计：迷底书装

科学出版社出版
北京东黄城根北街 16 号
邮政编码：100717
http://www.sciencep.com
北京建宏印刷有限公司印刷
科学出版社发行 各地新华书店经销
*
2016 年 6 月第 一 版 开本：787×1092 1/16
2018 年 5 月第三次印刷 印张：13 1/2
字数：307 000

定价：59.00 元

（如有印装质量问题，我社负责调换）

前　　言

构建网络的主要目的就是共享网络服务，而网络服务是由服务器提供的，因此，服务器被称为网络的灵魂和核心，没有服务器就没有网络服务。微软公司的 Windows Server 网络操作系统，以其功能性和易用性强的特点，占据了大部分中小型网络的服务器系统平台市场。本书基于网络应用的实际需求，以广泛使用的服务器操作系统 Windows Server 2008 R2 为例，来介绍网络服务器的部署、配置与管理的技术方法。

本书以职业岗位能力需求为中心，强化对学生能力的培养，突出学生的主体地位，运用“以任务为导向，融教、学、做为一体”的教学模式进行教学内容设计。结合实际应用需求，从案例分析出发，将网络操作系统的各技术要点细分成若干子任务，尽量减少空洞、枯燥的理论知识，加强应用性和可操作性内容，坚持理论与实训并重，让学生学以致用，学有所成。

本书在内容编排上的主要特点如下：紧紧围绕培养学生职业技能这条主线来设计教程的结构、内容和形式；从实际应用的需求出发，以任务带动学习，提高学生的实际操作能力；注重立体化教材建设，本书配套有相关的教学课件等教学资源，便于教师根据实际教学情况灵活运用。

本书共分 12 章，分别对 Windows Server 操作系统所涉及的几个主要方面进行介绍，并以任务为驱动，设计相关案例来加强学生对网络操作系统整体框架的理解。

第 1 章　绪论：主要介绍网络操作系统的功能、特点、组成结构、工作模式以及常用的网络操作系统等。

第 2 章　Windows Server 2008 R2 安装：对 Windows Server 2008 R2 进行简要介绍，包括其新特性和产品系列；还介绍 Windows Server 2008 R2 的安装以及安装前的准备等。

第 3 章　Windows Server 2008 R2 基本环境配置：对 Windows Server 2008 R2 的基本环境配置进行介绍，包括系统的激活、桌面环境设置、网络设置、 防火墙安全设置等。

第 4 章　本地用户和组管理：介绍了本地用户账户管理、本地组账户管理、设置本地用户所在的组、本地安全策略配置等。

第 5 章　Active Directory 域服务：对域的创建和管理进行介绍，包括建立 AD DS、将计算机加入或退出域、部署额外域控制器、域用户账户管理、组账户管理等。

第 6 章　DNS 服务：对 DNS 域名系统和工作作原理进行简要介绍；并通过一个具体案例了解 DNS 服务器的安装和配置过程。

第 7 章　DHCP 服务：简要介绍 DHCP 服务及其工作原理，并对 DHCP 服务器的安装和配置、客户端配置和服务器的运行维护进行介绍。

第 8 章　文件服务：通过一个具体案例对文件服务器的管理进行介绍，包括创建共享文件夹、管理共享文件夹、访问共享文件夹、设置卷影副本等。

第 9 章　Web 服务：对 Web 服务器的管理进行介绍，包括 IIS 7.5 的安装、Web 网站主目录的配置、网站主页的配置、物理目录与虚拟目录的配置、Web 网站的安全配置等。

第 10 章 FTP 服务：简要介绍 FTP 服务及其工作原理，并对 FTP 服务器的安装及测试、站点基本配置、站点安全配置进行介绍。

第 11 章 远程桌面服务：通过一个实际案例对远程桌面服务进行介绍，包括远程桌面服务概述、部署远程桌面会话主机、远程桌面授权、远程管理、RemoteApp 管理器的配置和管理等。

第 12 章 证书服务：对数据加密技术和数字证书进行简要介绍；利用一个具体案例对证书服务进行介绍，包括证书服务器的安装、配置和管理，数字证书的申请和安装等。

本书第 1～3 章、第 9、10 章由黄川编写，第 7、8 章由刘晓芬编写；林崧编写其余章节，并负责全书的内容组织、结构设计和统稿工作。此外，吁超华、王宁等研究生也为本书提供了一些素材和必要的协助。

编写本书时，尽管编者已考虑到一些相关企业的共性问题，精心设计了若干案例，然而，每个企业都有各自的特点，因此，在实际应用中需根据企业的实际情况进行改动。由于编者水平有限，书中难免存在不足和疏漏之处，恳请广大读者和同行不吝赐教，不胜感激。

编　者

2015 年 12 月于福建师范大学

目　　录

第1章　绪　论

当今时代，计算机已成为人类社会发展必不可少的工具之一，其涉及的领域已覆盖人类社会的方方面面。随着信息时代的到来，单个计算机系统明显地已无法满足人们日益增长的应用需求，计算机网络应运而生。仅有三四十年发展历史的计算机网络技术为人类社会的快速发展做出了巨大的贡献，而网络操作系统作为计算机网络技术的重要组成部分，成为人们学习和使用计算机网络技术的基础。

1.1　网络操作系统简介

一个计算机网络系统除了硬件设备、连接线缆以外，还需要一个操作系统对这些设备以及基于网络的各种应用和服务进行相应的管理和维护。这种面向计算机网络的操作系统称为网络操作系统(Network Operating System)。

网络操作系统是整个网络系统的总指挥，其定义一般为：使网络上各计算机通过开放互连环境，能方便地管理和有效地共享资源及为网络用户提供所需的各种服务的软件，以及完成网络通信的有关协议软件的集合。

网络操作系统作为网络用户使用计算机网络的入口，除了具备一般操作系统的功能，如处理器管理、存储管理、输入输出管理、接口管理和文件系统管理以外，还应提供与网络相关功能，主要包括如下几个方面。

1.1.1　提供对网络体系结构和各种网络协议的支持

网络体系结构(Network Architecture)是一种网络架构，它采用分层思想对复杂的网络服务、网络用户和数据进行配置和管理。同时为用户提供分类管理网络功能的使用环境，并为每一个层次上的功能设计相应的标准。当前 Internet 采用的网络体系结构为 TCP/IP 协议所规定的四层结构。因此，需要连接进入 Internet 的网络操作系统必须支持 TCP/IP 及其代表的协议族。例如，Windows Server 2008 R2 操作系统中就有对 TCP/IP 各种协议的支持。

1.1.2　提供网络通信和联网功能

这是网络操作系统的基本功能。为了保证若干台计算机之间能够实现无差错、透明的数据传输，网络操作系统应具有的功能主要包括：

(1)为了通信的可靠性，系统具有在传输双方之间建立和释放通信链路功能。

(2)为了防止数据收发双方硬件设备的差异，系统具有传输过程的流量控制功能。

(3)为了能使数据正确、快速地由发送方传输到接收方，系统具有传输路径选择功能，即路由(Routing)功能。

(4)为了数据传输的正确性，系统具有对传输过程中的数据进行差错检测和纠错功能。

1.1.3 提供各种网络服务功能

丰富的网络服务功能是计算机网络一大特色，常用的网络服务如电子邮件服务、网站发布服务、远程打印服务、文件传输服务等。网络操作系统能否高效、便捷地支持各种网络服务，也是衡量系统优劣的一个标准。

1.1.4 提供资源共享和管理功能

计算机网络的主要目的之一就是要实现软硬件资源的共享。网络操作系统可以通过用户的账户及其权限实现对网络资源的访问和共享，从而保证资源访问的可靠性和安全性。常见的资源共享方式有：文件共享、应用软件共享、数据库共享、硬盘共享和打印机共享等。

1.1.5 提供网络的容错能力和抗攻击能力

网络操作系统具有的“容错”能力保证了在网络故障的情况下网络仍可正常运行；而且，随着计算机网络的大规模应用，网络攻击事件层出不穷。为了保证网络的正常运行，网络操作系统通过对网络环境的统计分析和各种防御手段承担起对抗各种网络攻击的任务。

1.1.6 标准化

不同的计算机系统具有不同的软硬件设备和接口，为了使这些异构的计算机系统能够实现互联互通，网络操作系统通过标准化建设的手段，兼容各种计算机系统、接口、硬件设备等。

1.2 网络操作系统的特点

网络操作系统具备操作系统的以下基本特点。

(1)并发：是指两个或多个事件在同一时刻发生。

(2)共享：是指对系统资源的访问方式，主要有互斥共享和同时访问两种方式。

① 互斥共享方式：在一段时间内只允许一个进程访问系统资源的方式，而其他需要访问该资源的进程则处于等待状态。

② 同时访问方式：系统中有一些资源允许在一段时间内多个进程“同时”对其进行访问，如磁盘设备。这里的“同时”是宏观上的，在微观上仍然是采用分时的方式对资源进行交替访问。

(3)虚拟：是指操作系统将一个物理实体转化为若干个逻辑事物，从而实现多用户多任务操作。比如物理上只有一个处理器，而使用虚拟处理器技术却能使不同终端用户认为自己在使用一个独立的处理器。

(4)异步：操作系统在执行某个进程时是无法预知该进程的工作时间进度的，这是因为不同进程占用资源的时间是随机的。因此操作系统需要有完善的进程同步机制，以保证进程执行的正确性。

除此之外，网络操作系统还需具有如下的特点：

(1)硬件独立性：网络操作系统应独立于具体的硬件平台，即它能够兼容不同配置的硬件平台。比如 Linux 不仅能够运行在 x86 平台上，也可以运行在 RISC 平台上。

(2) 网络特性：能够连接不同的网络，提供必要的网络连接支持；能够支持各种网络协议和网络服务；具有网络管理的工具软件，能够方便地完成网络的管理。

(3) 具有很高的安全性：能够进行系统安全性保护和各类用户的存取权限控制；能够对用户资源进行控制，提供用户连接网络的访问方法。

(4) 可移植性和可集成性：具有良好的可移植性和可集成性也是网络操作系统必须具备的特点。

(5) 多用户、多任务：在多进程系统中，为了避免两个进程并行处理所带来的问题，可以采用多线程的处理方式。线程相对于进程而言需要较少的系统开销，且更易于管理。抢先式多任务就是操作系统不等待某一线程完成就将系统控制交给其他线程，主动将系统控制交给首先申请得到系统资源的其他线程，这样就可以使系统具有更好的操作性能。支持 SMP (对称多处理) 技术等都是对现代网络操作系统的基本要求。

1.3 网络操作系统的组成结构

操作系统一般由内核 (Kernel) 和壳 (Shell) 两个部分组成，如图 1.1 所示。

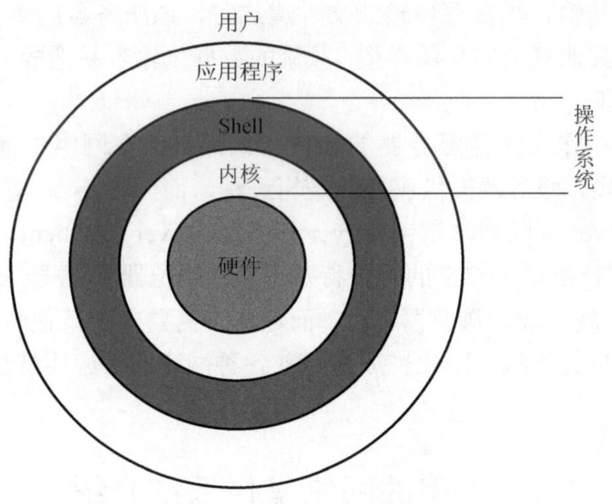

图 1.1 操作系统组成

内核是操作系统的核心，是在计算机启动时载入内存的程序，负责管理系统进程、内存访问、设备驱动与文件系统等。内核决定了系统的性能和稳定性。内核作为操作系统中最基本的部分，为众多应用程序提供对计算机硬件的安全访问权限和访问时长控制。由于应用程序直接对硬件操作是非常复杂而危险的，所以内核采用硬件抽象的方法为应用程序和硬件设备搭建访问平台。硬件抽象隐藏了硬件设备的复杂性，为应用程序提供简洁、统一的访问接口。内核的结构可以分为单内核、微内核、超微内核以及外核等。

内核为应用程序访问硬件提供平台，然而应用程序如何访问内核呢？Shell 就是应用程序访问内核的桥梁。Shell 为用户提供使用操作系统的接口，是命令语言、命令解释程序与程序设计语言的统称。Shell 拥有自己内建的 Shell 命令集，同时也能被其他应用程序调用。用户在命令行工作模式下输入命令，由 shell 解释后传递给内核，内核再执行相应操作。Shell 程序设计语言是一个解释型的程序设计语言。

内核与壳可以是完全独立的，比如 UNIX 和 Linux，用户可以在一个内核上自行安装和使用不同的 shell；二者之间也可以是关系紧密的，比如 Windows。

1.4　网络操作系统的工作模式

网络操作系统的工作模式主要有对等式网络、文件服务器模式与客户/服务模式 3 种。

(1) 对等式网络(简称对等网)：在该模式中，没有专用的服务器，网络中每个网络节点都是平等的。对等网一般都采用星形拓扑结构，最简单的对等网是使用交叉双绞线直接连接两台计算机，因此，该模式的网络结构比较简单。

对等网可以实现资源共享，如文件共享、打印机共享以及其他网络设备共享。然而由于没有专门的服务器支持，该模式下的网络性能较差，无法对整个网络进行有效的管理。一般在规模较小的局域网中使用对等网模式。

(2) 文件服务器模式：该模式是通过若干台工作站与一台或多台文件服务器连接起来，存取服务器文件、共享存储设备的工作模式。由于文件服务器的工作原理是将各用户之间的共享文件存入队列后依次传输，当需要传输的文件增加时，该服务器的负担也会随之增加。特别是对于数据库系统或其他复杂的文件类型，频繁的数据传输容易造成文件服务器不堪重负，而导致网络性能严重降低。

(3) 客户/服务模式：作为文件服务器的替代模式，目前在网络中通常都采用客户/服务(Client/Server，C/S)模式。服务器提供服务的逻辑进程，而向 Server 请求服务的进程称为该服务的 Client。一个 Server 可以同时充当 Server 和其他 Server 的 Client。

随着 WWW 的发展，出现了 C/S 的一种特殊形式：浏览器/服务器(Browser/Server，B/S)模式。B/S 模式中，客户端一般为浏览器软件，而通常不需要安装其他软件，从而在通用性和易用性方面具有无可比拟的优势，因此也成为目前各种网络服务应用提供基于 Web 的管理方式的原因。

1.5　常用的网络操作系统介绍

1.5.1　Windows 系列

Microsoft Windows 是微软公司研发的一套桌面操作系统，它问世于 1985 年，起初仅仅是 Microsoft-DOS 模拟环境，后续的系统版本由于微软不断地更新升级。

Windows 采用了图形化模式 GUI，比起键入指令使用的方式更为人性化。随着计算机硬件和软件的不断升级，微软的 Windows 也在不断升级，从架构的 16 位、32 位，再到 64 位，甚至 128 位，系统版本从最初的 Windows 1.0 到 Windows 95、Windows 98，再到 Windows ME。在此之后，微软公司研制了 Windows NT 系列，专门针对服务器和桌面操作系统市场，其版本从 NT 3.1 到 NT 6.2(Windows Server 2012，对应的桌面版本为 Windows 8)。

随着计算机技术的不断发展以及市场对服务器功能需求的不断提高，不同的 Windows 操作系统版本具有不同的特色。接下来，以目前市场常用的 Windows Server 2008 R2 为例来介绍 Windows 系统的功能与特色。

(1)第一个仅支持 64 位的操作系统。

(2)Hyper-V 2.0 支持 Live Migration 动态转移，并能支持在 VM 上安装更多 Linux 操作系统。

(3)强化 Active Directory(AD)功能，如具有新的 AD 管理接口，同时能使用 PowerShell 指令操作；可以让计算机离线加入网域，并有 AD 资源回收站，增强了 AD 成员增删的弹性。

(4)Windows PowerShell 2.0 与 Server Core-Server Core 模式支持.NET。

(5)强化了 Remote Desktop Services 功能，提升了桌面与应用程序虚拟化功能。

(6)通过 DirectAcess 提供更方便、更安全的远程联机通道，让 VPN 通道的建立变得更加简便，可整合多种验证机制及 NAP，有助于提高联机过程中的安全性。

(7)通过 BranchCache，加快分公司之间文件档案存取的效率。

(8)采用 URL-based QoS，进一步管控网页存取频宽。

(9)使用 BitLocker to Go，以支持可移除式储存装置加密。

(10)采用 AppLocker，提高个人端的应用程序控管度。

1.5.2 UNIX 系列

UNIX 操作系统是一个强大的多用户、多任务操作系统，支持多种处理器架构。按照操作系统的分类，它属于分时操作系统，最早由 Ken Thompson、Dennis Ritchie 和 Douglas Mcllroy 于 1969 年在 AT&T 的贝尔实验室开发。目前它的商标权由国际开放标准组织所拥有，只有符合单一UNIX规范的UNIX系统才能使用UNIX这个名称，否则只能称为类UNIX(UNIX-like)。UNIX 操作系统的特点主要如下。

1)系统安全性和稳定性突出

UNIX 在安全与稳定性等方面性能优异，很少出现系统瘫痪的现象。系统对文件和目录权限、用户权限及数据都有非常严格的保护措施，这为网络多用户环境中的用户提供了必要的安全保障。

2)真正的多用户、多任务操作系统

UNIX 是一个真正的多用户、多任务系统，可以被不同的用户分别同时使用，每个用户对自己的资源(如设备、文档)都有特定的访问权限且互不影响。同时，系统还支持用户的分组，系统管理员可以将多个用户分配在同一个工作组中。运行 UNIX 的计算机在同一时间能够支持多个计算机程序，特别是支持多个登录的网络用户。

3)设备独立性

UNIX 的设备独立性是指操作系统把文件、目录与设备统一当成文件来看待，只要安装了驱动程序，任何用户都可以像使用文件一样使用这些设备，而不必知道它们的具体存在形式。而相比于其他操作系统，UNIX 的内核允许不受限制的访问设备连接，因为每一个设备都是通过与内核的专用连接独立地进行访问的。

4)良好的可移植性

UNIX 是一种可移植的操作系统，能够在微型计算机或大型计算机的任何环境和任何平台上运行。

UNIX 的不足主要体现在易用性方面，UNIX 对于一般用户来说难以掌握，想在短时间内掌握 UNIX 是非常困难的，尤其是那些没有网络安装和维护经验的用户。UNIX 主要用于大型网络应用领域，在一般中小型局域网中没有必要使用。

1.5.3 Linux 系列

Linux 操作系统诞生于 1991 年，是一套免费使用和自由传播的类 UNIX 操作系统，是一个基于 POSIX 和 UNIX 的多用户、多任务、支持多线程和多 CPU 的操作系统。它能运行主要的 UNIX 工具软件、应用程序和网络协议，同时支持 32 位和 64 位硬件。Linux 继承了 UNIX 以网络为核心的设计思想，是一个性能稳定的多用户网络操作系统。

严格来讲，Linux 这个词本身只表示 Linux 内核，但实际上人们已经习惯了用 Linux 来代表整个基于 Linux 内核并且使用 GNU 工程各种工具和数据库的操作系统。

目前 Linux 存在着许多不同的 Linux 发行版本，但它们都使用了 Linux 内核。Linux 可安装在各种计算机硬件设备中，比如手机、平板电脑、路由器、视频游戏控制台、台式计算机、大型机和超级计算机。

Linux 的基本思想有两点：一切都是文件，每个软件都有确定的用途。前者就是说系统中的所有都归结为一个文件，包括命令、硬件和软件设备、操作系统、进程等，对于操作系统内核而言，都被视为拥有各自特性或类型的文件。

Linux 的主要特点如下。

1) 免费

Linux 是一款免费的操作系统，用户可以通过网络或其他途径免费获得，并可以任意修改其源代码。这是其他的操作系统做不到的。正是由于这一点，来自全世界的无数程序员参与了 Linux 的修改、编写工作，程序员可以根据自己的兴趣和灵感对其进行改变，这让 Linux 吸收了无数程序员的精华，功能不断壮大。

2) 兼容 POSIX 1.0 标准

兼容 POSIX 1.0 使得可以在 Linux 下通过相应的模拟器运行常见的 DOS、Windows 程序。这为用户从 Windows 到 Linux 的迁移奠定了基础。许多用户在考虑使用 Linux 时，就想到以前在 Windows 下常见的程序是否能正常运行，这一点就消除了他们的疑虑。

3) 多用户、多任务

Linux 支持多用户，各个用户对于自己的文件设备有自己特殊的权力，这就保证了各用户之间互不影响。多任务则是现在计算机最主要的一个特点，Linux 可以使多个程序同时并独立地运行。

4) 界面良好

Linux 同时具有字符界面和图形界面。在字符界面，用户可以通过键盘输入相应的指令来进行操作。它也提供了类似 Windows 图形界面的 X-Window 系统，用户可以使用鼠标对其进行操作。在 X-Window 环境中与在 Windows 中相似，可以说是一个 Linux 版的 Windows。

5) 支持多种平台

Linux 可以运行在多种硬件平台上，如具有 x86、680x0、SPARC、Alpha 等处理器的平台。此外 Linux 还是一种嵌入式操作系统，可以运行在掌上电脑、机顶盒或游戏机上。2001 年 1 月发布的 Linux 2.4 版内核已经能够完全支持 Intel 64 位芯片架构。同时 Linux 也支持多处理器技术，多个处理器同时工作，使系统性能大大提高。

第2章 Windows Server 2008 R2 的安装

Windows Server 2008 R2 是 Windows Server 2008 的第二个发行版本。该版本包含 Windows Server 2008 SP2，它是对 Windows Server 2008 存在的问题进行修正后的产品；同时它添加了 Windows Server 2008 所不具有的新功能，以提高系统的稳定性。本章内容主要包括 Windows Server 2008 R2 安装前的规划和安装系统两个部分。

2.1 系统安装前的规划

2.1.1 Windows Server 2008 R2 产品系列

Windows Server 2008 R2 产品系列针对不同客户提供不同版本的操作系统，以满足不同的需求，如表 2.1 所示。需要注意的是，该系列产品均为 64 位操作系统，不支持 32 位。

表 2.1 Windows Server 2008 R2 产品系列

产 品 名	说 明
Windows Server 2008 R2 Foundation	该系列的入门版本，具有易于部署、可靠、稳定等特点，适合小型企业使用
Windows Server 2008 R2 Standard	该产品内置网站与虚拟化技术，可增加服务器基础结构的可靠性和扩展性，节约建站时间和成本
Windows Server 2008 R2 Enterprise	该产品提供优于以上版本的扩展性与可用性，并且增加了适用于企业的技术，例如故障转移集群等
Windows Server 2008 R2 Datacenter	该产品除拥有以上版本所有功能之外，还支持更大的内存与更好的处理器
Windows Web Server 2008 R2	该版本主要针对架设网络服务器的功能需求
Windows Server 2008 R2 for Itanium-Based Systems	该版本是针对 Intel Itanium 处理器所设计的操作系统，用来支持网站与应用程序服务器的建设

2.1.2 硬件需求

安装 Windows Server 2008 R2 前，应确认计算机是否满足系统安装所需的最低硬件配置，如表 2.2 所示。

表 2.2 系统最低硬件配置

部 件	要 求
处理器	1.4GHz 64 位处理器 注：基于 Itanium 系统需使用 Itanium 2 处理器
内存	最小：512MB RAM（384 MB 用于安装 Server Core） 最大：8GB（Foundation） 32GB（Standard） 2TB（Enterprise，Datacenter，Itanium）

续表

部　件	要　　求
硬盘空间	最小：32GB（3.5GB 用于安装 Server Core） Foundation：10GB 注：在安装有 16GB 以上 RAM 的计算机上，需要更多的硬盘空间，用于页面缓存和内存镜像
显示	分辨率 VGA（800×600）
其他	键盘和鼠标或其他兼容性指针设备

不同 Windows Server 2008 R2 版本所支持的处理器数和内存容量，如表 2.3 所示。

表 2.3　Windows Server 2008 R2 的处理器与内存要求对应关系

版　　本	最大处理器数/个	最大内存容量
Web	4	32 GB
Standard	4	32 GB
Enterprise	8	2 TB
Datacenter	64	2 TB
Itanium	64	2 TB
Foundation	1	8 GB

2.1.3　安装规划

在 Windows Server 2008 R2 安装前，建议根据使用情况做好规划。如果已经安装有其他 Windows Server 版本，特别是 Windows Server 2003 32 位版本的系统要升级至 R2 版本，则有如表 2.4 所示的升级建议。

表 2.4　不同 Windows Server 版本的升级建议

原系统版本	支持升级的 Windows Server 2008 R2 版本
Windows Server 2003（SP2，R2）	
Datacenter	Datacenter
Enterprise	Enterprise，Datacenter
Standard	Standard，Enterprise
Windows Server 2008	
Datacenter	Datacenter
Datacenter Core	Datacenter Core
Enterprise	Enterprise，Datacenter
Enterprise Core	Enterprise Core，Datacenter Core
Foundation（仅 SP2）	Standard
Standard	Standard，Enterprise
Standard Core	Standard Core，Enterprise Core
Web	Standard，Web
Web Core	Standard Core，Web Core

如果是在已安装 Windows 操作系统的基础上升级至 Windows Server 2008 R2，则原来系统大部分的系统设置将会被保留在新升级的系统内；如果是全新安装系统的情况，则原有系

统的旧文件将会被转移到 Windows.old 文件夹内；如果在安装过程中选择将现有磁盘分区删除或格式化，则原有数据都将丢失。因此在安装之前，应根据需要规划好磁盘空间，并将磁盘的文件系统选择为NTFS格式，因为Windows Server 2008 R2只支持NTFS格式的文件系统。

2.1.4　安装模式

Windows Server 2008 R2 的安装模式有两种：完全安装模式和 Server Core 安装模式。

1. 完全安装模式

该模式下，系统安装完成后进入 Windows Server 2008 R2 内置窗口图形界面。

2. Server Core 安装模式

该模式下，系统安装完成后只能使用命令提示符(command prompt)或 Windows PowerShell 命令来管理系统，即仅有最小化的服务环境，从而降低了维护与管理的需求，减少硬盘空间需求，如图 2.1 所示。

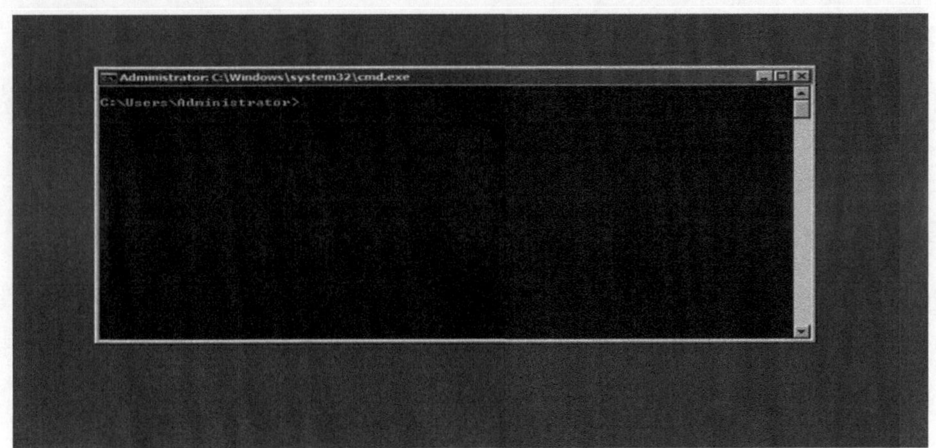

图 2.1　Server Core 的控制台接口

2.1.5　相关知识

Windows Server 2008 作为网络操作系统，功能强大且操作简便，因此受到市场的青睐。而 Windows Server 2008 R2 是 Windows Server 2008 的升级版本，其在以下 6 个方面进行的改进：虚拟化、可管理性、扩展性、Web 化、网络互连与接入和与 Windows 7 协同性。

1. 虚拟化

Windows Server 2008 的一个重要特性是通过 Hyper-V 实现对服务虚拟化的直接支持。而在 R2 版本中，该特性被进一步扩展到支持客户机桌面虚拟化。同时增加了动态磁盘分配(Dynamic Disk Allocation)、热迁移(Live Migration)等新功能。

2. 可管理性

Windows Server 2008 R2 改进了图形化界面管理和命令行管理方式，以提高系统的可管理性。R2 包含全新的 Windows PowerShell 版本。该版本强化了远程工作能力，并可以作为

Windows Server Core 的安装选项。除此之外，R2 还提供一个新的活动目录(Active Directory)模式，以及改进后的存储与文件服务管理。

3. 扩展性

Windows Server R2 是第一个仅支持 64 位处理器的 Windows Server。R2 现在可以支持最大 256 个逻辑处理器核心每单独的操作系统实例。Hyper-V 虚拟机能够处理多达 64 个逻辑内核的单个主机。同时 Hyper-V 支持二级地址转换技术(Second Level Address Translation)。而网络负载均衡(Network Load Balancing)技术能使 R2 工作在多服务器上。

4. Web 化

Windows Server 2008 R2 包括因特网信息服务(Internet Information Services，IIS) 7.5 版本。该版本包含一个新的 FTP 服务用以支持 IPv6、SSL 和 Unicode 字符。同时服务内核允许 Windows PowerShell 或 IIS Manager 管理 IIS 的权限。此外，IIS7.5 还包含 BPA(Best Practices Analyzer)，用以简化 IIS 的检修与配置。

5. 网络互连与接入

DirectAccess 是 Windows Server 2008 R2 的一种新型远程客户连接的技术。该技术与网络接入保护(Network Access Protection)技术确保了客户机的安全性，能使运行 Windows 7 的客户实现无缝的安全的远程连接。

6. 与 Windows 7 协同性

Windows Server 2008 R2 提供性能更佳的 RDS(Remote Desktop Services)，增强了与系统为 Windows 7 的客户机的远程连接能力。同时通过网络接入保护技术，强化了远程连接的安全性。

2.2 系统的安装

2.2.1 使用光盘进行全新安装

准备好 Windows Server 2008 R2 的 DVD 光盘，按照以下步骤进行全新的安装(本书假设是在无任何操作系统的磁盘上进行全新安装)。

【步骤 1】将 Windows Server 2008 R2 光盘放入光驱。将计算机的 BIOS 设置为从光盘启动系统。

【步骤 2】重新启动计算机后，如果硬盘内没有任何操作系统，则直接从光盘启动；如果已有其他操作系统，则计算机会显示 Press any key to boot from CD or DVD，此时按任意键进入光盘启动模式。

【步骤 3】当系统识别到光盘后，进入安装模式。Windows Server 2008 R2 的第一个安装界面是让用户选择安装的语言，如图 2.2 所示。选择后单击“下一步”按钮，进入图 2.3 所示界面，单击“现在安装”按钮。

图 2.2　语言及其他首选项选择

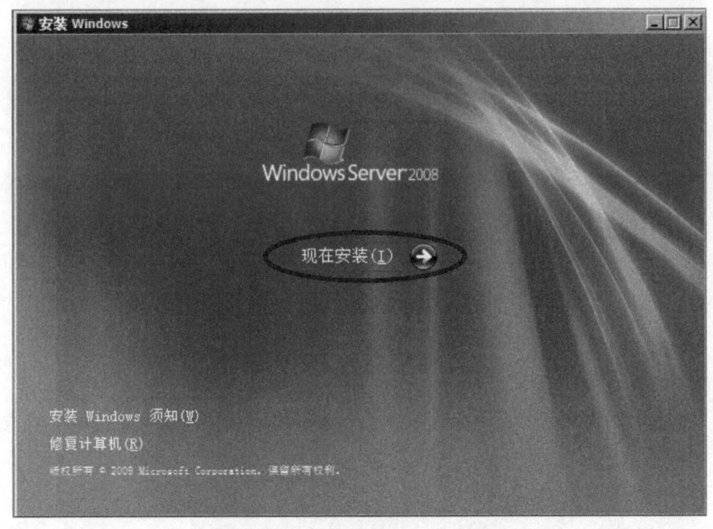

图 2.3　“现在安装”界面

【步骤 4】选择要安装的操作系统，如图 2.4 所示。菜单中包含 Windows Server 2008 R2 系列的所有版本，详见表 2.1。这里选择“Windows Server 2008 R2 Enterprise(完全安装)”进行安装。

【步骤 5】选择要安装的类型，包括升级和安装新的 Windows 副本，如图 2.5 所示。如果需要升级原有的 Windows 系统，则选择升级选项，升级对应版本见表 2.4；如果需要全新安装，则选择第二个选项。

【步骤 6】进入磁盘选择界面，如图 2.6 所示。根据需要对磁盘进行分区，并对磁盘进行格式化，也可以在安装后进入系统磁盘工具进行划分。

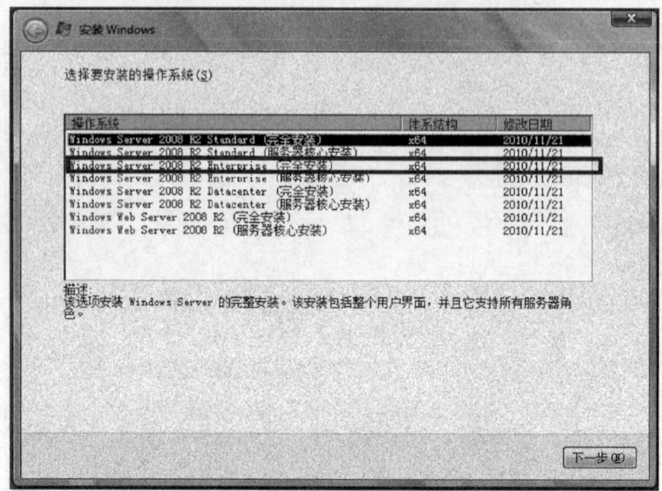

图 2.4　选择要安装的操作系统版本

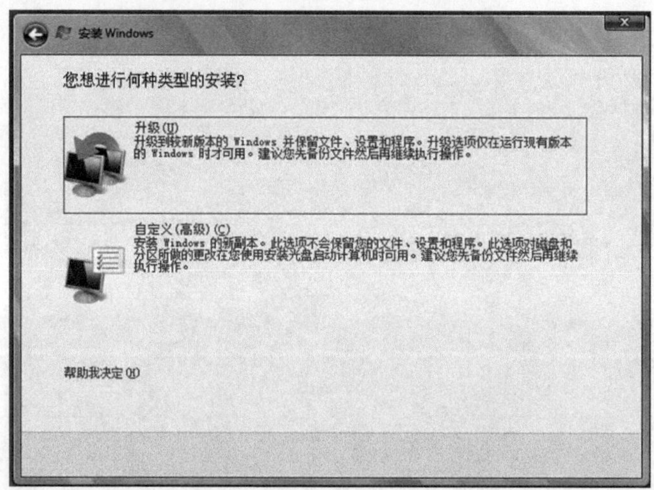

图 2.5　选择安装的类型

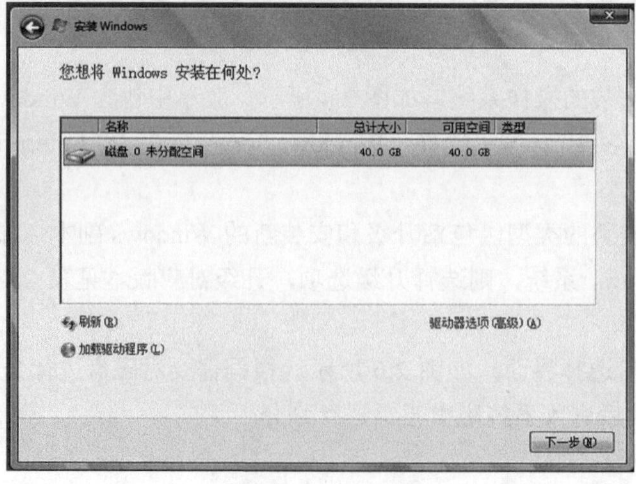

图 2.6　磁盘选择

【步骤 7】进入系统安装过程阶段，如图 2.7 所示。等待时间根据系统硬件情况而定。

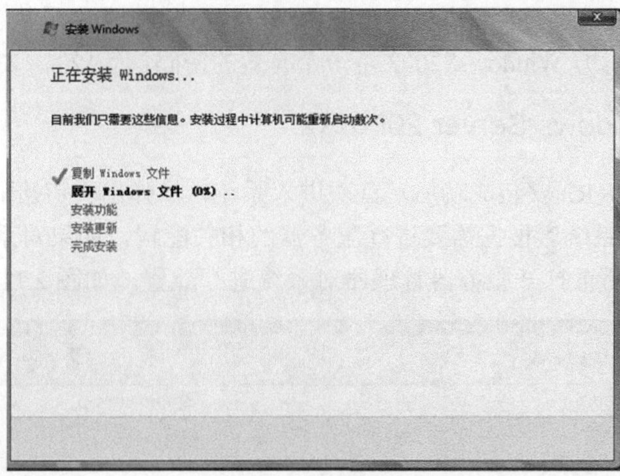

图 2.7 安装过程

【步骤 8】安装完毕后，系统自动登录，如图 2.8 所示。此时需要用户为 Administrator 账户创建密码，如图 2.9 所示。

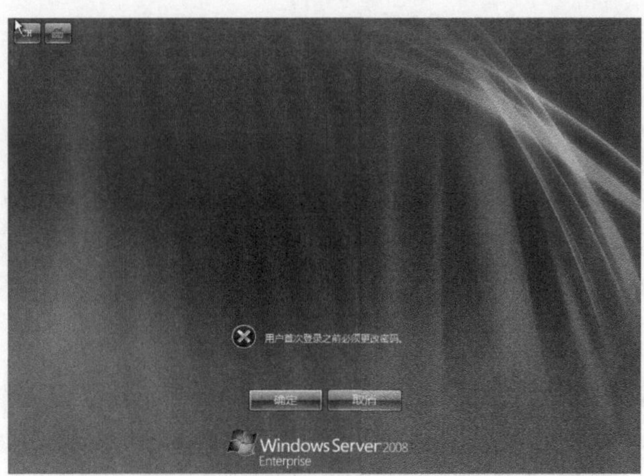

图 2.8 自动登录界面

图 2.9 创建 Administrator 的密码

注意：账号 Administrator 的密码设置要求为，密码至少 6 个字符，且不可包含用户账户名称中超过两个以上的连续字符，至少包含 A～Z、a～z、0～9、非字母数字(例如!、$、#、%)等 4 组字符中的 3 组。例如，Windows$2008 是一个有效的密码，而 123、123456 则是无效密码。

2.2.2　首次登录 Windows Server 2008 R2

Windows Server 2008 R2 安装成功后，首次进入系统，将弹出“初始配置任务”窗口，如图 2.10 所示。首次登录系统后根据需要进行服务器的相关配置，如果对系统还不熟悉，可暂时关闭该界面，待熟悉后再打开服务器管理器对系统进行配置，如图 2.11 所示。

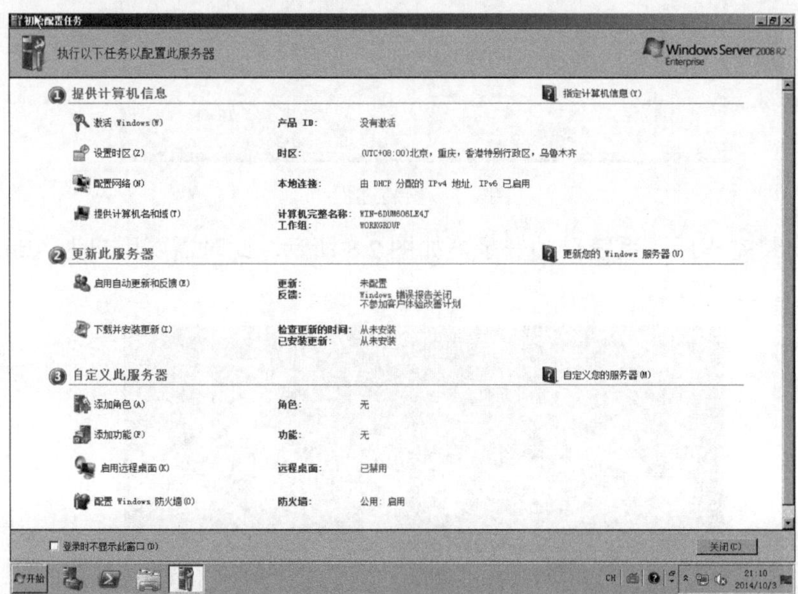

图 2.10　初始配置任务窗口

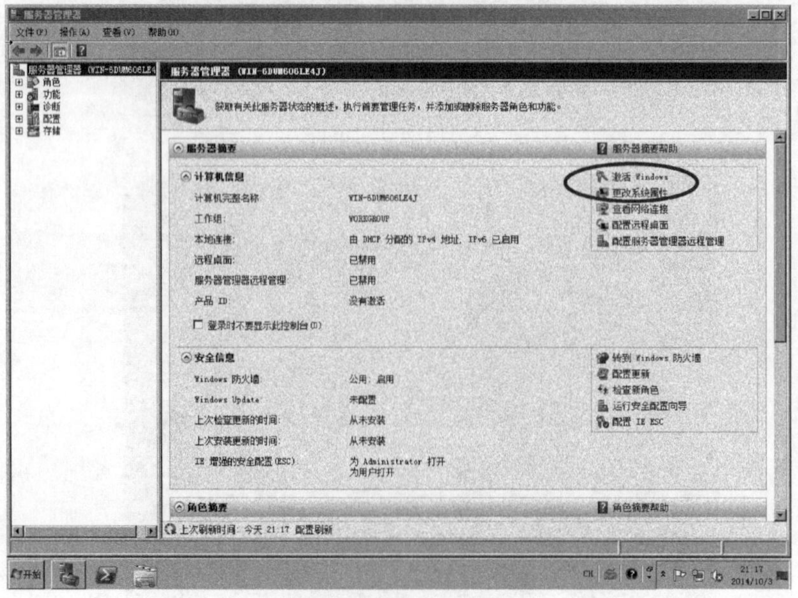

图 2.11　服务器管理器

系统安装完成后，检查系统是否被激活。打开服务器管理器，在计算机信息部分右边导航中单击激活 Windows 选项，弹出“Windows 激活”界面，如图 2.12 所示。在“产品密钥”一栏中输入 Windows Server 2008 R2 的密钥，单击“下一步”按钮激活系统。

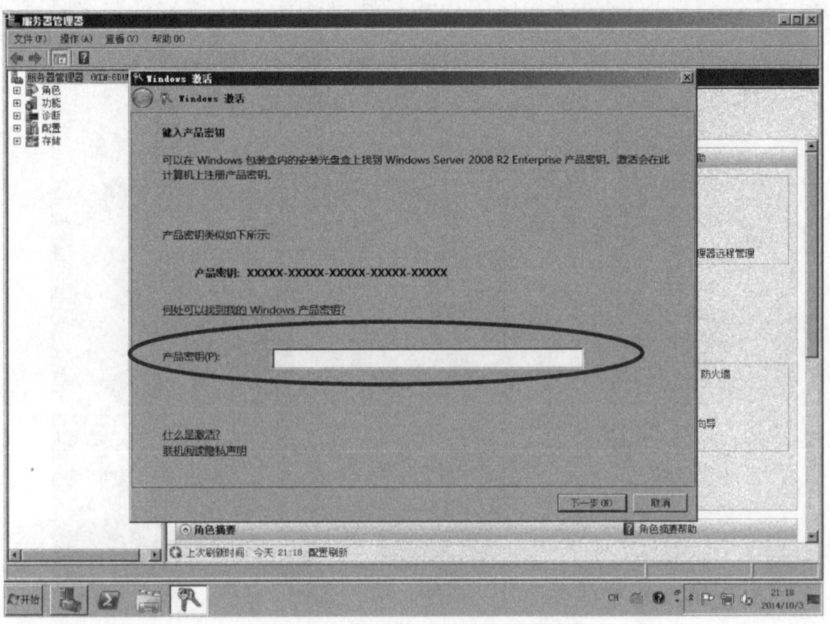

图 2.12　Windows 激活窗口

在系统桌面下方的任务栏中，从左起分别为“开始”按钮、“服务器管理器”快捷方式、Windows PowerShell 快捷方式以及“资源管理器”快捷方式。单击 Windows PowerShell 快捷方式，弹出 Windows PowerShell 的工作界面，如图 2.13 所示。

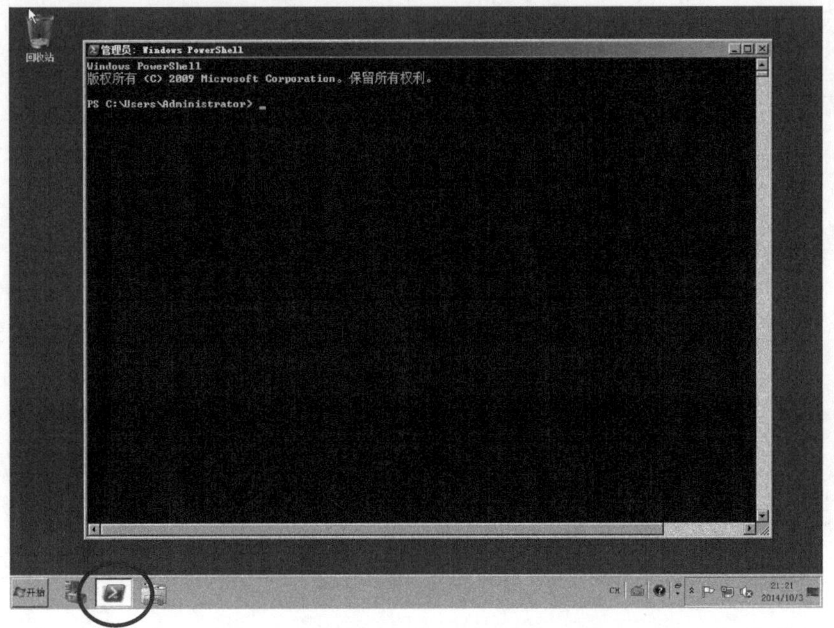

图 2.13　Windows PowerShell 工作界面

单击“开始”按钮，弹出 Windows 开始菜单，其布局与 Windows Server 2008 或 Windows 7 等其他 Windows 操作系统相同，如图 2.14 所示。这里要注意“注销”按钮为默认按钮，单击旁边的箭头按钮，弹出其他选项。这是因为在多用户多任务的服务器环境中，作为用户不能随意关闭、重启计算机，以避免对其他用户或系统进程中正在运行的任务造成损害。

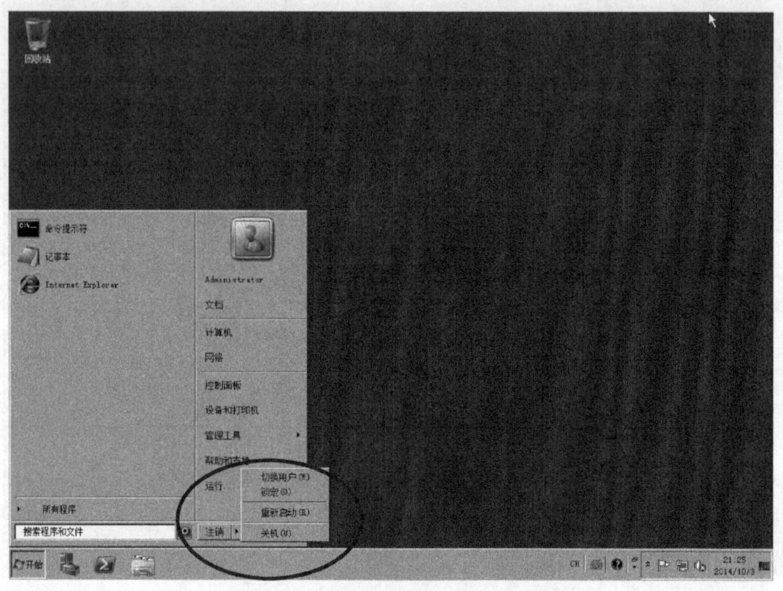

图 2.14　系统注销、重启及关机

如果选择“锁定”，此时系统所有运行的应用程序仍会运行，但系统会进入登录界面(在账号下有“已锁定”提示，如图 2.15 所示)，要使用该系统需要重新登录。锁定功能是为了能让管理员不在场操作的情况下，其他用户无法直接进入系统而造成的安全风险。

图 2.15　锁定状态界面

如果选择“切换用户”，则系统将会进入登录界面，由用户以其他账号和密码重新登录系统。

第 3 章　Windows Server 2008 R2 基本环境配置

Windows Server 2008 R2 安装完成后，通过基本环境的配置可以增强对系统的熟悉。本章内容主要包括：Windows Server 2008 R2 的激活与基本桌面环境，系统的网络设置，防火墙安全设置，以及包括查看系统属性和编辑环境变量等方面的内容。

3.1　系统的激活

Windows Server 2008 R2 安装完成后，默认的试用期期限为 30 天，过期后系统仍然可以正常运行，但是桌面背景将变成黑色，同时 Windows Update 仅安装重要更新，而且系统将持续提示必须激活系统。通过“控制面板 | 系统和安全 | 系统”命令打开如图 3.1 所示的窗口，可查看 Windows 系统的激活信息。

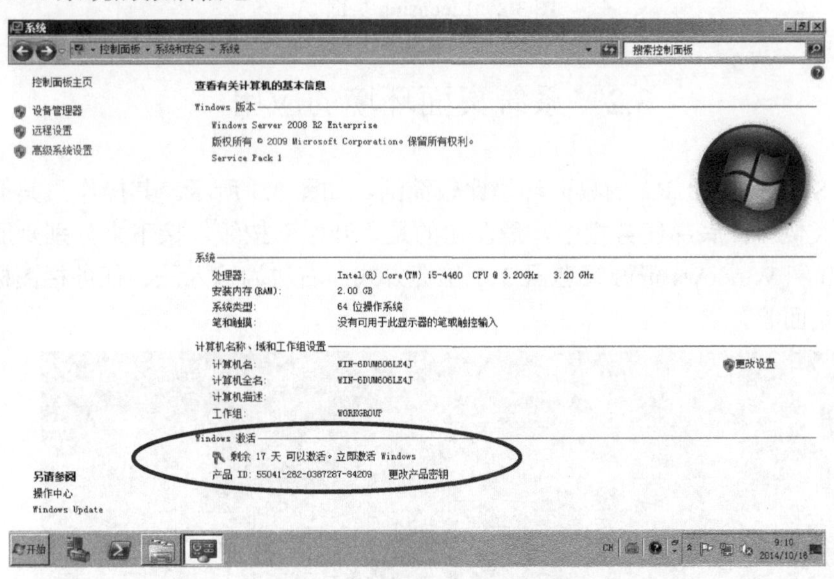

图 3.1　计算机基本信息查看

图 3.1 中，Windows 激活信息中显示该系统离激活期限还剩 17 天。如果需要立即激活，单击“立即激活 Windows”或者单击“更改产品密钥”来激活系统。如果在试用期即将结束前暂时不想激活系统，那么可以通过运行 slmgr.exe 来延长试用期，输入命令 slmgr –rearm 后，就会出现完成的对话框，然后重启计算机，重新进入 Windows 激活信息查看，期限天数被重置为 30 天。Windows 提供 3 次延长试用期的机会，即试用期最长为 120 天。如果要查看还剩几次机会，需要使用工具 MGADiag，该工具为微软正版增值诊断工具(Microsoft Genuine Advantage Diagnostic Tool)，可以到微软网站下载该工具。运行该工具，单击 Continue 按钮后进入 Licensing 页面，如图 3.2 所示。

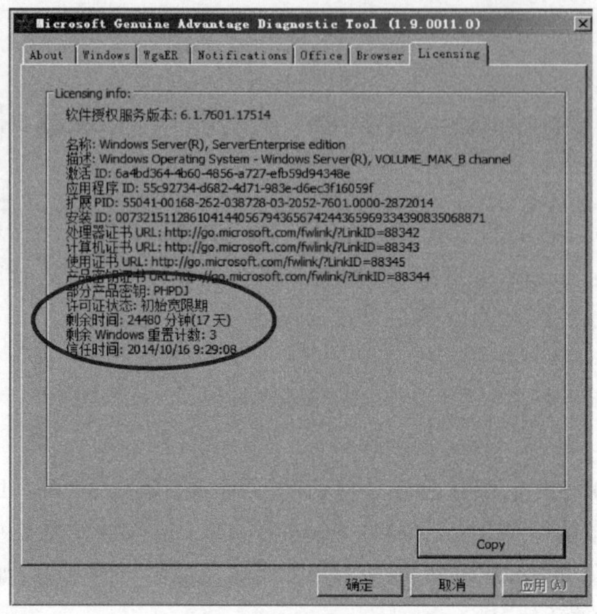

图 3.2　Licensing 页面

3.2　系统桌面环境的应用

Windows Server 2008 R2 的桌面环境比较简洁，如图 3.3 所示。其操作与其他 Windows 系列操作系统类似。在底部任务栏中，最左边的是“开始”按钮，接下来分别是服务器管理器、PowerShell 和 Windows 资源管理器 3 个快捷方式；右边为输入法、任务栏图标、日期和时间以及显示桌面等。

图 3.3　系统桌面布局

单击“开始”按钮，可以对系统进行配置和管理，如图 3.4 所示。

图 3.4　系统配置和管理

一般情况下服务器是不允许直接关机的，这是因为一个用户登录系统后，并不知道是否有其他用户在使用该系统，如果用户选择关机，可能会影响其他用户的使用。因此，在图 3.4 中，默认的方式为“注销”。当然，如果有关机需求的话，应当在启用其他备用机器后再进行关机。Window Server 2008 R2 提供的操作方式如表 3.1 所示。

表 3.1　操作方式及其功能

操作方式	功　能
关机(Shutdown)	关闭所有应用程序，然后关闭机器电源
休眠(Hibernate)	在关闭机器电源前，将所有内存中正在运行的应用程序写入硬盘的休眠文件(Hibernate File)中。当重新启动机器后，系统会将休眠文件中的应用程序重新写入内存，以快速恢复工作 注：休眠文件 hiberfil.sys 存储于 Windows 系统的根目录中，是受保护的、隐藏的系统文件
睡眠(Sleep)	在关闭计算机前(但没有关闭电源，在该方式下不要切断机器电源)，仅以非常少量的功耗来维持内存中所有应用程序的运行，以便在重新启动机器后，可以迅速恢复工作。睡眠是旧版本 Windows 系统中的待机(Standby)
混合睡眠(Hybrid Sleep)	该方式同时具备睡眠与休眠功能，即在关闭计算机前，系统会将内存中所运行的应用程序写入硬盘，同时仍以少量功耗维持内存的运行。在机器重新启动后，系统能通过睡眠机制快速恢复工作 该方式的优点是：当机器电源被误关闭后，再次启动机器将以休眠机制快速恢复工作

说明：并不是所有计算机的 BIOS 都支持睡眠、休眠机制。但如果支持，系统却没有相应选项，可以通过运行命令 powercfg –h on 来打开休眠功能。如果系统已经装有 Hyper-V 角色服务的话，系统将不支持睡眠和休眠功能。

对于服务器而言，能够在保证性能的同时节省电源消耗也是很重要的，尤其是对于服务器集群应用的环境更是如此。Windows Server 2008 R2 提供了 3 种电源使用计划，以达到节省计算机电源消耗或者优化性能的目的。通过“开始 | 控制面板 | 系统和安全 | 电源选项”选择所需计划，如图 3.5 所示。

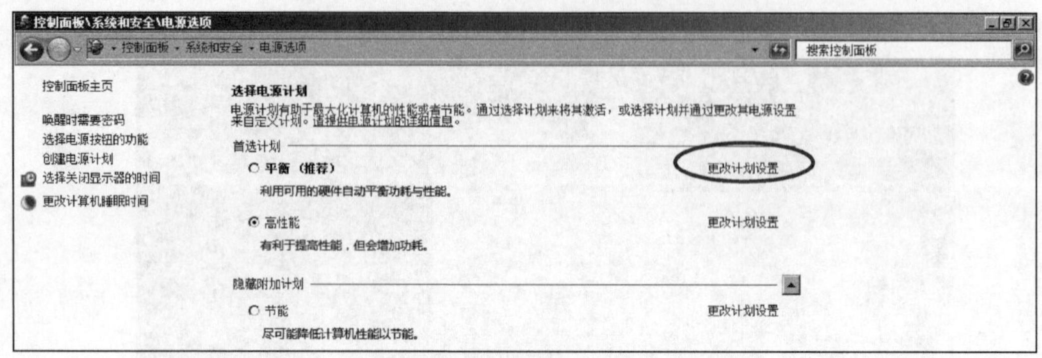

图 3.5　选择电源计划

在"首选计划"中，"平衡"是指当需要使用计算机时系统提供完整的性能，而在计算机闲置时需要节省能耗，如关闭硬盘或其他设备，但仍保持系统的运行；"高性能"是指系统提供最高的性能与反应能力，但是功耗较大；在"隐藏附加计划"中，"节能"是指尽可能地关闭当前计算机闲置的应用和硬件资源，以最低功耗运行机器。该计划主要针对一些长期闲置的服务器，但会牺牲计算机的性能。如何选择系统提供的这 3 种电源计划，应根据实际的环境，如果无法确定，可以使用系统推荐的"平衡"计划。

当然，还可以根据需求自定义设置计划。在图 3.5 中，单击"更改计划设置"，转到更改设置页面，如图 3.6 所示。页面中提供"关闭显示器""使计算机进入睡眠状态"两种配置。如果还需要进一步设置，如需要设定硬盘关闭时间，可以单击"更改高级电源设置"，如图 3.7 所示。

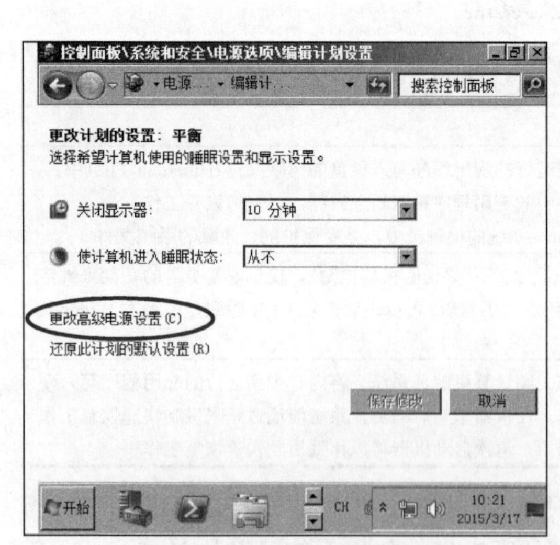

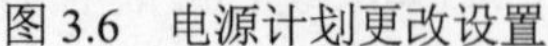

图 3.6　电源计划更改设置

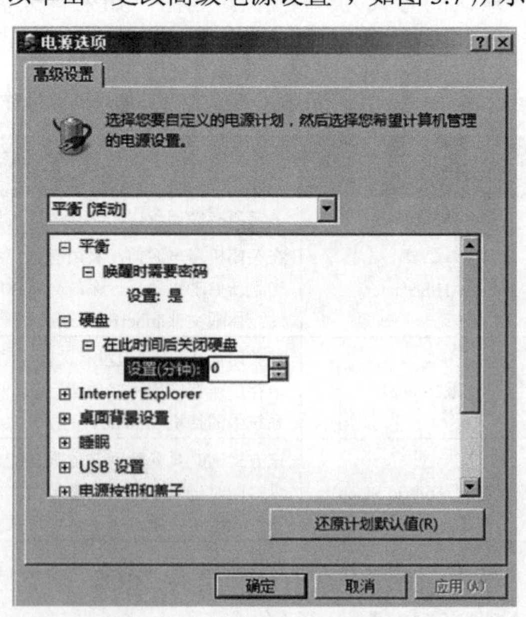

图 3.7　电源选项高级设置

任务管理器也是 Windows 系列操作系统中极为有用的管理工具。可以通过任务管理器来查看或管理计算机内的应用程序、进程、服务、性能、联网功能与用户等。打开任务管理器可以通过右击桌面任务栏空白处启动任务管理器，也可以使用 Ctrl+Alt+Del 组合键来启动。启动后，任务管理器的窗口如图 3.8 所示。图 3.8 中，任务管理器共有应用程序、进程、服务、性能、联网和用户 6 个管理选项。在"应用程序"中，可以看到当前计算机系统正在运行的应用程序，可以单击“结束任务”按钮来强制关闭所选择的应用程序，特别是已经停止响应的应用程序；也可以通过单击“切换至”按钮来切换所选的应用程序，或通过单击“新任务”按钮来运行新的程序。

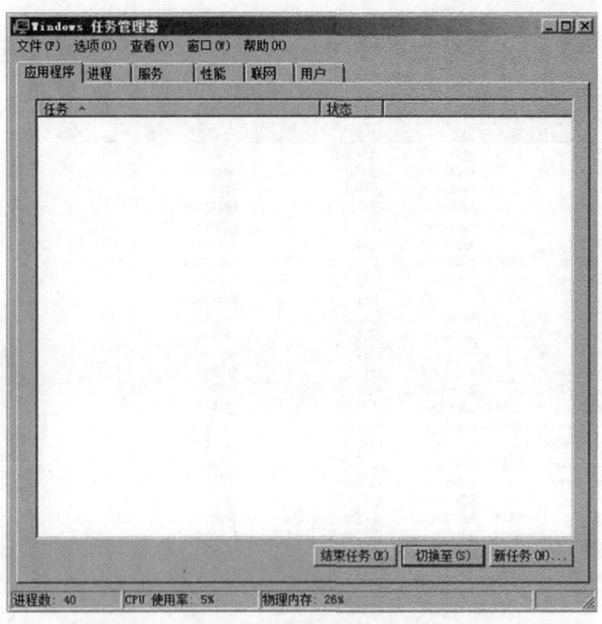

图 3.8 任务管理器

在操作系统中，每一个应用程序都需要一个进程。进程是一个具有一定独立功能的程序关于某个数据集合的一次运行活动，是操作系统动态执行的基本单元。在图 3.9 中列出了所有当前系统已分配的进程基本信息，如果想进一步查看更详细的信息，可以单击菜单中的“查看 | 选择列”，如图 3.10 所示。如果要结束某个进程，只需选择该进程，然后单击“结束进程”按钮即可。

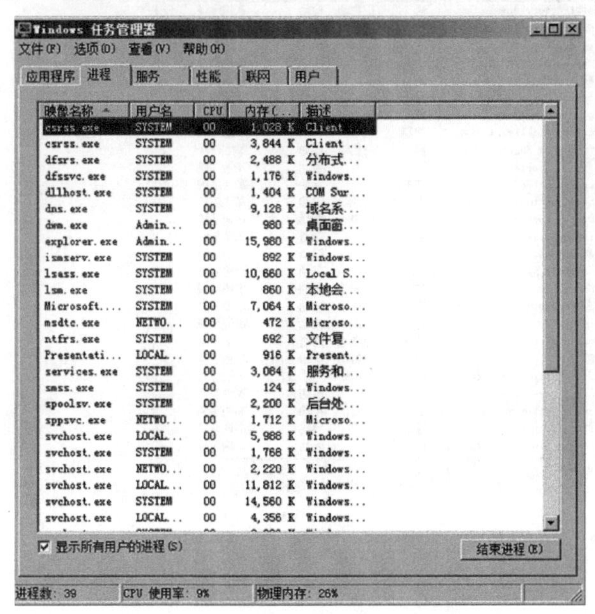

图 3.9 任务管理器进程选项卡

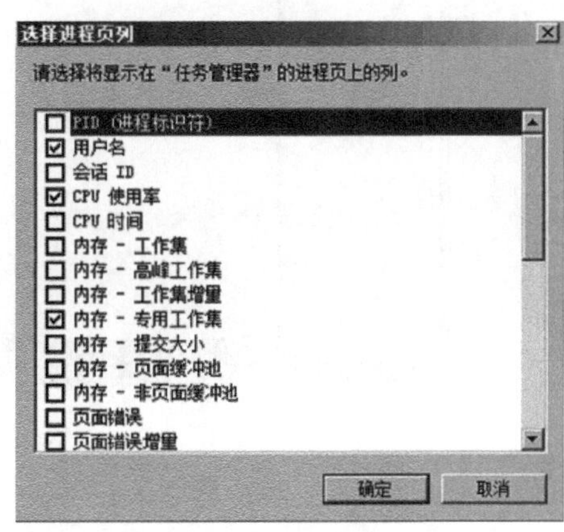

图 3.10 选择进程页列

在“服务”选项卡中，可以看到当前系统已注册过的服务，如图 3.11 所示。服务有“正在运行”和“已停止”两种状态，分别表示该服务当前的运行情况。单击“服务”按钮，可以转到服务管理单元进行进一步操作，如图 3.12 所示。

图 3.11　任务管理器服务选项卡

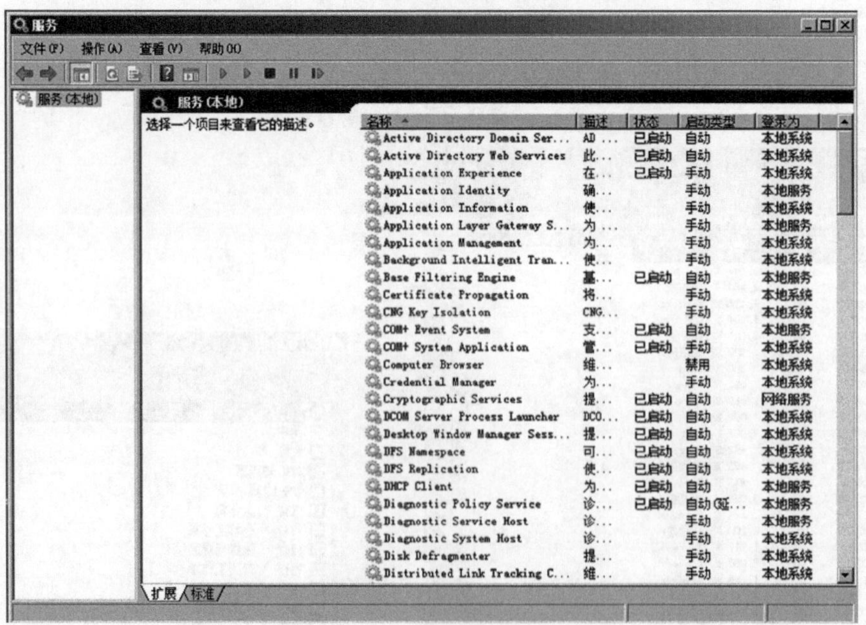

图 3.12　服务管理单元

打开“性能”选项卡，可以查看当前 CPU 使用率和使用记录、当前内存使用情况等，如图 3.13 所示。单击“资源监视器”就会转到资源监视器管理单元，查看更详细的系统资源使用情况，如图 3.14 所示。

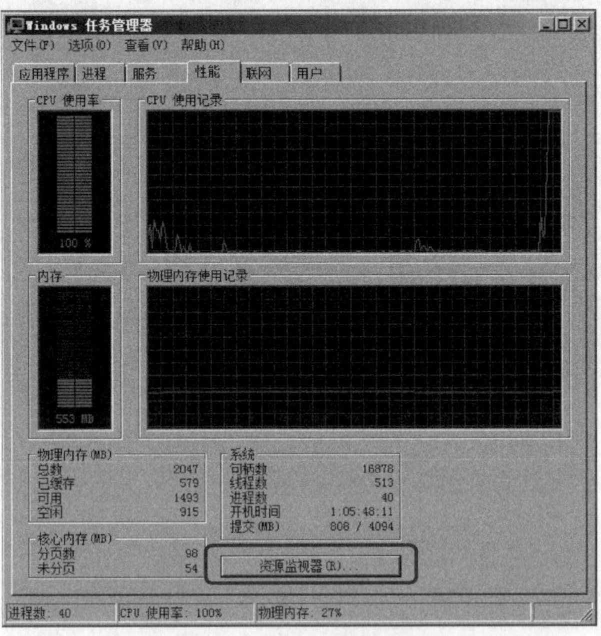

图 3.13　任务管理性能选项卡

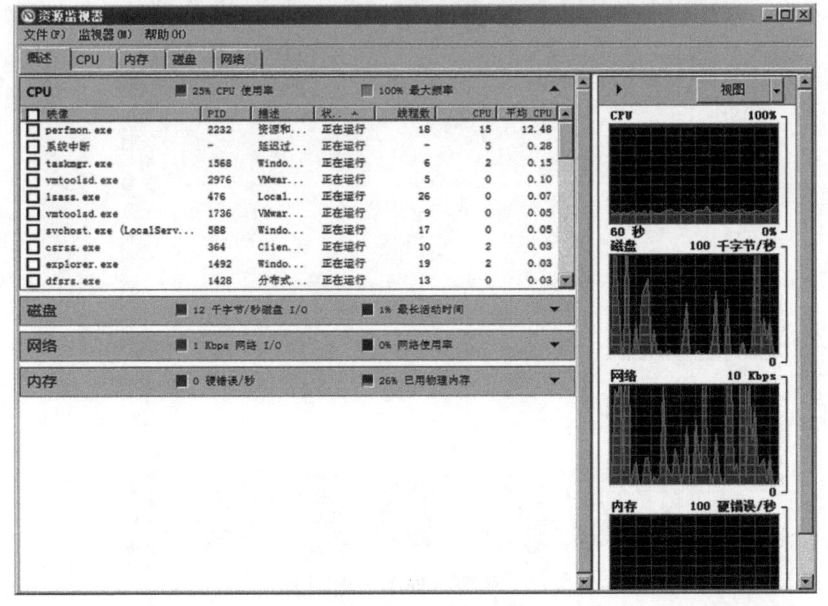

图 3.14　资源监视器

“联网”选项卡中可查看当前网络流量使用情况以及存在的网络连接情况，如图 3.15 所示。而在“用户”选项卡中可查看登录过该系统的用户，如图 3.16 所示。如果要阻止某个用户使用系统，先选择该用户，然后单击“断开”或“注销”按钮，强制该用户离开系统，也可以单击“发送消息”按钮给用户发送信息。

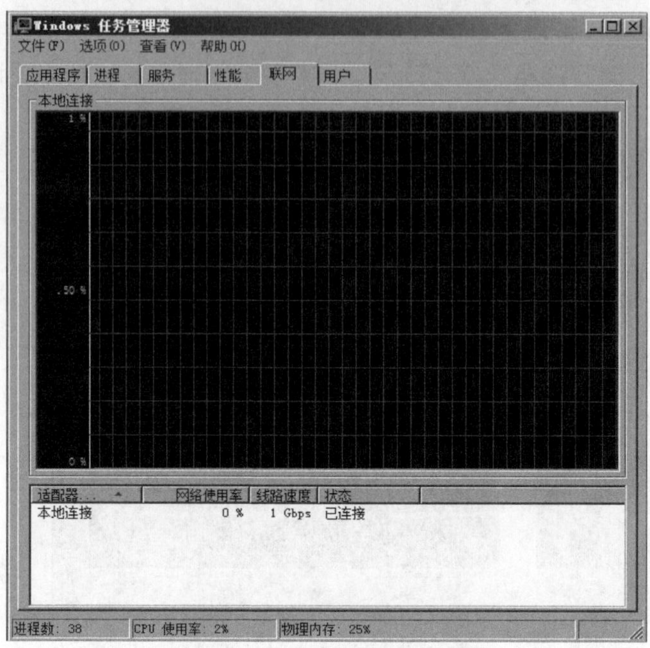

图 3.15　任务管理联网选项卡

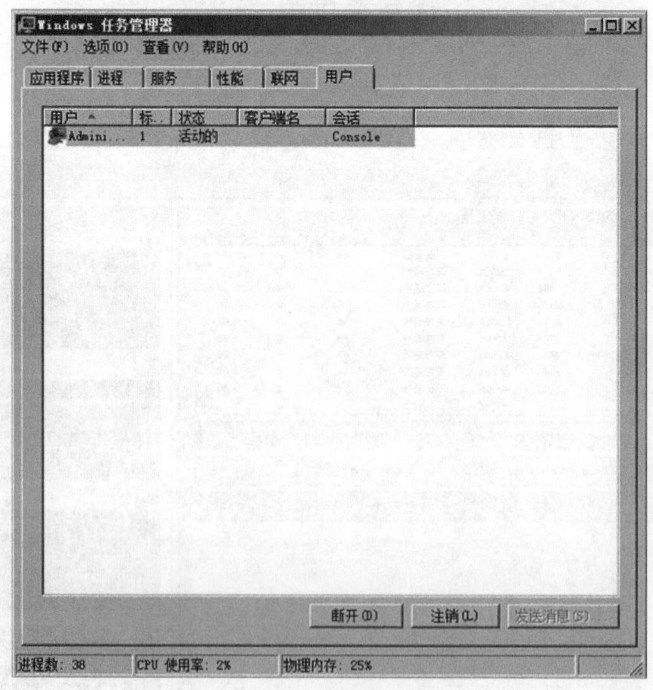

图 3.16　任务管理用户选项卡

3.3　系统的网络配置

Windows Server 2008 R2 作为网络服务器系统，网络设置得正确与否尤为重要。但是应注意，为了减少遭受攻击的机会，服务器系统一般不作为日常上网、娱乐以及收发邮件的机器使用。这里介绍 Windows Server 2008 R2 系统的常用网络设置。

3.3.1　基本设置

作为网络中的一台计算机，除了 IP 地址外，计算机名也是网络中其他计算机识别该计算机的标识。我们可以通过“控制面板 | 系统和安全 | 系统”命令，打开如图 3.17 所示的窗口。在该窗口中，可以查看该计算机的名称、域、工作组等基本设置。单击“更改设置”可显示如图 3.18 所示的“系统属性”对话框，可对计算机名和所属工作组进行设置。

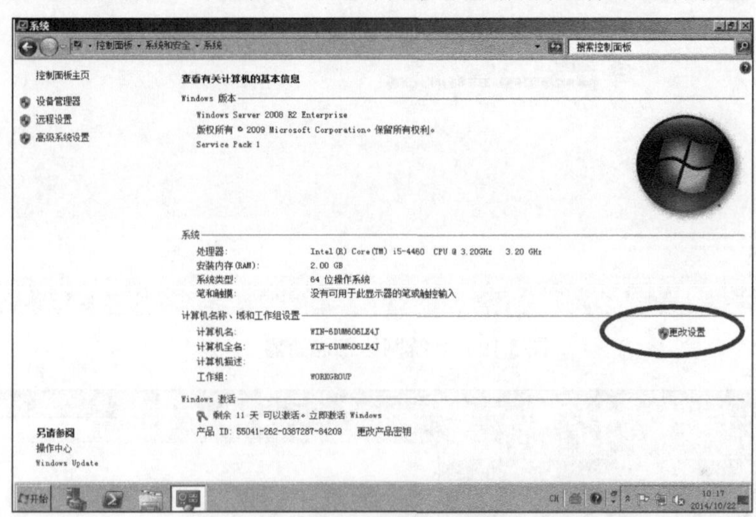

图 3.17　系统基本配置窗口

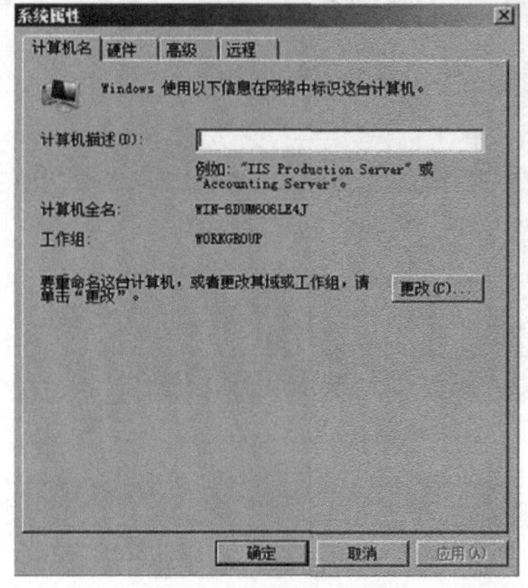

图 3.18　系统属性窗口

接下来，当初次进入系统，需要配置 IP 地址以便上网。可以通过“控制面板 | 网络和 Internet | 网络和共享中心”命令打开如图 3.19 所示的对话框，然后单击“本地连接 | 属性 | Internet 协议版本 4(TCP/IPv4)属性”，对 IP 地址、子网掩码、默认网关以及 DNS 服务器地址进行配置，如图 3.20 所示。

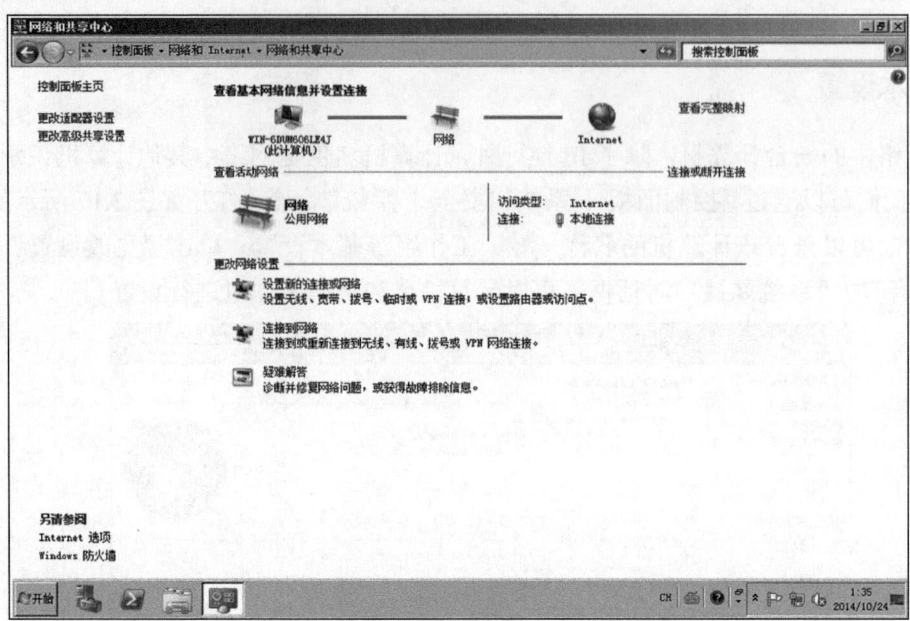

图 3.19　系统网络信息查看

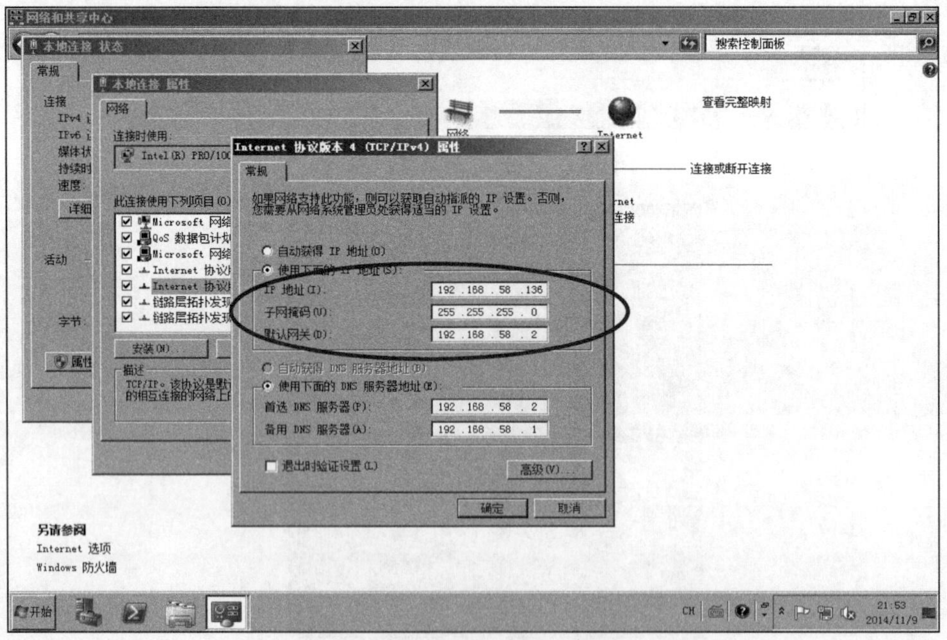

图 3.20　IP 地址的配置

这里假设使用的是 IPv4 的版本。几个选项的介绍如下。

(1)IP 地址：一般由所处环境的网络管理员分配，这里假设分配到的地址为 192.168.58.136。

(2)子网掩码：一般情况下还是采用分类 IP 地址进行配置，这里对应 IP 地址为 C 类地址，则掩码为 255.255.255.0。

(3)默认网关：在局域网环境中，默认网关一般指局域网用户通向外部网络的 IP 路由器的 IP 地址。这里设置为 192.168.58.2。

(4) 首选 DNS 服务器：如果位于局域网内部的计算机想要连接至 Internet，则需要域名转换服务，提供该服务的是 DNS 服务器，而此处填入的即为 DNS 服务器的 IP 地址。这里也是 IP 路由器负责充当 DNS 服务器，因此也设置为 192.168.58.2。

(5) 备用 DNS 服务器：为了避免因首选 DNS 服务器出现故障而为无法提供域名转换服务，所以配置了备用的 DNS 服务器，在此处设置备用服务器的 IP 地址，这里设置为 192.168.58.1。

Windows Server 2008 R2 默认是自动获取 IP 地址。如果选择该项，计算机就会主动向网络中的 DHCP (Dynamic Host Configuration Protocol，动态主机配置协议) 服务器租用 IP 地址。DHCP 服务器可以是一台计算机，也可以是一台具有 DHCP 服务功能的路由器设备。

如果该计算机找不到 DHCP 服务器，则系统会启用 APIPA (Automatic Private IP Addressing) 给该机临时分配 169.254.0.0/16 网段的 IP 地址，仅在该网段内使用。该计算机仍然会定期查找 DHCP 服务器，直到租用到正式的 IP 地址为止。

如果选择自动获得 IP 地址，那么如何了解到 IP 地址等配置信息呢？可以通过"本地连接状态"窗口中的详细信息来查看，如图 3.21 所示。图中详细列出了本机的物理地址、DHCP 状态、IPv4 地址等网络连接信息。还有一种方法是通过 ipconfig /all 命令在命令提示符中或在 PowerShell 程序中查看。

图 3.21　网络连接详细信息

设置 IP 后，为了测试 IP 配置正确与否，可以使用 ping 命令查看，如图 3.22 所示。打开 PowerShell 程序，首先测试自身网卡是否正常工作，命令为 ping 192.168.58.136(或者 ping 127.0.0.1)；接着测试与默认网关的连通情况，命令为 ping 192.168.58.2。

如果使用 ping 命令测试连通性得到的结果是无法连通，可能的原因是 Windows 防火墙已经打开 (Windows Server 2008 R2 的默认设置)。

```
管理员: Windows PowerShell
Windows PowerShell
版权所有 (C) 2009 Microsoft Corporation。保留所有权利。

PS C:\Users\Administrator> ping 192.168.58.136

正在 Ping 192.168.58.136 具有 32 字节的数据:
来自 192.168.58.136 的回复: 字节=32 时间<1ms TTL=128
来自 192.168.58.136 的回复: 字节=32 时间<1ms TTL=128
来自 192.168.58.136 的回复: 字节=32 时间<1ms TTL=128
来自 192.168.58.136 的回复: 字节=32 时间<1ms TTL=128

192.168.58.136 的 Ping 统计信息:
    数据包: 已发送 = 4, 已接收 = 4, 丢失 = 0 (0% 丢失),
往返行程的估计时间(以毫秒为单位):
    最短 = 0ms, 最长 = 0ms, 平均 = 0ms
PS C:\Users\Administrator> ping 192.168.58.2

正在 Ping 192.168.58.2 具有 32 字节的数据:
来自 192.168.58.2 的回复: 字节=32 时间<1ms TTL=128
来自 192.168.58.2 的回复: 字节=32 时间<1ms TTL=128
来自 192.168.58.2 的回复: 字节=32 时间<1ms TTL=128
来自 192.168.58.2 的回复: 字节=32 时间<1ms TTL=128

192.168.58.2 的 Ping 统计信息:
    数据包: 已发送 = 4, 已接收 = 4, 丢失 = 0 (0% 丢失),
往返行程的估计时间(以毫秒为单位):
    最短 = 0ms, 最长 = 0ms, 平均 = 0ms
PS C:\Users\Administrator> _
```

图 3.22 网络连通性测试

3.3.2 连接网络

如果服务器处于内部局域网内，则上一节中的网络配置可以满足日常连接网络的需求。如果通过 ADSL 等方式拨号上网的话，可以通过“网络和共享中心”来创建拨号连接，以访问 Internet。这里以 ADSL 为例，介绍创建 ADSL 连接的设置步骤。在设置前，请确认 ADSL 设备连接状态正常。

【步骤 1】打开“网络和共享中心”窗口，单击设置“新的连接或网络”，在打开的“设置连接或网络”对话框中选择“连接到 Internet”，单击“下一步”按钮，如图 3.23 所示。

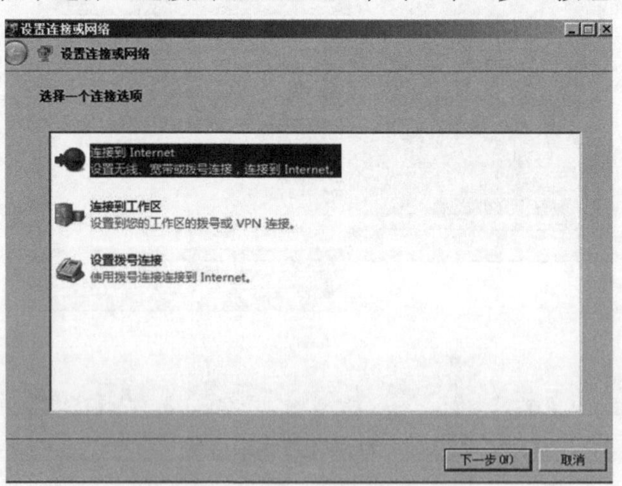

图 3.23 连接网络配置步骤一

【步骤 2】在“连接到 Internet”对话框中，单击“宽带(PPPoE)(R)”选项，如图 3.24 所示。

【步骤 3】在对话框中键入 Internet 服务提供商(ISP)提供的用户名和密码，同时可以修改连接名称，然后单击“连接”按钮，如图 3.25 所示。

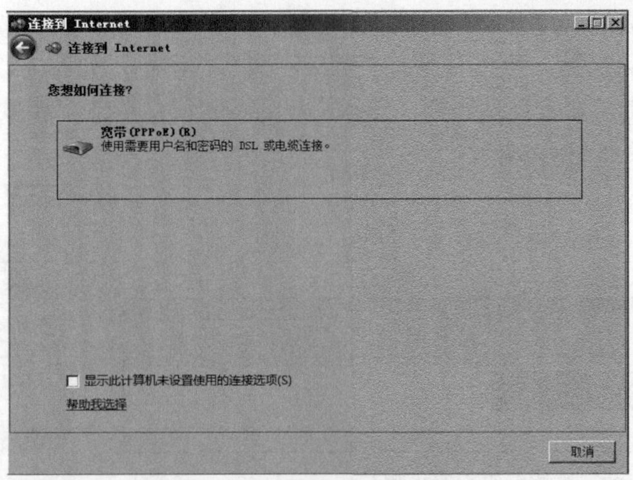

图 3.24　连接网络配置步骤二

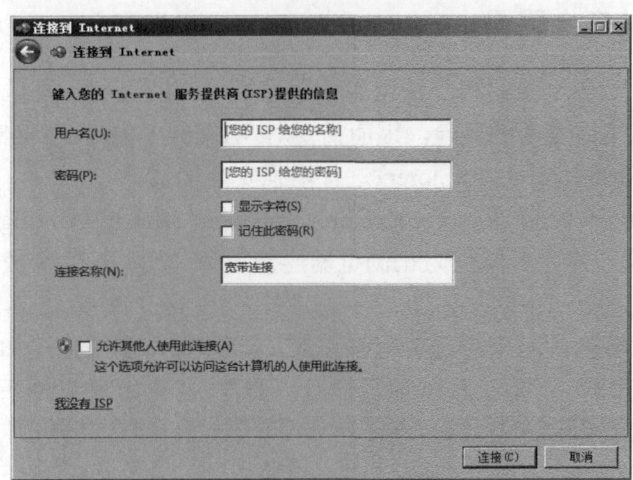

图 3.25　连接网络配置步骤三

【步骤 4】系统会根据用户的设置自动连接 ISP，如图 3.26 所示。

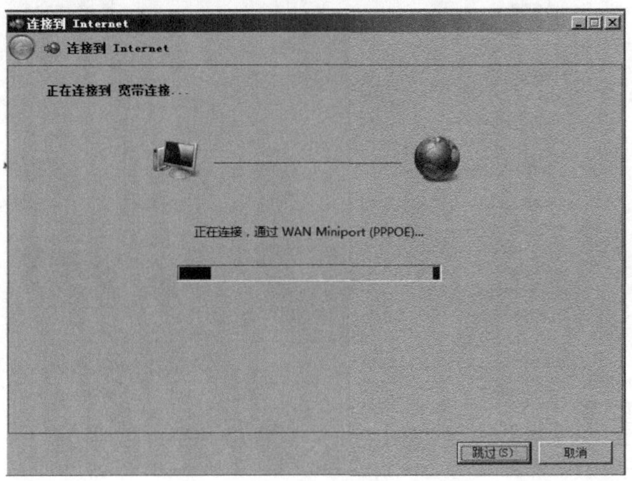

图 3.26　连接网络配置步骤四

【步骤 5】设置完成后，打开“控制面板”，选择“网络和 Internet”选项，在“网络和共享中心”更改“适配器设置”，可以看见有“宽带连接”的图标，如图 3.27 所示。

【步骤 6】只需单击该宽带连接图标，输入用户名和密码，单击“连接”按钮，如图 3.28 所示，成功后即可连接至 Internet。

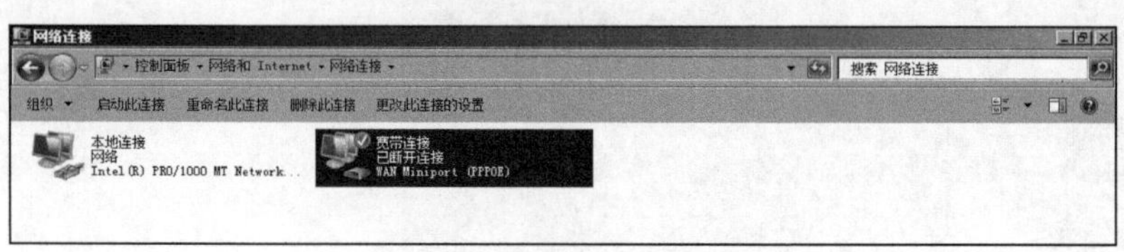

图 3.27　连接网络配置步骤五

图 3.28　宽带连接登录窗口

3.3.3　增强浏览器的安全配置

作为网络管理员，一般不希望用户使用服务器进行日常的上网、发送电子邮件等操作，因为这样会大大增加系统被攻击的风险，因而需要对 Windows Server 2008 R2 系统中的浏览器(这里主要指系统自带的 Internet Explorer)进行增强安全配置。

启用浏览器增强的安全配置(Internet Explorer Enhanced Security Configuration, IE ESC)可将 IE 的安全级别设为高安全性，从而阻止浏览器连接大部分网站，除少数网站，如 Windows Update 网站以外。

如果需要浏览大部分网站，则需要禁用 IE ESC。具体操作步骤描述如下：

【步骤 1】运行“开始 | 管理工具 | 服务器管理器”，打开如图 3.29 所示的对话框。

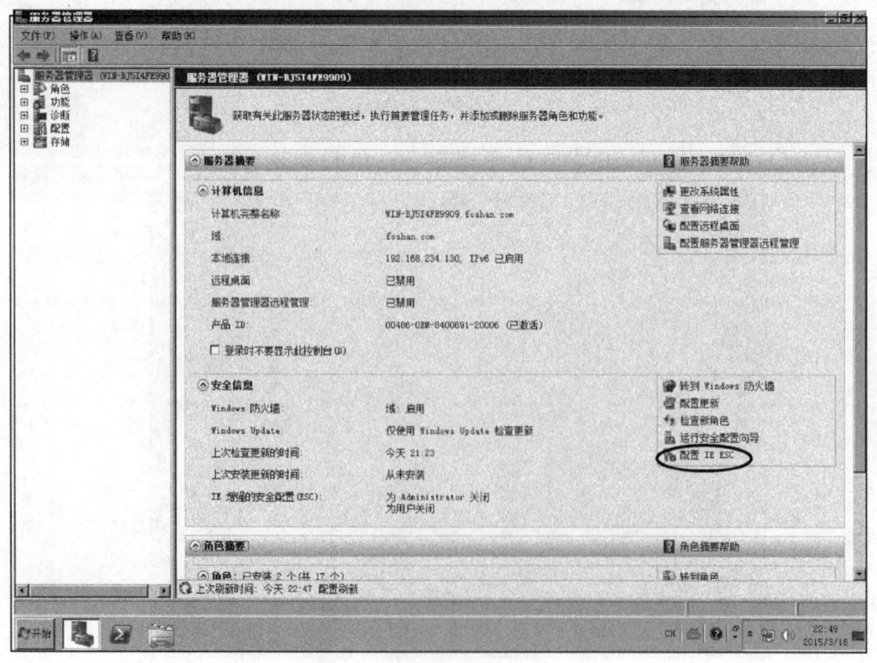

图 3.29　配置 IE ESC 入口

【步骤 2】单击“配置 IE ESC”，打开如图 3.30 所示的对话框。选择“关闭”单选项来禁用 IE ESC。禁用后，浏览器的安全级别会自动降为中-高安全级别。

如果要查看 Internet 的安全级别状态，可以启动 IE 浏览器，单击菜单“工具 | Internet 选项”，打开如图 3.31 所示的对话框。选择“安全”选项卡，就可显示本机 Internet 的安全级别等信息。

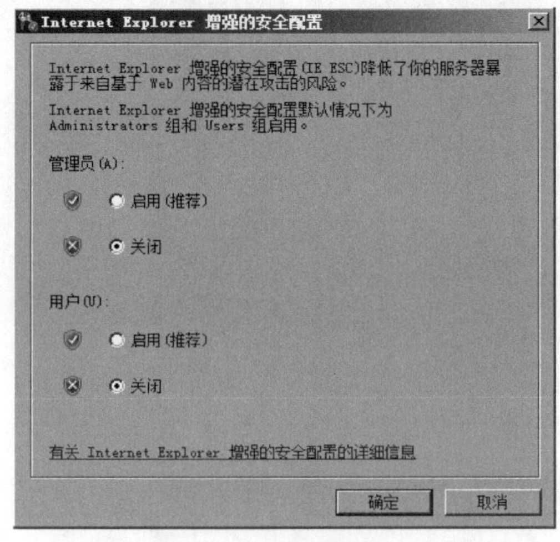

图 3.30　配置 IE ESC

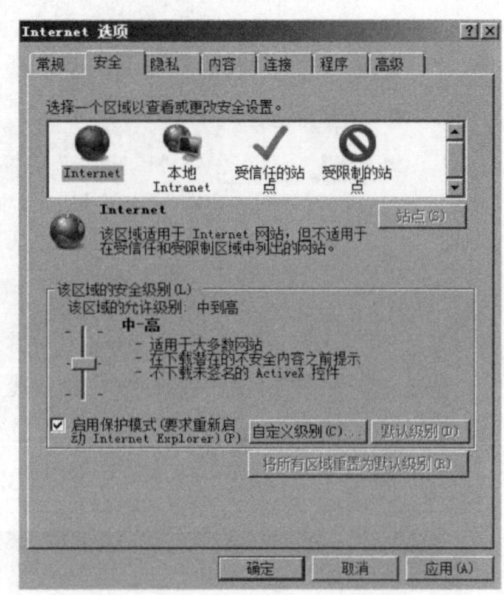

图 3.31　IE 安全级别信息

3.4　系统防火墙的基本安全设置

如果系统没有安装第三方的防火墙软件，则建议开启系统内置的 Windows 防火墙，以尽可能地抵御外部和内部网络攻击。在设置防火墙时，要先选择网络位置，Windows 系统对于不同的网络位置有专门的定义，如表 3.2 所示。

表 3.2　网络位置及定义

网络位置	定　义
专用网	包含家庭网络与工作网络，系统会启用网络搜索功能让用户找到此网络上的其他计算机，同时会通过 Windows 防火墙的设置，让其他用户在网络上搜索到用户的计算机
公用网络	如果用户的计算机处于公共场所，如咖啡店或机场，系统会通过 Windows 防火墙禁止网络搜索功能，从而使得用户间无法相互搜索到，这样可以阻止来自 Internet 的攻击行为
域网络	加入域的计算机的网络位置自动被设置为域网络，并且无法更改

网络位置可以通过打开“控制面板”中选择“网络和 Internet”“网络和共享中心”中的网络位置进行更改，如图 3.32 所示。

Windows Server 2008 R2 系统默认已经开启 Windows 防火墙，可以通过“控制面板”，选择“系统和安全”中的“Windows 防火墙”打开“Windows 防火墙”窗口，进行开启和关闭以及设置操作，如图 3.33 所示。

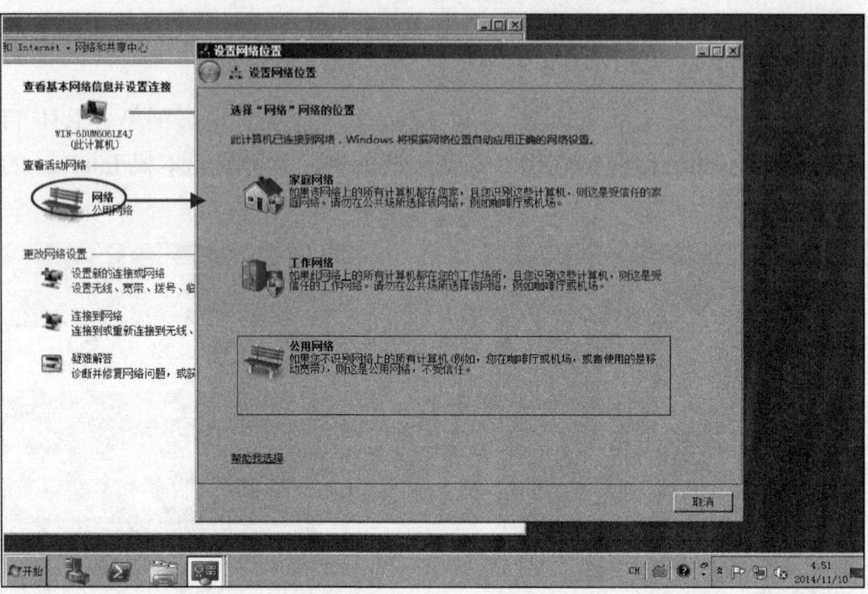

图 3.32 网络位置设置

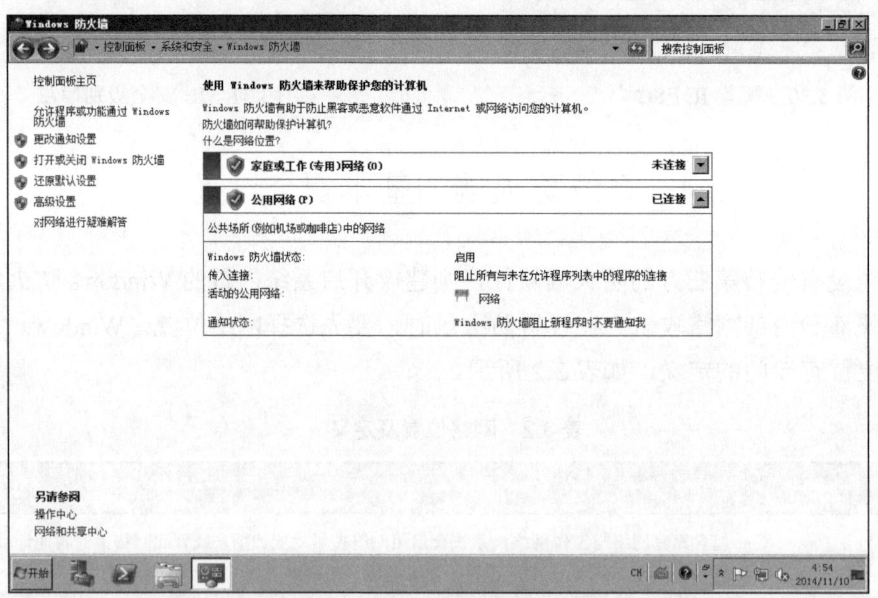

图 3.33 防火墙设置窗口

通过 Windows 防火墙设置可以允许或者禁止程序的运行，如图 3.34 所示。在“允许的程序和功能”窗口中选择允许使用网络的程序或功能，并且可以分别针对专用网与公用网络进行设置。

在“高级安全 Windows 防火墙”窗口中可以进一步设置 Windows 防火墙规则，如图 3.35 所示。通过这些规则可以限制系统的网络连接。图中“入站规则”(Inbound Rules)表示从外部进入系统的连接，“出站规则”(Outbound Rules)则相反。

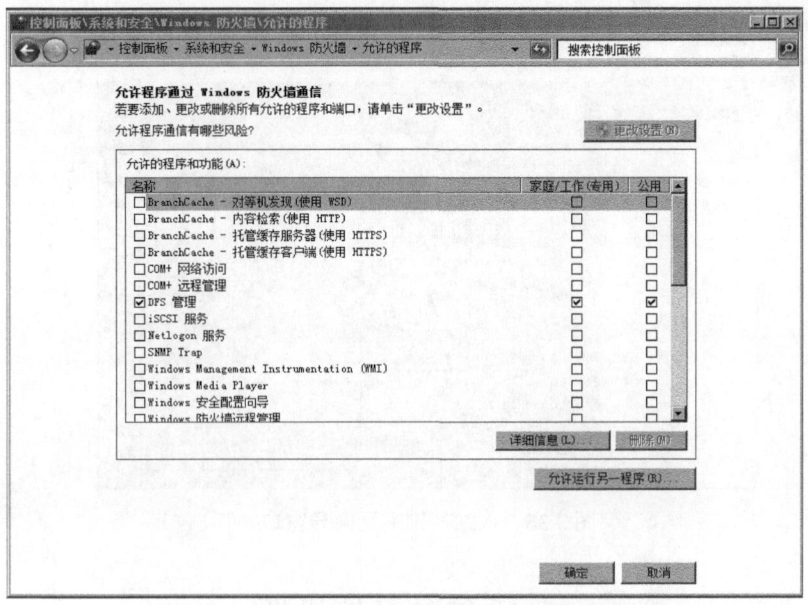

图 3.34　防火墙详细配置窗口

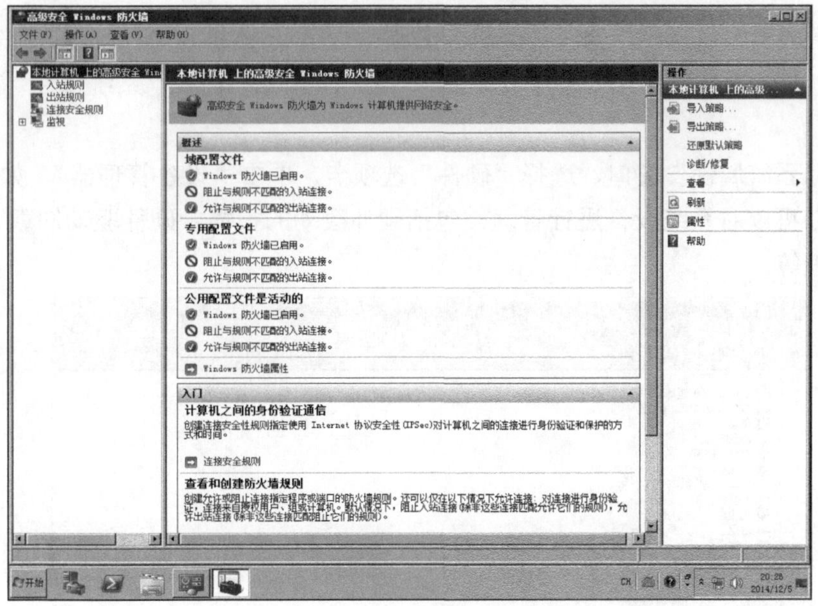

图 3.35　防火墙规则设置窗口

如果要控制的程序或功能没有在图 3.35 的列表中出现,可以通过新建规则的方式来添加。由于入站规则的创建与出站规则类似，因此这里就以入站规则为例，对规则的创建进行介绍。首先进入“入站规则”，选择新建入站规则向导(图 3.36)，接着按照向导指示进行操作。通常创建规则设置由规则类型、程序、操作、配置文件及名称这 5 个选项组成。我们可以根据实际需求对这 5 个选项进行配置，进而创建一个新的入站规则。

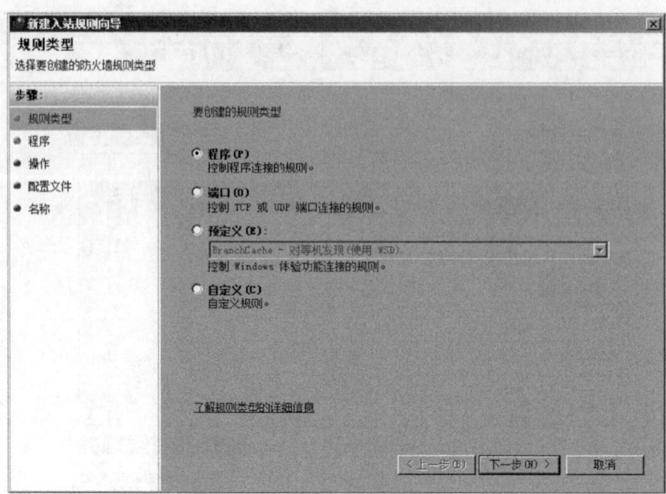

图 3.36　入站规则配置向导窗口

3.5　系统的环境设置

我们可以通过“系统属性”修改计算机的名称(注：如果该机为域控制器，则需要将其降级后才能修改，具体操作将在第 5 章中介绍)，如图 3.18 所示。而在“系统属性”窗口中还有其他重要功能。

再次打开“系统属性”窗口，选择“硬件”选项卡，单击“设备管理器”，如图 3.37 所示。通过该窗口可以对系统设备进行管理，包括硬件改动的扫描，硬件驱动卸载、禁用，以及硬件属性管理等。

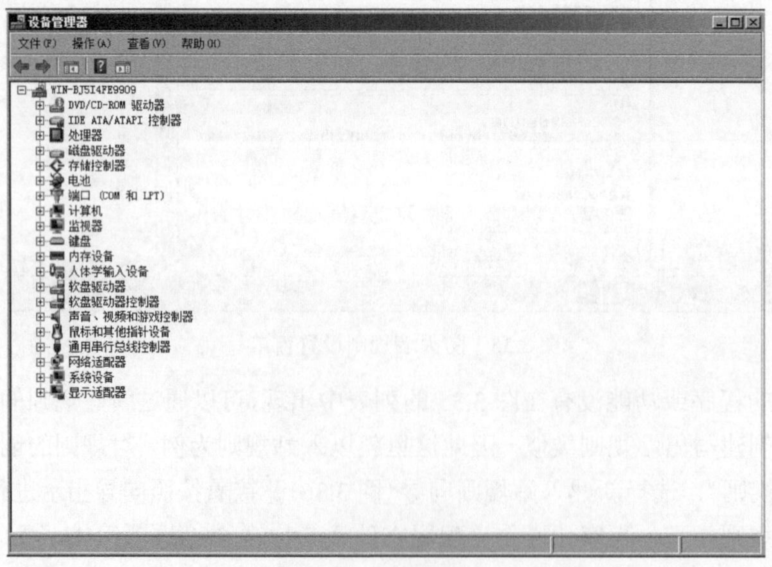

图 3.37　设备管理器

“设备安装设置”窗口中具有选择 Windows 为设备自动下载驱动程序和真实图标的功能。为了不占用系统资源，且新的驱动程序有可能对系统的稳定性造成一定的影响，因此一般不选择该功能，如图 3.38 所示。如果管理员需要实时保持最新的硬件驱动程序或新的硬件功能，建议选择自动执行该操作。

在“高级”选项卡中，单击“性能”组框中的“设置”可对系统的视觉效果、处理器计划、内存使用及虚拟内存进行管理。首先，在“性能选项”窗口的“视觉效果”选项卡中对系统外观和性能设置，如图 3.39 所示。

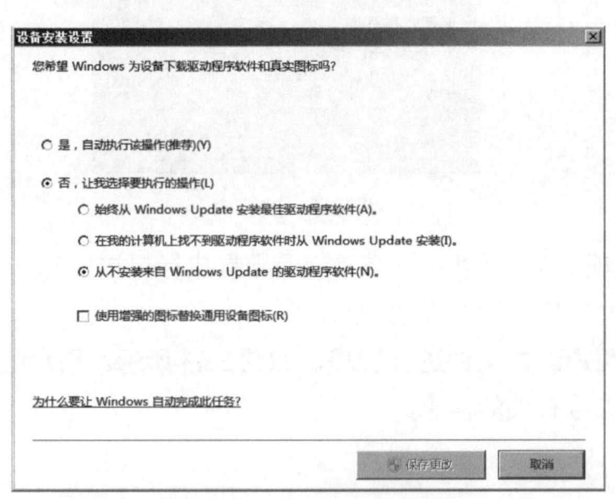

图 3.38　设备安装设置

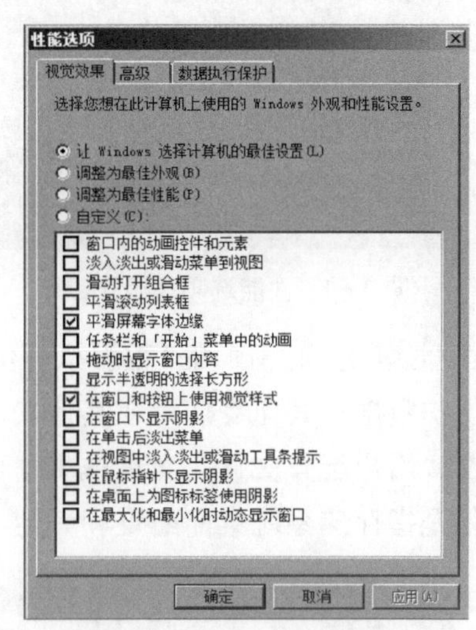

图 3.39　视觉效果选项卡

在“性能选项”窗口的“高级”选项卡中，对处理器计划和虚拟内存进行管理，如图 3.40 所示。系统对处理器资源有两种优化分配方式：程序和后台服务。如果选择程序，意味着系统将更多的处理器资源分配给用户已打开的桌面应用程序，使用户的应用程序的运行更加流畅，一般用于个人用户；如果选择后台服务，则系统将更多的处理器资源分配给后台运行的系统服务，而桌面应用程序的性能可能会有所下降，该方式适合服务器系统。

当计算机的物理内存(RAM)已不足以应付程序使用时，Windows 操作系统将会调用硬盘中的存储空间来充当内存使用，这就是虚拟内存(Virtual Memory)。当 RAM 运行速率缓慢时，系统便将数据从 RAM 移动到被称为分页文件(pagefile.sys)的空间中。将数据移入分页文件可释放 RAM，以便完成工作。一般而言，计算机的 RAM 容量越大，程序运行得越快。若计算机的速率由于 RAM 可用空间匮乏而减缓，则可尝试通过增加虚拟内存来进行补偿。但是，计算机从 RAM 读取数据的速率要比从硬盘读取数据的速率快，因而虚拟内存不是设置得越大越好。如果系统经常发生内存不足的情况，建议增加物理内存，而不是增大虚拟内存。

系统会默认自动管理所有磁盘的分页文件。分页文件的大小有初始值与最大值，当初始容量耗尽后，系统自动调整虚拟内存大小，但不会超过最大值。也可自定义分页文件的大小或将分页文件同时分配到多个物理磁盘，以提高分页文件的工作效率，如图 3.41 所示。

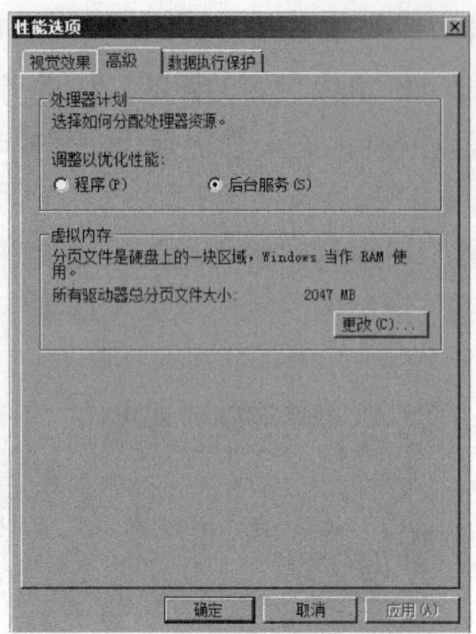

图 3.40　性能选项高级选项卡

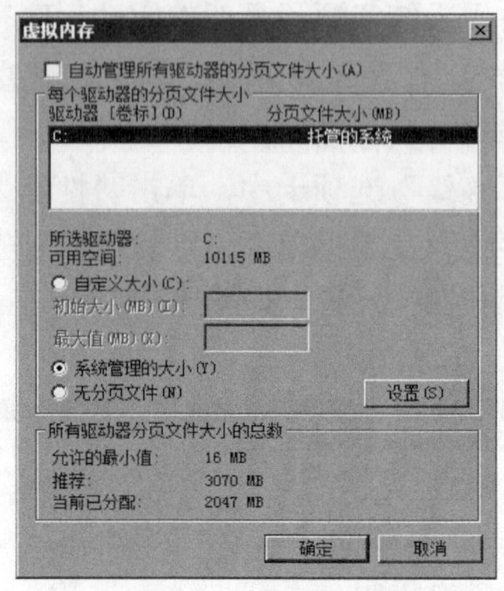

图 3.41　虚拟内存

在“性能选项”窗口的“数据执行保护”选项卡中，可以添加需要使用数据执行保护(DEP)，帮助保护数据使其免受病毒或其他安全威胁的破坏，如图 3.42 所示。

在“用户配置文件”对话框中，可以对用户配置文件进行管理，如图 3.43 所示。用户配置文件是指存储系统桌面配置和其他与登录账号有关的信息。

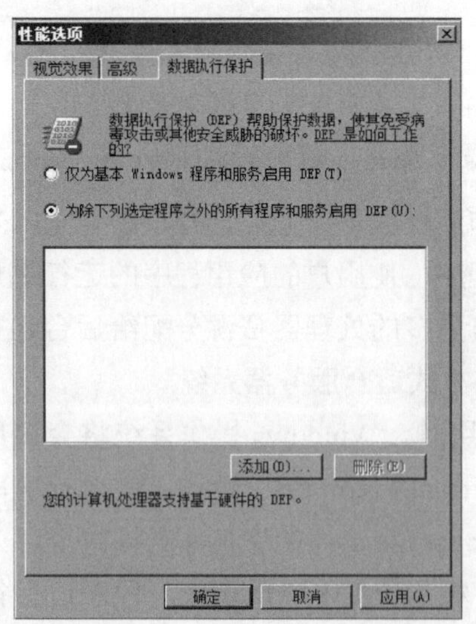

图 3.42　数据执行保护选项卡

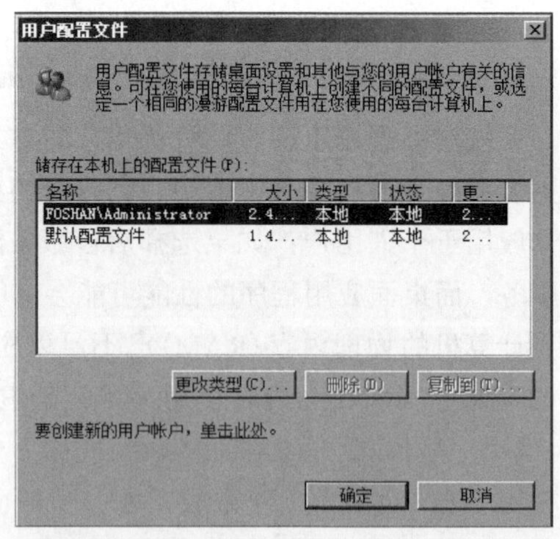

图 3.43　用户配置文件

在“启动和故障恢复”对话框中，可以对系统启动信息、系统出现故障即系统失败的情况进行管理，如图 3.44 所示。

环境变量(Environment Variable)用来指定操作系统运行环境的一些参数。环境变量的设置会影响程序的运行、内存空间的分配、文件搜索等操作。

要设置环境变量，可以通过运行 set 命令来检查系统现有的环境变量，如图 3.45 所示。图中每一行表示一个环境变量的设置，等号左边为环境变量名称，右边为环境变量值。如计算机名称的环境变量名称为 COMPUTERNAME，其值为 WIN-BJ5I4FE9909。

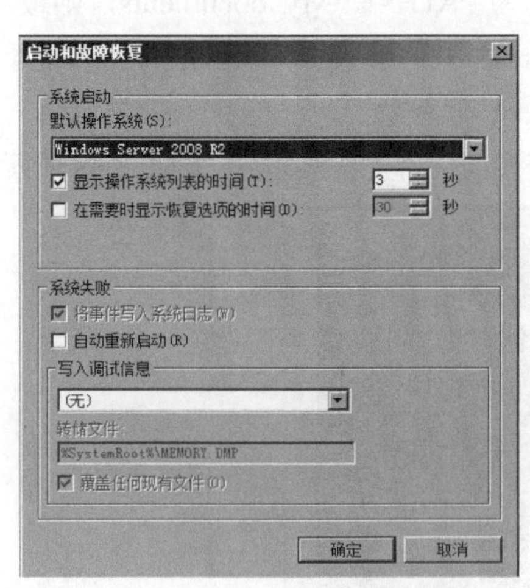

图 3.44　启动和故障恢复

图 3.45　环境变量信息

在 Windows Server 2008 R2 中的环境变量主要分为以下两种。

(1) 系统环境变量：即所有用户的工作环境内都会用到这些变量。只有系统管理员才有权限修改此类变量。一般情况下不建议修改系统环境变量，以免系统崩溃或运行不正常。

(2) 用户环境变量：每一个登录到系统的用户自身拥有的变量。此类变量只作用于该用户，不会影响其他用户。

如果需要修改环境变量配置，则可以打开“控制面板”系统和“安全系统”更改“设置”，在打开的“系统属性”对话框中选择“高级”选项卡，如图 3.46 所示。

然后，单击“环境变量”按钮，弹出“环境变量”对话框，如图 3.47 所示。在该对话框中可以新建、编辑及删除环境变量。

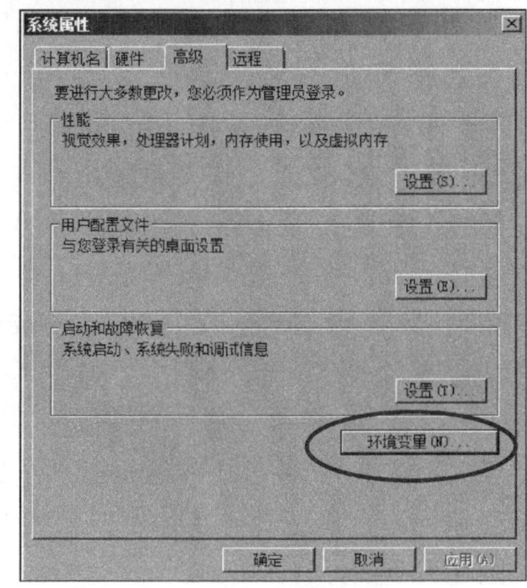

图 3.46　系统属性窗口

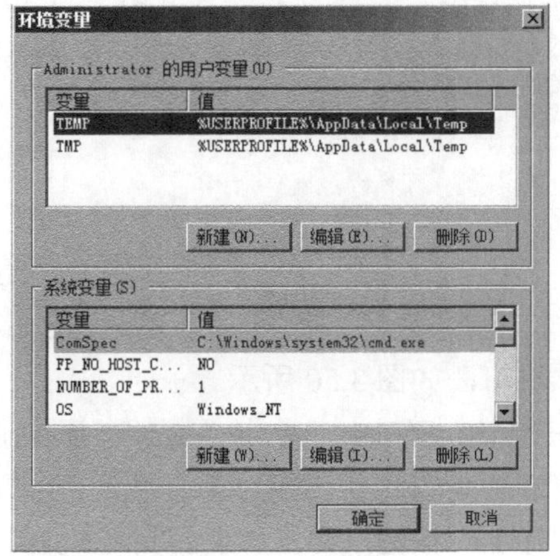

图 3.47　环境变量窗口

系统使用环境变量的顺序是先使用系统环境变量，再使用用户环境变量。当这两类变量的设置值发生冲突时，则有以下的结果：

(1) 如果是环境变量 PATH，则用户环境变量会被附加在系统环境变量之后。如系统环境变量的设置是 PATH=C:\WINDOWS\system32，而用户的为 PATH=C:\My documents，则最后的结果是 PATH= C:\WINDOWS\system32; C:\My documents。注：变量之间通过“;”来隔开。

(2) 如果是其他环境变量，则用户环境变量会覆盖系统环境变量。

可以通过 echo 指令显示环境变量的值，只要在环境变量前后都加上%即可，如图 3.48 所示。

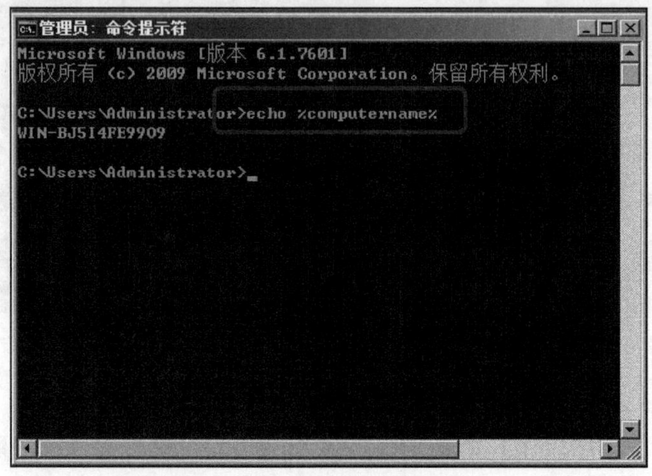

图 3.48　使用 echo 命令查看主机名

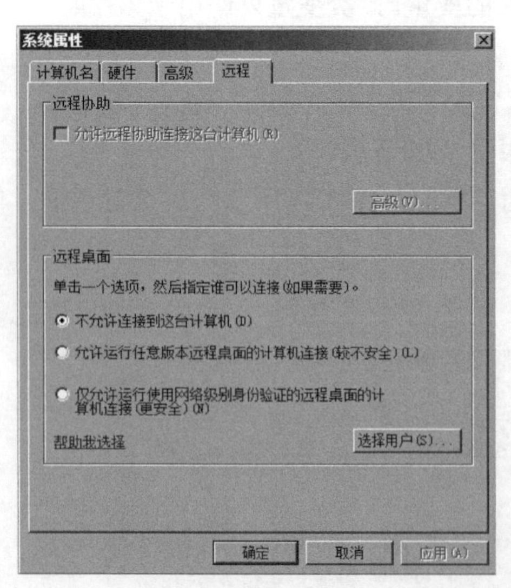

图 3.49　远程选项卡

远程协助和远程桌面给不在现场的管理人员提供远程操作系统的功能。比如，当某台计算机开启了远程桌面连接功能后，管理人员就可以在网络的另一端控制这台计算机了。通过远程桌面功能，管理人员可以实时操作这台计算机，在上面安装软件，运行程序，一切都好像直接在该计算机上操作一样。启用系统的远程功能，需要在“远程”选项卡中进行设置，如图 3.49 所示。当然，远程功能容易被入侵者利用，所以此项功能的开启需要在良好的网络操作环境下进行。

Windows Server 2008 R2 自带了许多系统工具，为了对这些工具进行统一管理，以使系统管理员更加方便、快捷地使用这些工具，系统提供管理系统工具的平台——微软管理控制台(Microsoft Management Console，MMC)。通过“开始”运行 MMC，弹出“控制台”窗口，如图 3.50 所示。

在 MMC 窗口中，单击“文件 | 添加/删除管理单元”，如图 3.51 所示。Windows 系统集成的管理工具在此处被称为管理单元。选择其中一个管理单元，这里选择“本地用户和组”，单击“添加”按钮，弹出“选择目标机器”对话框，如图 3.52 所示。

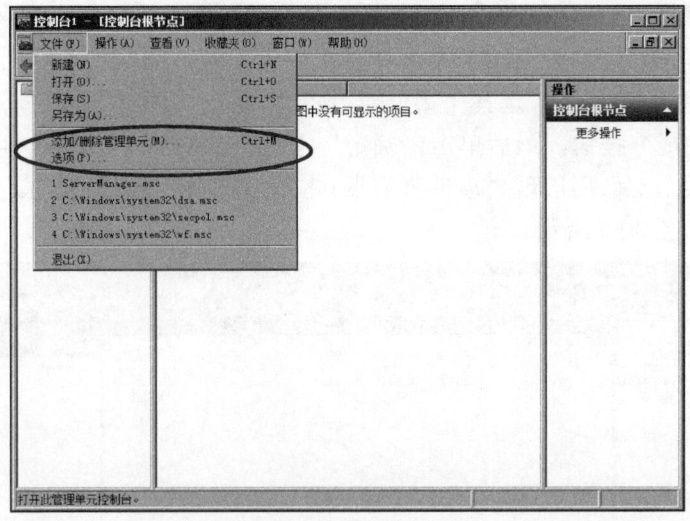

图 3.50　控制台窗口

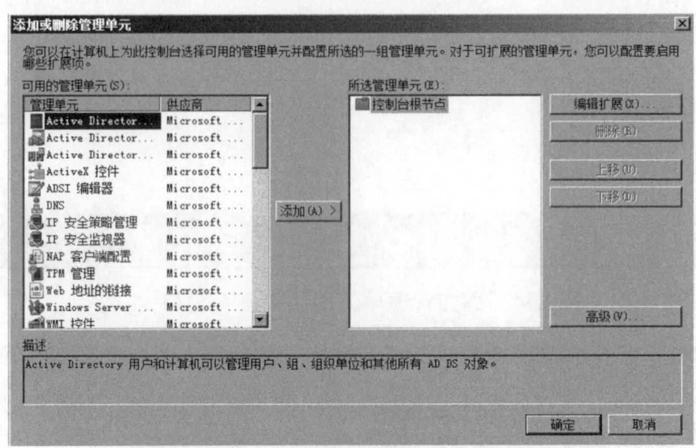

图 3.51　添加或删除管理单元

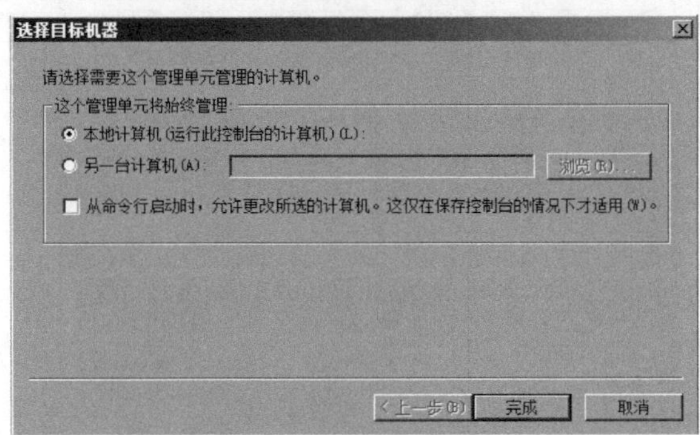

图 3.52　选择目标机器

在“选择目标机器”对话框中有两个选择：本地计算机和另一台计算机。如果要管理本地计算机，则选择第一个选项；如果需要管理网络中的计算机，则选择第二个选项。这里选择第一项后单击“完成”按钮，将会出现图 3.53 所示情况。这是因为该服务器作为域控制器而不能使用该

图 3.53　选择目标机器出现的情况

工具管理“本地计算机”上的“本地用户和组”。有关域的概念将在第 5 章中详细介绍。

除了有关域管理的管理单元无法在本地计算机中使用外，其他管理单元均可以使用。重新返回“添加或删除管理单元”，选择“事件查看器”，单击“添加”按钮，接着选择“本地计算机”后单击“完成”按钮，最后单击“确定”按钮，如图 3.54 所示。可以看到，MMC 窗口中在“控制台根节点”后出现“事件查看器(本地)”的树形结果选项。双击该选项即可进入该管理工具，如图 3.55 所示。

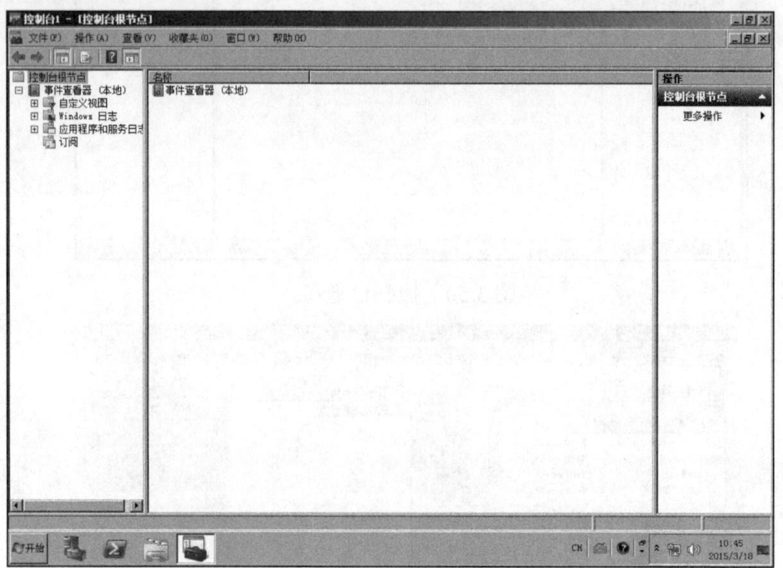

图 3.54　添加管理单元后的控制台窗口

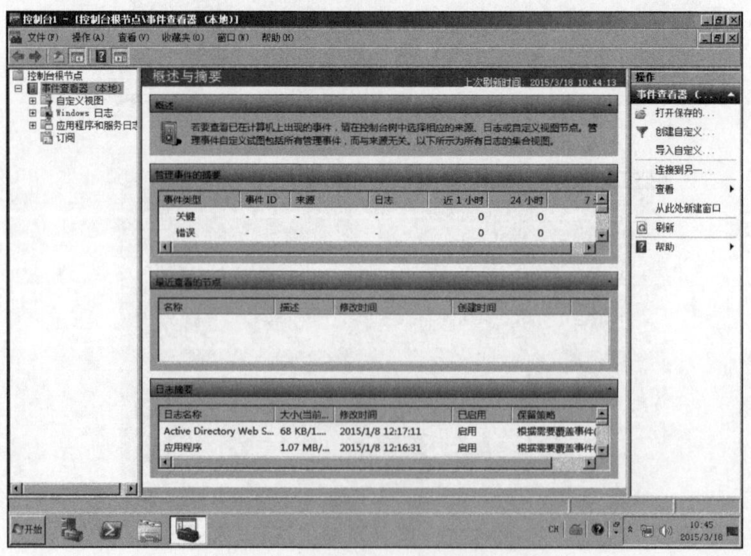

图 3.55　控制台中查看事件查看器

关闭 MMC 窗口时，系统会提示是否要保存该控制台，如果选择保存则可以生成后缀为.msc 的文件，类似于快捷方式，下次可以通过该文件直接打开 MMC 对计算机进行管理。在 Windows Server 2008 R2 中，常用的服务器管理器本质上也是一个 MMC 管理单元，而其图标也是打开该工具的快捷方式。

第 4 章　本地用户和组管理

每个用户在使用计算机前都必须先登录该计算机，这就要求用户能够输入有效的用户账户和口令。同时，由于用户所拥有权限的不同，用户对计算机的操作能力和操作范围也不尽相同。因此，用户账户是计算机安全的基本对象。此外，利用组账户技术来规划用户的使用权限，可以简化用户权限的管理，从而大大减轻网络管理的负担。

4.1　创建本地用户账户

在现实世界中，每个人都拥有一个唯一的身份，这一身份决定了每个人的权力和责任的范围。同样，在计算机世界中，每一个使用计算机的人也都拥有一个代表其身份的名称，即用户账户。按照计算机所扮演的不同角色，Windows Server 2008 R2 系统提供了两种不同类型的用户账户，即域用户账户(Domain User Account)和本地用户账户(Local User Account)。顾名思义，域用户账户是指在域环境下建立的用户账户，利用该账户可以对域中的资源进行访问，该账户的相关信息存储在域控制器上的活动目录数据库中，将在第 5 章对域用户进行具体介绍。在本章着重介绍本地用户账户，它存在于独立服务器上，用户可通过该账户使用本地计算机上的资源。Windows Server 2008 R2 系统提供本地安全账户管理器(Security Account Manager，SAM)这一工具，并通过该管理器对本地用户账户进行管理和审核。

根据创建方式的不同，又可将本地用户账户分为两类，即内置的本地账户和用户自定义的本地账户。内置的本地账户是 Windows Server 2008 R2 系统在安装过程中自动创建的本地用户账户，用户可利用这些账户对计算机进行管理和访问。一般情况下，这些账户是不能被删除的，但可以对其进行重新命名。除了内置本地账户外，系统还允许用户根据实际需求创建一些自定义的本地账户。当然，这些账户是可以被删除的。

4.1.1　内置的本地账户

Windows Server 2008 R2 系统提供两个默认内置本地账户，Administrator 和 Guest。其中，Administrator 账户可以执行计算机管理的所有操作；而 Guest 账户是为临时访问计算机的用户而设置的。下面，就对这两个内置本地账户的使用进行简要介绍。

(1) Administrator：使用内置 Administrator 账户可以对整台计算机和域配置进行管理，如操作用户账户和组账户、管理安全策略、分配允许用户访问资源的权限等。显然，管理员也可通过 Administrator 账户来处理一些非管理任务，但这可能会危及 Administrator 账户的安全。因此，对一个管理员而言，原则上应该创建一个普通用户账户，这样他就可利用该用户账户来执行非管理任务；只有在执行管理任务时，才使用 Administrator 账户。通过这种方式，就可避免过多使用 Administrator 账户来处理非管理任务。此外，由于 Windows Server 2008 R2 系统不允许删除该账户，因此为了保护 Administrator 账户安全，需对 Administrator 账户更名。

(2) Guest：普通的临时用户可以使用内置 Guest 账户进行登录并访问计算机。在默认情况下，为了保证计算机系统的安全，Guest 账户是被禁用的。但是，在安全性要求不高的网络环境中可以使用该账户，并通过设置一个密码来保护该账户的安全。值得注意的是，由于 Guest 账户默认是被禁用的，因而 Windows Server 2008 R2 操作系统安装完成后，用户在第一次登录系统时就必须使用 Administrator 账户。此外，在安装了 IIS (Internet Information Services，互联网信息服务) 后系统又会自动创建另两个内置本地账户，IUSR_Computername 和 IWAM_Computername，其中 Computername 是计算机名。这样，用户就可以通过 IUSR_Computername 账户的身份来匿名访问 IIS 中的网站，而 IWAM_Computername 账户则可用来启动进程所需要的应用程序。

4.1.2 创建本地用户账户

在 Windows Server 2008 R2 系统中，拥有管理员权限的用户可通过“计算机管理”中的“本地用户和组”管理单元来创建本地用户账户，具体步骤如下。

【步骤 1】单击“开始”管理工具中的“计算机管理”，打开“计算机管理”窗口，如图 4.1 所示。

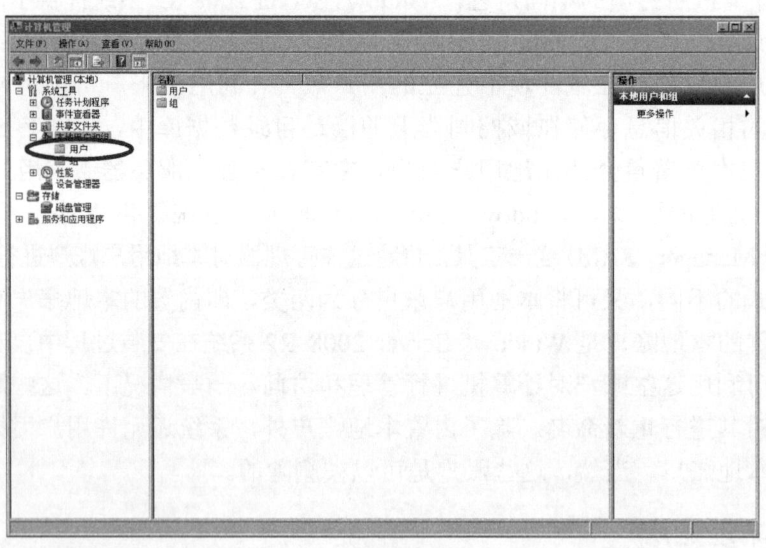

图 4.1　计算机管理窗口

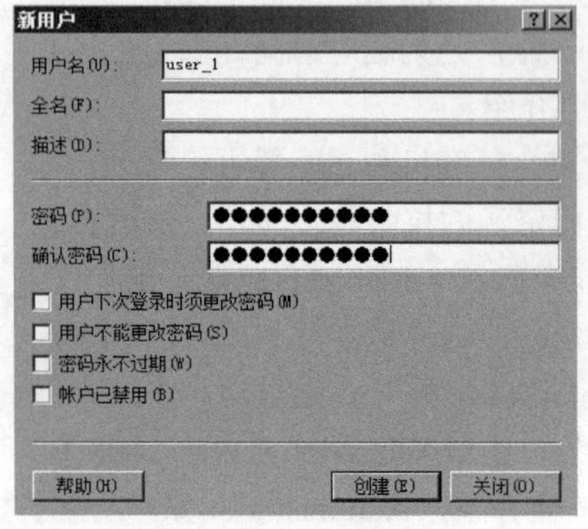

图 4.2　“新用户”对话框

【步骤 2】在“计算机管理”窗口的左栏中单击“本地用户和组”；然后，右击“用户”目录项；在弹出的快捷菜单中选择“新用户”菜单项，打开“新用户”对话框。

【步骤 3】在“新用户”对话框中，输入该用户账户的用户名、全名和描述，并对用户密码进行设置，如图 4.2 所示。

要注意的是，用户名必须遵循以下的规则和约定：

(1) 唯一性要求，用户名在本地计算机上必须是唯一的。

(2) 不能包含以下字符，* / \ [ ] : ; | = , + / < > “。

(3) 最长不能超过 20 个字符。

而且，用户密码也必须符合以下复杂性要求：

(1) 不能包含用户的账户名，不能包含用户账户名中超过两个连续字符的部分。

(2) 密码长度至少有 6 个字符。

(3) 密码至少包含以下 4 类字符中的 3 类字符：

➢ 英文大写字母（A～Z)

➢ 英文小写字母（a～z)

➢ 基数数字（0～9)

➢ 非字母数字(如!、$、# 或 %)

另外，在如图 4.2 所示的“新用户”对话框中，系统还为新建的用户账户提供了 4 个复选项，分别是“用户下次登录时须更改密码”“用户不能更改密码”“密码永不过期”和“账户已禁用”。系统默认选中“用户下次登录时须更改密码”，并且将“用户不能更改密码”和“密码永不过期”置成不可选状态。如果要选择这两个复选项，须先将“用户下次登录时须更改密码”复选项的状态置为未选中。管理员可根据用户账户的不同应用情况，对新建账户进行相应的设置。

(1)“用户下次登录时须更改密码”复选项：管理员为某一用户创建一个本地用户账户时，一般会选中该复选项，这就要求该用户在首次使用这一账户登录时必须修改密码，并且该更改后的密码不为系统管理员所知晓。

(2)“用户不能更改密码”复选项：一旦选中该复选项，则只有系统管理员才能更改密码。这一般是针对多人共用一个账户的情形。通过选择该复选项，任何人都无法修改这一共用账户的密码，这样就保证了每个人都可通过该共用账户登录并使用该计算机。

(3)“密码永不过期”复选项：该选项通常是与“用户不能更改密码”复选项一起使用的，其目的是创建一个永久的本地用户账户。

(4)“账户已禁用”复选项：在实际使用过程中，系统管理员有可能提前创建了一些用户账户。由于这些账户目前还未被使用到，因此为了安全起见，管理员可先将这些账户禁用。等到使用时，再开放该账户。

创建成功后，该用户账户就显示在“本地用户和组”的右侧栏窗口中。双击该用户名，就会弹出如图 4.3 所示的“属性”对话框。通过该对话框，可对新建的本地用户账户的一些属性进行设置，如用户隶属的用户组、配置文件、用户环境等。

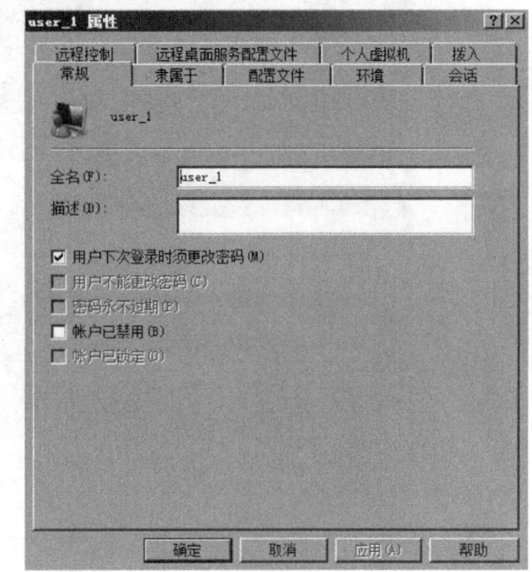

图 4.3　“属性”对话框

注意：用户名是为了让人识别和使用该用户账户而设置的，但对于计算机而言，识别该账户是通过安全标识符(Security Identifiers，SID)来实现的。它是账户的内部名字，在该账户创建时由系统自动建立，不能人为地设置或修改。当该用户账户被删除时，它的 SID 也随之被系统自动删除。若一个用户账户被删除后，又创建了另一个与被删账户同名的新账户，在这种情况下，由于新账户的 SID 与原账户不同，所以它不能继承原账户曾经拥有过的权限，而只能被看作一个与原账户无关的新账户。另外，如果需要查看用户的 SID，可在命令行中输入命令 whoami /logonid，这样就能在窗口中看到当前用户的 SID，如图 4.4 所示。

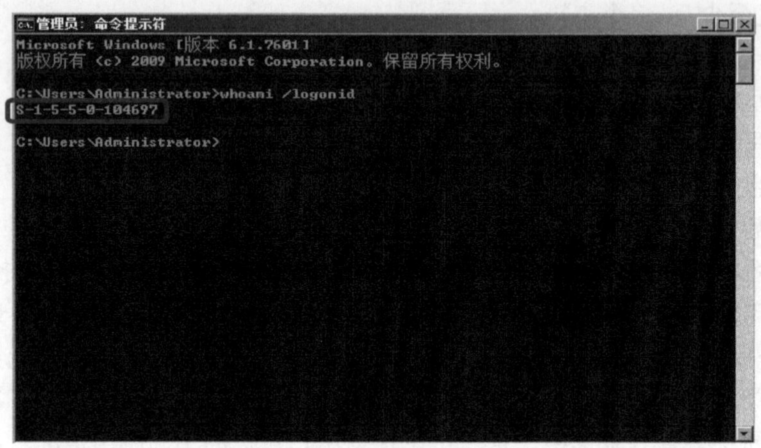

图 4.4　用户账户的 SID

4.1.3　更改用户密码

当以本地用户账户身份登录计算机时，按下 Ctrl+Alt+Del 组合键，可选择“修改密码”功能。通过输入正确的旧密码和新密码，可实现用户密码的更改，如图 4.5 所示。

若用户密码丢失，则只能通过系统管理员来为该用户设置一个新密码。这时，以管理员身份登录计算机，打开“计算机管理”窗口，在相应账户上单击右键，在弹出的快捷菜单中选择“设置密码”菜单项。然后，在如图 4.6 所示的“设置密码”对话框中输入新密码，完成设置。

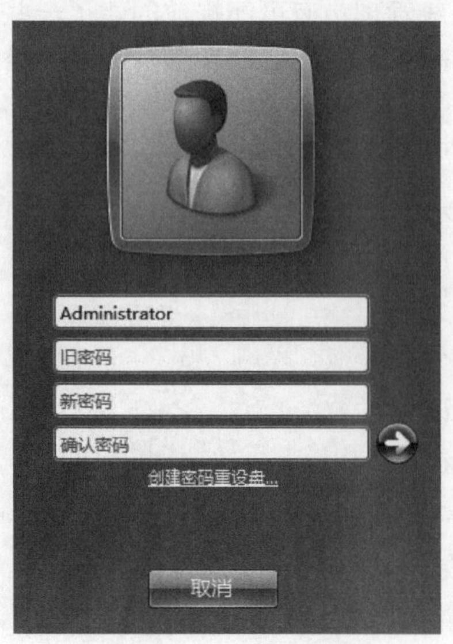

图 4.5　用户登录界面

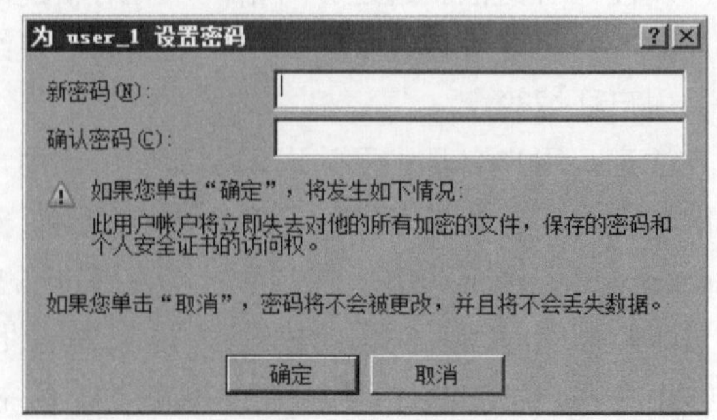

图 4.6　设置密码

4.2　创建本地组账户

组账户是用户账户的集合，但它不能用于登录系统。通过对组账户进行操作，管理员可同时对一组用户分配权限，进而简化了用户权限的管理。Windows Server 2008 R2 系统提供了一些内置的本地组账户，这些组本身都已经被赋予了一些权限，因而可通过它们来对访问本地资源的权限进行管理。常见的内置组账户如下。

(1) Administrators：管理员组，该组的成员拥有对服务器的完全控制权限，并且可以根据需要向用户指派用户权限。该组的成员默认有 Administrator 账户。

(2) Power Users：高级用户组，该组成员可以进行大多数操作，只在部分管理型的操作上受到限制。该组成员可对整个计算机的设置进行修改，但不拥有将自己添加到 Administrators 组的权限。在权限设置中，这个组的权限仅次于 Administrators 组。

(3) Users：普通用户组，该组成员可执行一些常见任务，但几乎没有管理权力，并且不允许修改操作系统的设置和用户资料。因此，Users 组是最安全的组。当一个用户账户创建成功后，该用户账户就被系统自动加入 Users 组中。

(4) Guests：来宾组，该组成员与 Users 组的成员拥有同等的访问权，但来宾账户的限制更多。默认成员有 Guest 账户。

依次单击“开始”“管理工具”“计算机管理”，打开“计算机管理”窗口。在“本地用户和组”树中的“组”目录里，可以查看本地内置的所有组账户，如图 4.7 所示。

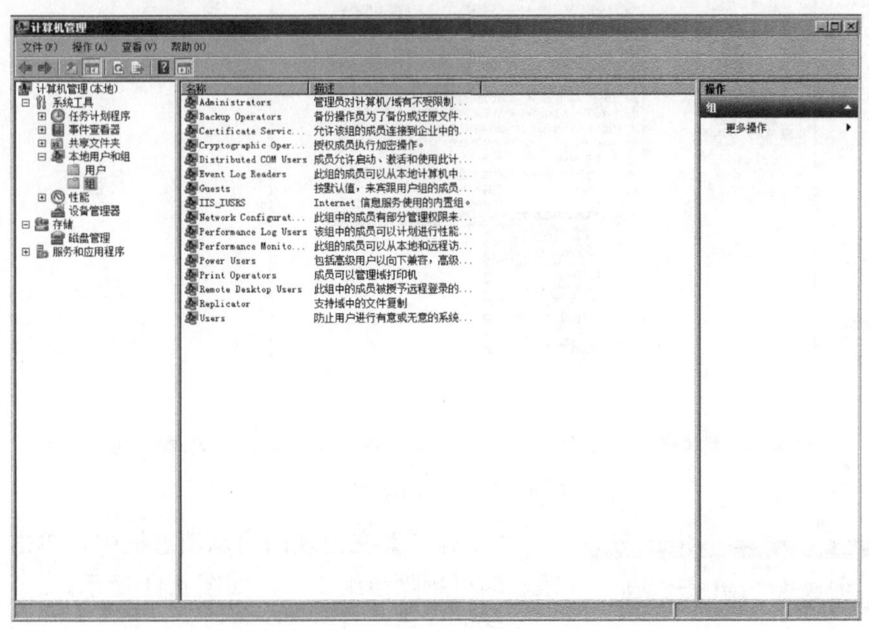

图 4.7　本地内置组账户

4.2.1　创建组

【步骤 1】从“计算机管理”窗口中，右击“组”目录项，在弹出的快捷菜单中选择“新建组...”菜单项，如图 4.8 所示。

【步骤 2】在如图 4.9 所示的“新建组”对话框中，输入组账户名和描述。然后，单击“创建”按钮，即可完成组账户的创建。

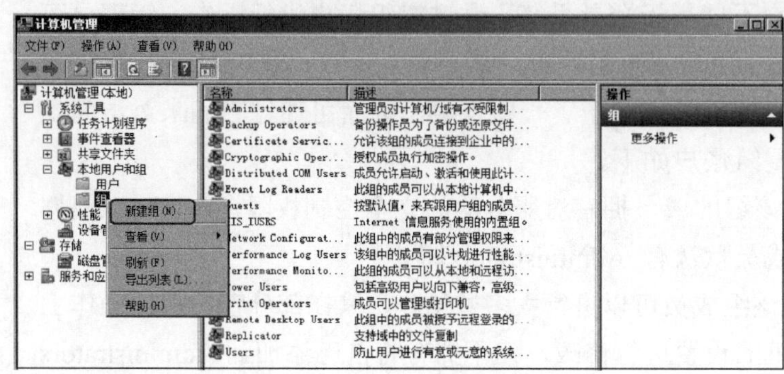

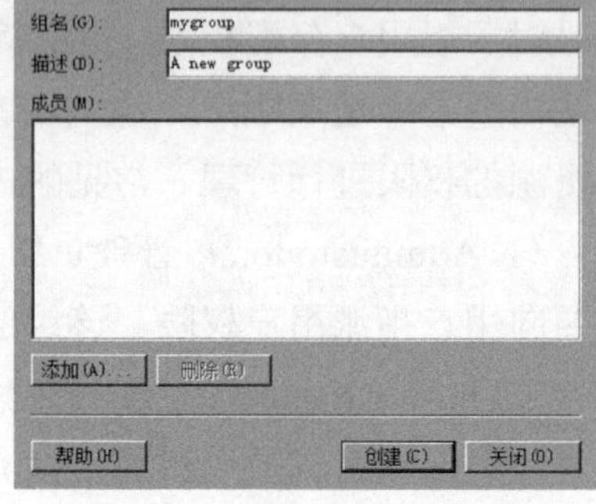

图 4.8　“新建组”菜单项　　　　图 4.9　“新建组”对话框

4.2.2　删除组

【步骤 1】在“计算机管理”窗口中选择要删除的组账户，右击该账户，在弹出的快捷菜单中选择“删除”菜单项，如图 4.10 所示。

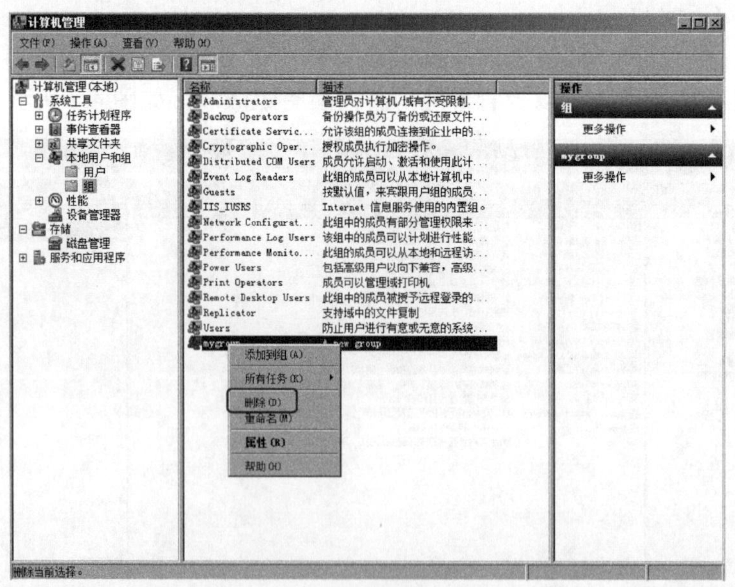

图 4.10　删除组账户

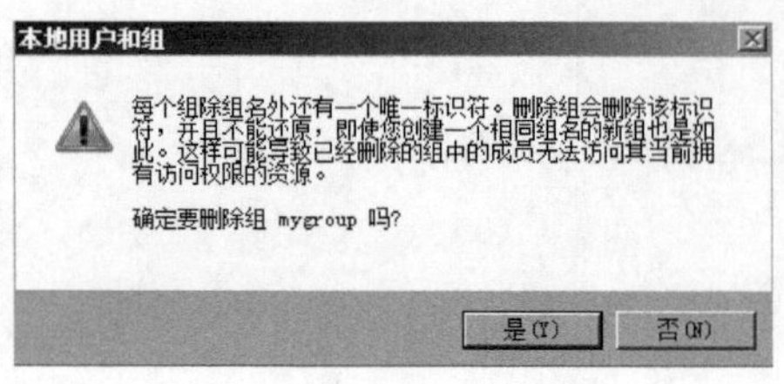

图 4.11　提示消息框

【步骤 2】在出现的提示消息框中，单击“是”按钮，即可删除该组账户，如图 4.11 所示。

需要注意的是，与用户账户一样，每个组账户都拥有一个唯一的 SID，所以一旦删除了该用户组，就无法重新恢复。另外，系统管理员只能删除新增的组，无法删除内置组。当删除内置组时，系统将拒绝该操作。

4.3　设置本地用户所在的组

在 4.1.2 节中，新建了一个本地用户后，系统默认将该用户归属于 Users 组。当我们需要利用该用户账户对计算机执行一些高于 Users 组权限的操作时，就必须更改该用户所在的组，使其具有更高的权限。Windows Server 2008 R2 系统提供了两种主要方法来设置本地用户所在的组。

一种方法是通过账户属性的更改来进行设置，具体操作步骤如下：

【步骤 1】在“计算机管理”窗口的左侧栏框中，单击“本地用户和组”；然后单击“用户”目录项。这样就可以看到所有的本地用户账户。右键单击需要更改组的用户账户（如 user_1），在弹出的快捷菜单中选择“属性”菜单项，如图 4.12 所示。

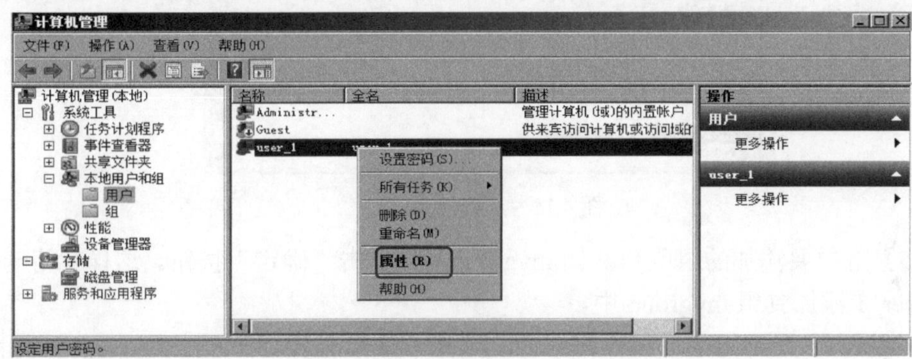

图 4.12　选择“属性”菜单项

【步骤 2】在打开的“属性”对话框中，单击“隶属于”选项卡。在该选项卡中，显示了该用户所属的组信息，如图 4.13 所示。

【步骤 3】单击“添加”按钮，就出现如图 4.14 所示的“选择组”对话框。

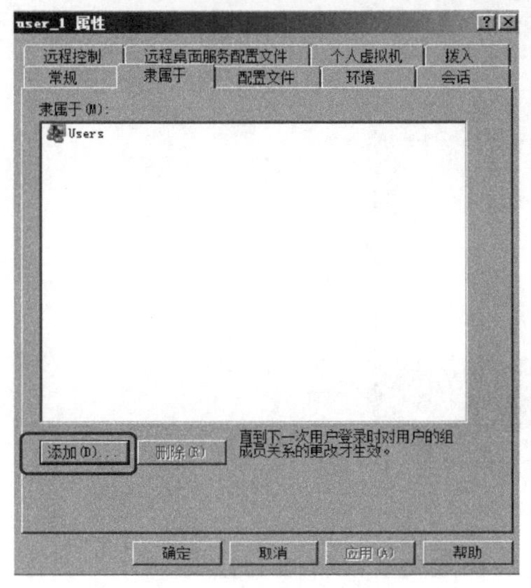

图 4.13　“隶属于”选项卡

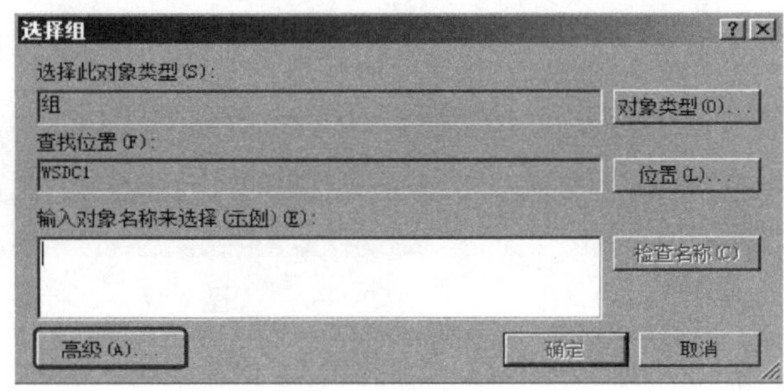

图 4.14　选择组步骤一

【步骤 4】单击“高级”按钮，显示如图 4.15 所示的对话框。在该对话框中，单击“立即查找”按钮，则在“搜索结果”列表框中将会显示该计算机所拥有的所有组账户。

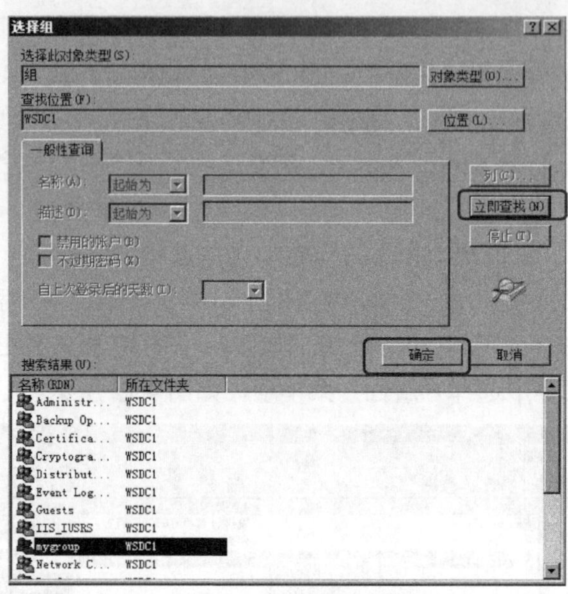

图 4.15 选择组步骤二

【步骤 5】选中要添加的组账户，如 mygroup，并单击“确定”按钮。这样就将一个本地用户账户 user_1 添加到组 mygroup 中。

另一种设置方法是通过组的属性来添加。其基本操作与前一种方法类似，打开如图 4.16 所示的“mygroup 属性”对话框，单击“添加”按钮将本地用户账户添加到该组中。若添加成功，则该用户账户将显示在“成员”列表中。

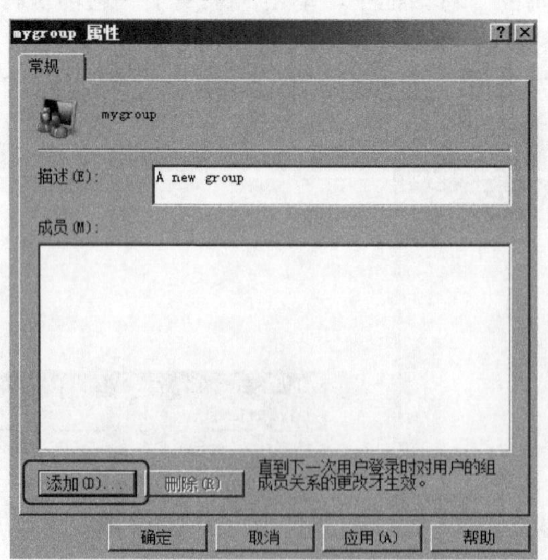

图 4.16 属性对话框

注意：由于一个用户可同时属于多个组，其所拥有的权限是各组权限的叠加，所以如果想限定用户只属于某个组，则应该把它从其他组中删除。Administrators 组的成员有权将用户加入任意组中，而 Power Users 组的成员只能将用户加入 Power Users 组、User 组和 Guest 组。

4.4　本地安全策略配置

在 Windows Server 2008 R2 系统中，我们可以利用“管理工具”中的“本地安全设置”命令，对该服务器的安全设置原则进行集中配置。这主要是通过对密码策略和账户锁定策略的设定来完成的，下面就分别对这两种策略进行介绍。

4.4.1　设置密码策略

用户密码是计算机系统安全的第一道屏障。如果用户账户，特别是管理员账户的密码设置得比较简单，则该密码就易于被非法用户破解，进而使得计算机资源被非法窃取占用。Windows Server 2008 R2 系统提供“密码策略”工具，对所有的用户密码设置相应的规定，以保护计算机系统的安全。接下来，我们将对该工具进行详细描述。

单击“开始 | 管理工具 | 本地安全设置”，打开如图 4.17 所示的“本地安全策略”窗口。在该窗口中，通过单击“密码策略”目录项，可以根据 Windows Server 2008 R2 系统提供的密码策略进行设置，主要包括以下 5 项。

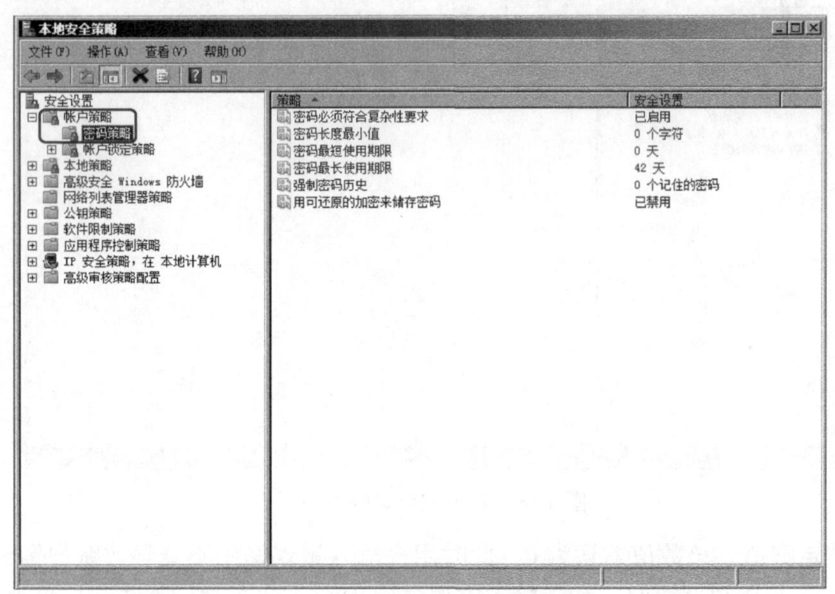

图 4.17　密码策略界面

(1) 密码必须符合复杂性要求。该设置默认是被启用的。如果启用这一要求，则用户在设置密码时必须使用复杂密码，即必须包含字母、数字和符号。

(2) 密码长度最小值。该数值默认为 0，即密码可设置为空。设定了密码长度最小值后，则用户设置的密码长度必须至少达到所设置的最小值。

(3) 密码最长使用期限。该数值默认为 42 天。当超过此期限时，用户在登录时就会被要求更改密码。注意：如果一个账户的密码选项设置为“密码永不过期”，则该账户的密码不受该期限限制。

(4) 密码最短使用期限。该数值默认为 0，表示用户可随时更改密码。例如，将密码最短使用期限设置为 1 天，则用户更改密码后，必须在 1 天之后才能再次更改密码。

(5) 强制密码历史。该数值默认为 0，表示用户设置的新密码可以与旧密码相同。假如设置为 3，则用户设置的新密码不能与最近 3 次使用过的密码相同。

4.4.2 设置账户锁定策略

账户锁定是指为保护账户的安全而将账户进行锁定，使用户在一定时间内不能再次使用该账户登录，从而可以有效地抵抗一些自动猜解工具的穷举攻击。Windows Server 2008 R2 系统在默认情况下，没有对账户锁定进行设定。因此，为了保证系统的安全，最好设置账户锁定策略。

单击“开始 | 管理工具 | 本地安全设置”，打开如图 4.18 所示的“本地安全策略”窗口。在该窗口中，通过单击左侧的“账户锁定策略”目录项，可以对 Windows Server 2008 R2 系统提供的账户锁定策略进行设置，主要包括以下两项。

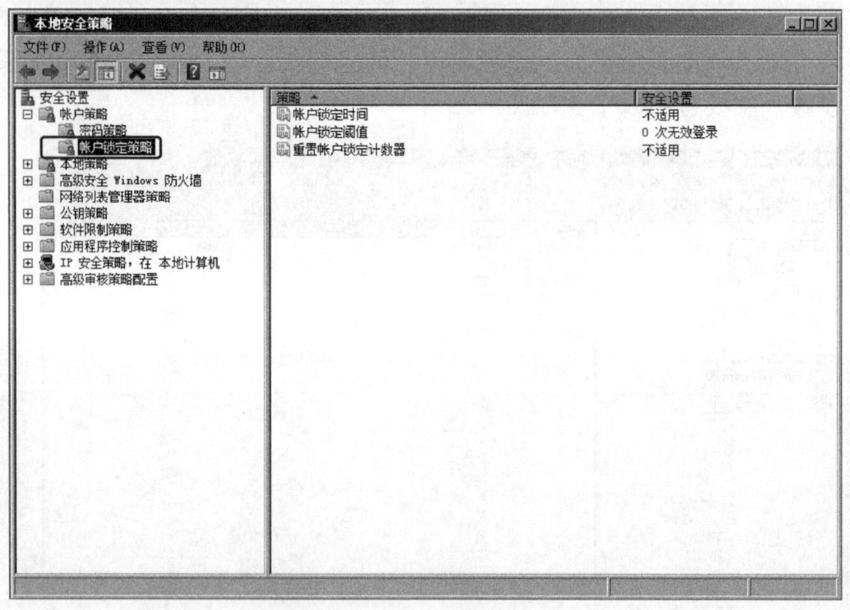

图 4.18　本地安全策略窗口

(1) 账户锁定阈值。该数值默认为 0，此时用户输入错误密码不会导致账户锁定。假如设置为 3，那么在一个用户登录时，如果输入密码错误次数达到 3 次，则该账户将被自动锁定。

(2) 账户锁定时间。假如该值设置为 10 分钟，则当一个账户被锁定后，过 10 分钟就会自动解除锁定。如果该值设置为 0，则该账户将永不自动解锁，只能由管理员手工解锁。

第 5 章　Active Directory 域服务

活动目录(Active Directory)是面向 Windows Standard Server、Windows Enterprise Server 以及 Windows Datacenter Server 的目录服务，但不能在 Windows Web Server 上运行。管理员利用活动目录可轻松地查找和使用各种网络对象的相关信息。因此，掌握活动目录对提高 Windows Server 2008 R2 的管理技能具有非常重要的意义。本章主要介绍活动目录的基本概念、结构元素和特性，并对有关活动目录服务的基本操作进行简要描述。

5.1　案例需求分析

某公司拥有 100 多台计算机和 100 多名员工，现在需要为这些员工提供统一的身份验证平台，并对网络中的计算机、用户账户以及其他一些网络资源进行安全有效的管理。这就要求在该公司内部建立一个 Windows Server 2008 R2 域，域名为 msws.com，如图 5.1 所示。具体架构如下。

(1) 域控制器：计算机名为 WSDC1，IP 地址为 192.168.95.1，采用 Windows Server 2008 R2 操作系统。

(2) 额外域控制器：计算机名为 WSDC2，IP 地址为 192.168.95.2，采用 Windows Server 2008 R2 操作系统。

(3) 域中成员计算机：计算机名为 PC1，IP 地址为 192.168.95.11，采用 Windows XP Professional 操作系统。

(4) 域用户：张三，隶属于某一全局安全组“信息技术部”。

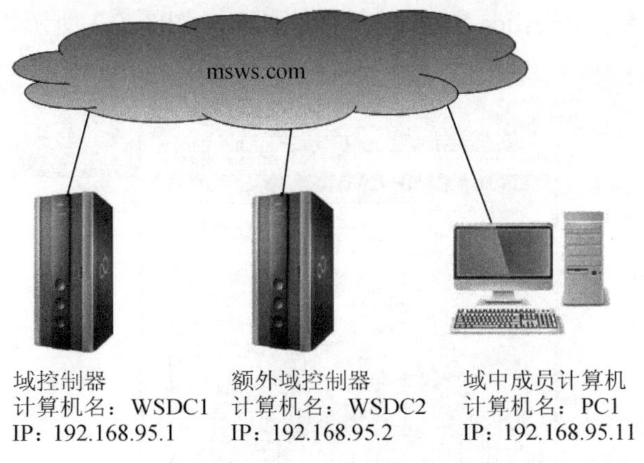

图 5.1　案例拓扑图

通过对该案例的需求分析和规划，可将该任务分解成以下若干子任务。

(1) 建立 AD DS 域：通过服务器管理器工具，在服务器 WSDC1 上安装活动目录，进而创建域 msws.com。

(2) 将计算机加入或退出域：对计算机 PC1 进行设置，并加入域 msws.com。

(3) 部署额外域控制器：将服务器 WSDC2 添加到域 msws.com 中，并将其配置成额外域控制器。

(4) 域用户账户管理：创建域用户账户“张三”，并对该域用户进行基本设置。

(5) 组账户管理：创建全局安全组“信息技术部”，并将域用户“张三”添加到该组中。

5.2　任务一：建立 AD DS 域

5.2.1　域的必要性

局域网的一个主要功能是实现资源的共享，因此，如何管理这些在不同机器上的资源就成为网络操作系统的一个重要工作。Windows 网络操作系统通过两种不同的管理模式，域(Domain)和工作组(Work Group)，来对网络中的资源进行管理。接下来，就分别对这两种模式进行简要的介绍，进而了解域的必要性。

当 Windows 操作系统安装完成后，系统就被默认为是隶属于工作组的。工作组是将不同的计算机分别列入不同的组中，以便于管理。假设一个局域网拥有 100 台工作计算机，如果不对这些计算机进行分组的话，那么它们将都被列在“网上邻居”内，这样就显得非常混乱。为了解决这一问题，Windows 操作系统引入了“工作组”这个概念。将这些计算机按照不同的功能将它们分别隶属于不同的工作组。当需要访问具有某一功能的资源时，就可在“网上邻居”里找到具有该功能的工作组，双击该工作组的图标就可以看到这一工作组中的所有计算机。

共享资源的一个主要方法就是共享文件夹。假设计算机 A 有一个文件夹分配给用户 Alice 使用，即将这个共享文件夹的访问权限授予 Alice。一般做法是在服务器 A 上为 Alice 这个用户创建一个用户账号，如果访问者能回答出 Alice 的账户名和密码，就认为这个访问者是 Alice，允许她访问该共享文件夹。具体操作步骤如下。

【步骤 1】在计算机 A 上为 Alice 创建一个用户账户，如图 5.2 所示。

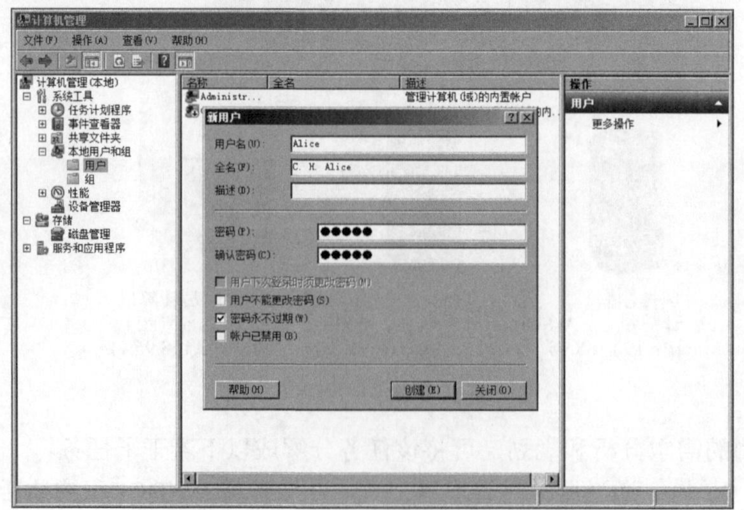

图 5.2　创建用户账户

【步骤 2】选择要共享的文件夹，如 AAA，右键单击，在弹出的快捷菜单中选择“共享”中的“特定用户”选项，如图 5.3 所示。

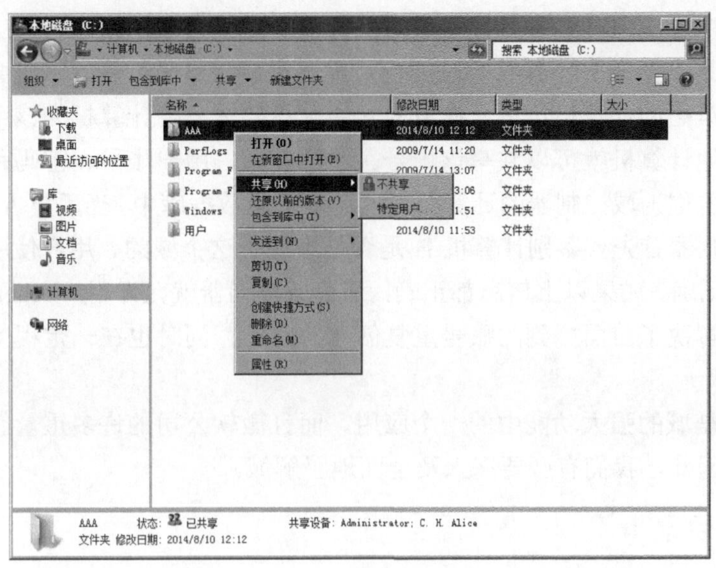

图 5.3　设置共享

【步骤 3】在“文件共享”对话框中，添加用户 Alice，并将其权限级别设为“读取/写入”，如图 5.4 所示。

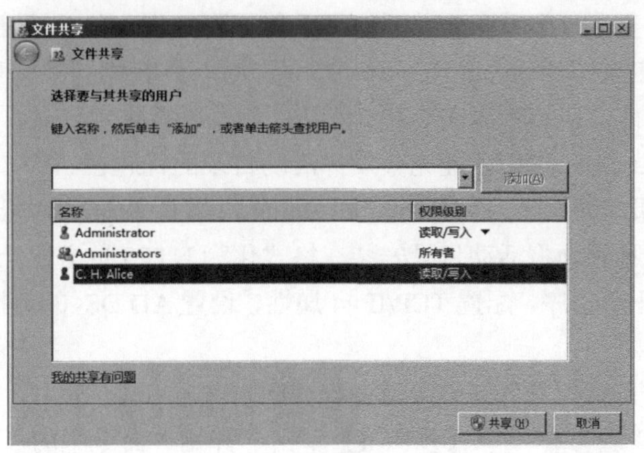

图 5.4　“文件共享”对话框

【步骤 4】当用户通过计算机 B 来访问该共享文件夹时，计算机 A 对访问者提出了身份认证请求，如图 5.5 所示。用户输入了自己的用户名 Alice 和相应的密码就可以访问该文件夹。

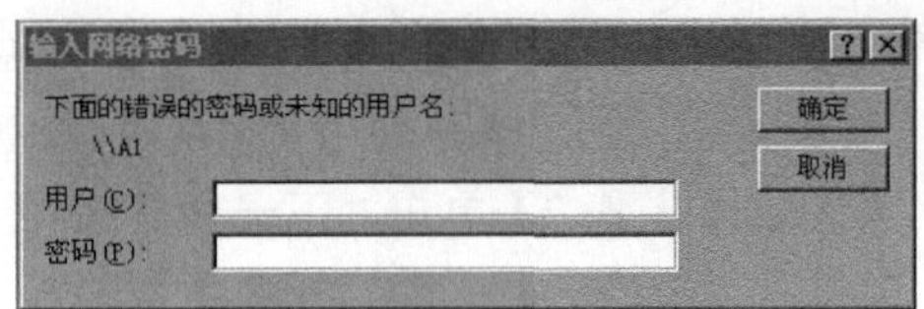

图 5.5　输入用户和密码

这样，用户 Alice 就可以在局域网中的任意一台计算机上，通过该用户账户来访问计算机 A 上的文件夹 AAA，这就较好地实现了资源共享。然而，这时又有一个新的问题出现：如果每台计算机都有资源要分配给用户 Alice，那按照前面工作组的做法就要求每台计算机都要给 Alice 创建一个用户账号。这样的话，用户 Alice 就必须记住自己在每个计算机上的用户名和密码。显然，这在实际应用过程中是行不通的。特别是对于大型网络而言，工作组的工作模式是不可行的。因此，Windows 操作系统提出域模式来解决这一问题。域是共享用户账号、计算机账号和安全策略的计算机集合。在域模式中，只要有一台计算机为该用户创建了一个域用户账号，则其他计算机就可以共享该账号。这样的话，用户账号、密码和安全策略等信息就被存储到一个被称为域控制器的计算机上的活动目录数据库中。当用户 Alice 用计算机 B 联入网络时，域控制器首先要鉴别计算机 B 是否是隶属于这个域的、用户使用的登录账号是否存在、密码是否正确。如果以上信息都正确，那么域控制器就允许用户 Alice 访问共享的资源。这就可很好地解决了前面提到的账号重复创建的问题，同时也在一定程度上保护了网络中的资源。

当然，这仅仅是域的强大功能中的一个应用，而且微软公司的许多重量级服务产品都是基于域的支持的。因此，我们有必要深入及全面地了解域。

5.2.2　安装活动目录

在 Windows Server 2008 R2 网络环境中，每个域都要求必须拥有一个或多个域控制器。通过该域控制器，可以实现对域的管理，并提供相关的服务。因此，在创建域时，需先在一个作为域控制器的服务器上安装活动目录。由于活动目录涉及许多协议和服务，而且关系到整个操作系统的结构和安全，因此在安装活动目录前需要完成一些前期准备工作。

(1) 活动目录和域名系统(Domain Name System，DNS)具有相同架构和命名规则，并且创建后修改比较麻烦。因此，应该为 AD DS 域选取一个适当的域名，例如 msws.com。同时，还需要合理地规划目录结构，进而才能充分发挥活动目录的优越性。

(2) 只有具备管理员权限，即为组 Domain Admins 或组 Enterprise Admins 的成员，才能进行活动目录的安装，并且必须将活动目录安装在格式化为 NTFS 的分区上。

(3) 正确安装网卡驱动程序，配置 TCP/IPv4 属性，设置 AD DS 的数据库文件、日志文件以及 SYSVOL 文件夹。

接下来，就对活动目录的具体安装步骤进行介绍。

图 5.6　安装 Active Directory 域服务二进制文件

【步骤 1】单击“开始”命令中的“运行”，然后在运行对话框中输入 dcpromo 命令。出现如图 5.6 所示的界面，开始安装 Active Directory 域服务的二进制文件。

【步骤 2】Active Directory 域服务的二进制文件安装完之后，将打开如图 5.7 所示的“Active Directory 域服务安装向导”。通过该向导可将当前计算机配置为域控制器。

【步骤 3】单击“下一步”按钮，出现“操作系统兼容性”提示框，如图 5.8 所示。

【步骤 4】单击“下一步”按钮，在出现的“选择某一部署配置”对话框中选择“在新林中新建域”复选框，如图 5.9 所示。

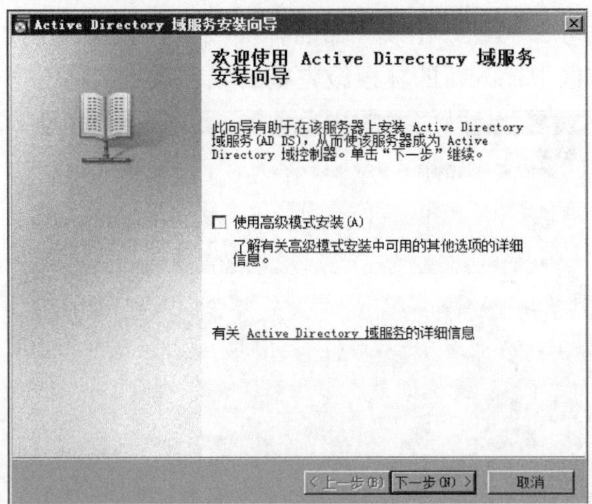

图 5.7　“Active Directory 域服务安装向导”对话框

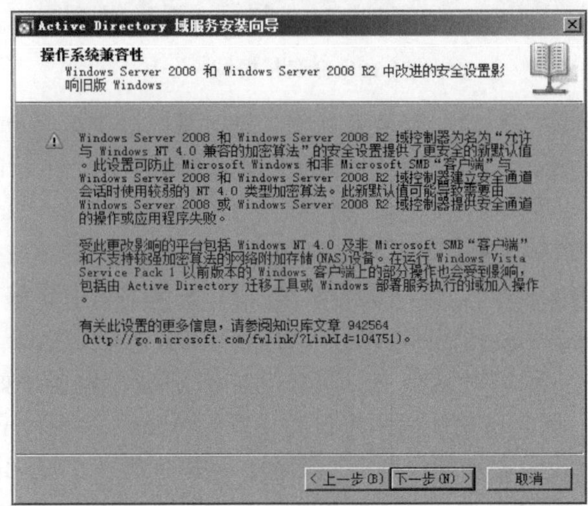

图 5.8　操作系统兼容性提示框

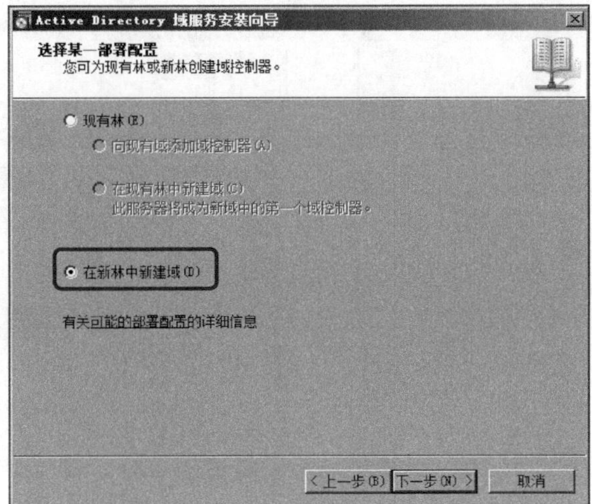

图 5.9　选择某一部署配置

【步骤 5】单击“下一步”按钮，出现“命名林根域”对话框。在如图 5.10 所示的“目录林根级域的 FQDN”文本框中输入新的林根级完整的域名系统名称，如 msws.com。

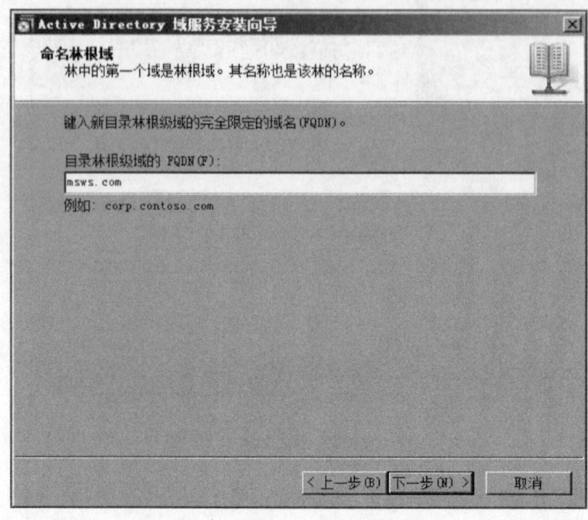

图 5.10　命名林根域

【步骤 6】单击“下一步”按钮，安装向导就开始检查网络中域名 msws.com 是否已被使用。如果该域名已经被使用了，那么安装程序就会要求重新输入一个新的域名。否则，安装程序会对域的 NetBIOS 名称进行设置，其目的是使得一些不支持 DNS 域名的旧系统如 Windows 98、Windows NT 等，能够通过 NetBIOS 域名对该域的资源进行访问。这里，安装系统会自动生成一个 NetBIOS 域名，该默认的域名为 DNS 域名串中到第一个句点为止的字符串。例如，DNS 域名为 msws.com，则默认的 NetBIOS 域名就是 MSWS。

【步骤 7】在图 5.11 所示的对话框中，对林功能级别进行设置。如果林功能级别选为 Windows Server 2008 R2，则其域功能级别将自动设置为 Windows Server 2008 R2。否则，就将出现如图 5.12 所示的“设置域功能级别”对话框。这里，有 3 个域功能级别可供选择，分别是 Windows 2000 纯模式、Windows Server 2003 和 Windows Server 2008，默认为 Windows 2000 纯模式。

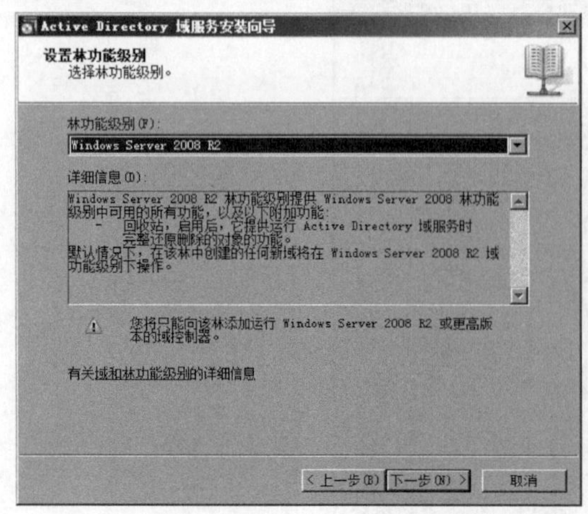

图 5.11　设置林功能级别

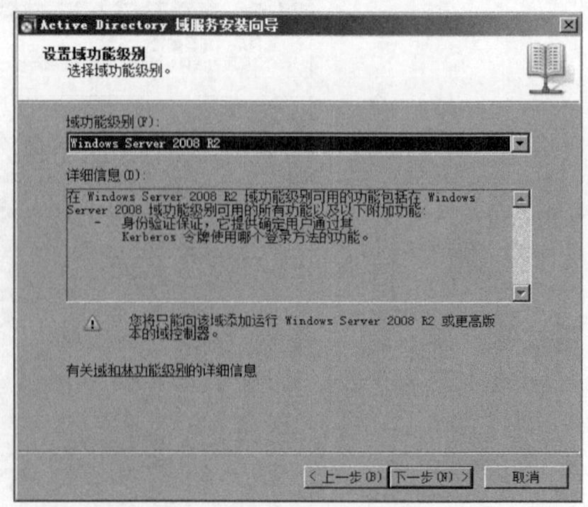

图 5.12　设置域功能级别

【步骤 8】安装向导开始检查该服务器上 DNS 配置，检查完毕出现“其他域控制器选项”对话框。选择“DNS 服务器”复选框，将该计算机配置为 DNS 服务器，如图 5.13 所示。由于是第一台域控制器，故无法将该服务器设置为只读域控制器(Read-Only Domain Controller，RODC)。

【步骤 9】单击“下一步”按钮，弹出如图 5.14 所示的提示框。该信息表示因为无法找到有权威的父区域或者未运行 DNS 服务器，所以无法创建该 DNS 服务器的委派。

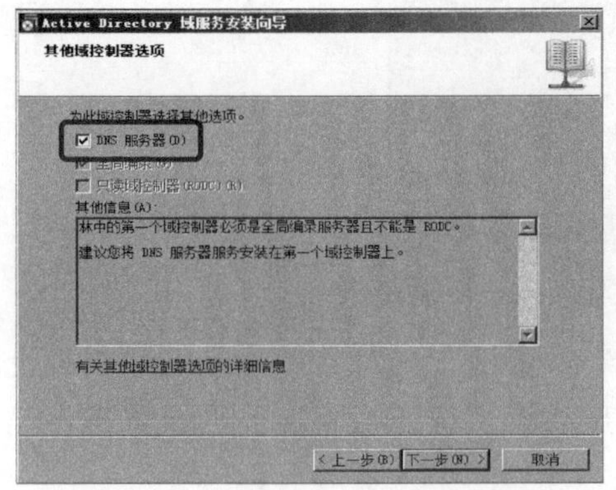

图 5.13　设置其他域控制器选项

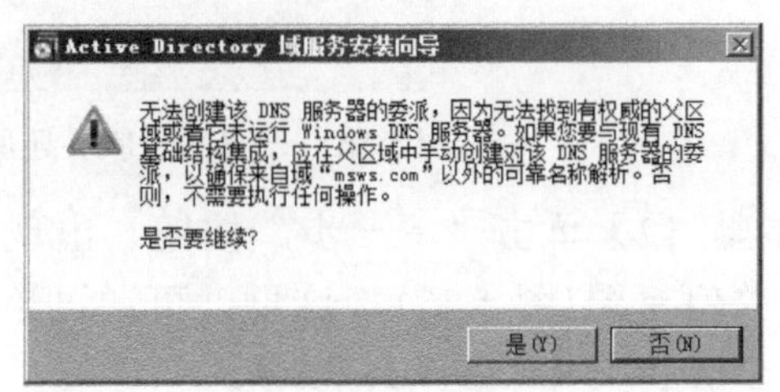

图 5.14　无法创建 DNS 服务器的委派提示框

【步骤 10】单击“是”按钮，出现“数据库、日志文件和 SYSVOL 的位置”对话框。在该对话框中指定活动目录数据库、日志文件以及 SYSVOL 文件夹的存储位置，其中 SYSVOL 文件夹必须存在 NTFS 文件系统的分区上，如图 5.15 所示。

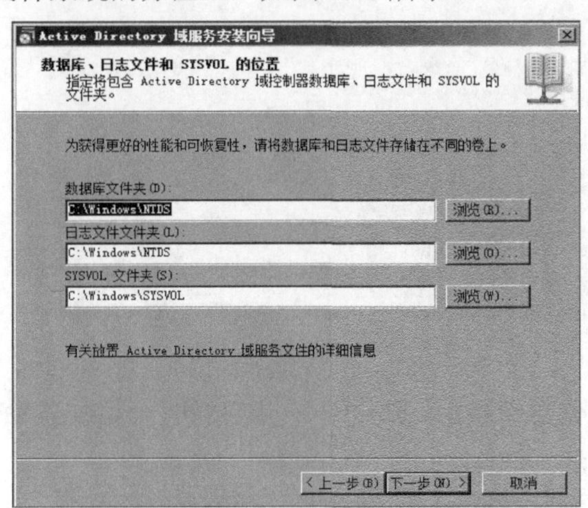

图 5.15　设置数据库、日志文件和 SYSVOL 的位置

这里，数据库文件夹用来存储活动目录数据库。日志文件记录该数据库的变更情况，它的主要作用是恢复数据。当系统发生故障时，可利用日志文件中的信息记录来恢复活动目录数据库。SYSVOL 文件是用于保存域公共文件服务器副本的共享文件夹，它在域中所有的域控制器之间复制。

【步骤 11】Windows Server 2008 R2 系统允许用户在系统启动时按下 F8 按键进入安全模式，即目录服务还原模式，进而可对活动目录的数据库进行修复。进入该模式时，需要输入一个密码。该密码的设置在图 5.16 所示的对话框中完成，其必须符合密码策略规定的复杂性要求。

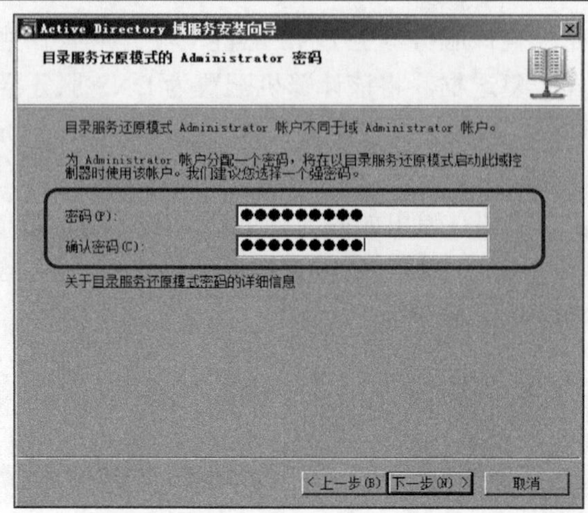

图 5.16　设置目录服务还原模式的 Administrator 密码

【步骤 12】单击“下一步”按钮，出现“摘要”对话框，该对话框显示上述步骤设置的相关信息图(图 5.17)。这里，可通过单击“导出设置”按钮，将前面的设置操作存储为一个应答文件(Answer File)。

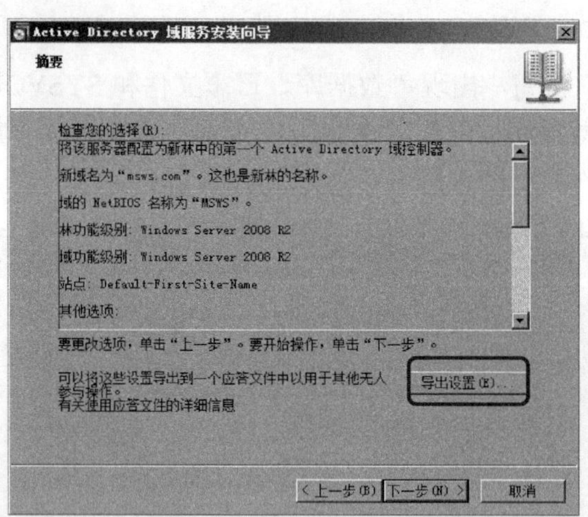

图 5.17　“摘要”对话框

【步骤 13】在确认配置信息无误后，单击“下一步”按钮，开始安装 DNS 和 Active Directory 域服务，过程如图 5.18 所示。

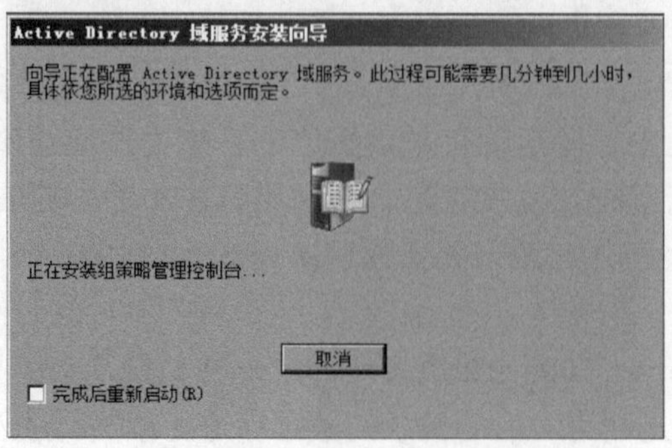

图 5.18　Active Directory 域服务安装过程

【步骤 14】整个安装 Active Directory 域服务可能需要花费几分钟时间，安装完成后会出现如图 5.19 所示“完成 Active Directory 域服务安装向导”提示框，表明 Active Directory 域服务安装成功。这时，该服务器的本地用户账户将被转移到活动目录数据库中。同时，因为该计算机本身是 DNS 服务器，所以其首选 DNS 服务器 IP 地址为 127.0.0.1。另外，由于它被升级成域控制器，故而系统自动开放与活动目录域控制器相关的软件端口，以便于它与其他计算机之间进行通信。

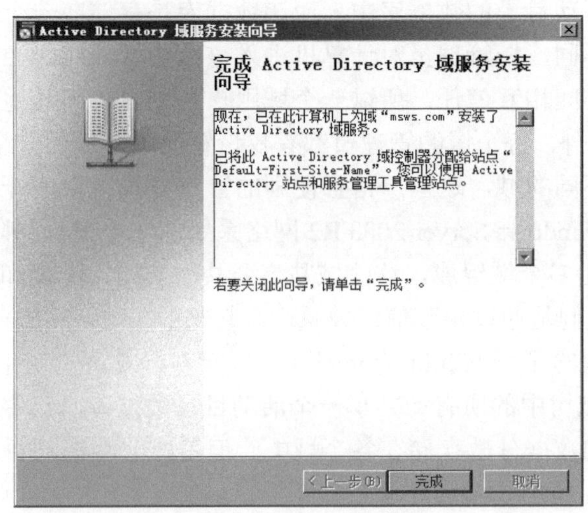

图 5.19　完成 Active Directory 域服务安装向导

5.2.3　相关知识

目录(Directory)是一个用于存储用户感兴趣的对象信息的信息库。目录服务是一个网络资源信息库，它按层次结构来组织信息，并提供按名称关联检索信息的服务方式。

活动目录(Active Directory，AD)存储了本网络上各种对象的相关信息，并使用一种易于用户查找及管理的数据存储方法来组织和保存数据。在目录中，可通过登录验证和目录中的对象访问控制，将安全性集成到活动目录中。

名称空间(Name Space)是一种命名规则，通常用来定义网络资源的唯一名称。活动目录本质上就是一个名称空间，它包含了很多的对象，每个对象都拥有一个自己的名称。在活动目录中，可通过对象名称获得与该对象相关的所有信息。在这里，可以把它们之间的关系形象地理解成是一种解析关系。如：通讯录可以看成一个名称空间，每个人的名字都可以被解析为对应的电话、地址等信息。

对象(Object)是活动目录中的信息实体，如用户、打印机或应用程序等。

属性是对象用来识别主题的描述性数据，例如用户属性可能包括用户的名字、电话和 Email 等。因此，对象也可称为一组属性的集合。

容器是逻辑上包含其他对象的对象，它与对象一样也拥有属性。同时，容器是一种特殊的对象，与对象不同的是它不代表有形的实体，仅仅是其他对象或容器的容器。

组织单元(Organizational Unit，OU)是容器的一种，它是组织和管理一个域内对象的容器，可包含用户账户、用户组、计算机或其他的组织单元。组织单元是指派组策略设置或委派管理权限的最小作用单位。因此，管理员可以利用组织单元来扩展容器层次而无需构建一个新的域。这里，如果把活动目录看作一棵树的话，那么组织单元就是一个相对独立的枝干。此外，组织单元具有继承性，子单元可继承父单元的访问控制列表(Access Control List，ACL)。

域(Domain)是一个有安全边界的计算机集合，是 Windows 操作系统的逻辑管理单位。通俗地讲，它是一系列的用户账户、计算机、安全策略和其他各种资源的集合。域中所有对象信息都记录到一个称为活动目录的数据库中，而该数据库是存储在一个或多个称为域控制器的计算机上。与工作组不同，域管理员对计算机进入该域实行严格的控制。同时，由于在同一个域中的计算机彼此之间相互信任，所以一个域用户在域内访问其他计算机时就不需要被访问计算机的许可了。此外，每个域的管理员都有权设置属于该域的安全策略和访问控制等，而且这些设置不能跨越不同的域。这些严格且便利的管理方式对保证计算机网络的安全是非常必要的。因此，域是 Windows Server 2008 R2 网络系统的一个安全界限。

域树(Domain Tree)由多个域组成，这些域共享公共的架构、配置和全局编录能力，形成一个连续的名称空间，它们是通过相互信任关系连接起来的。域树中的一个域称为根域(Root Domain)，其他域是根域的子域(Child Domain)。直接在一个域上层的域称为该域的父域(Parent Domain)。一个域树中的所有域共享一个活动目录数据库，其中每个域只存储属于该域的数据，即数据库中的数据分散存储在各个域中。但是，一个活动目录可以包含一个或多个域树。

另外，域树的名称空间是连续的，即子域的域名内包含其父域的域名。因此，我们也可以从名称空间来解析域树的结构关系。例如：根域为：abc.r；直接下层子域为：child.abc.r；再下一层就为：grandchild.child.abc.r。在域树中的任何两个域之间都是双向可传递的信任关系。因此，域树名字空间具有以下特点：

(1)一棵树只有一个名字，即位于树根处的域的名称。

(2)在根域下面创建的子域的名称总与根域的名称邻接。

(3)子域的名称可反映该组织机构的性质。

信任关系(Trust Relationship)是域之间建立的关系。只有两个域之间建立了信任关系，才可以访问对方域内的资源。Windows Server 2008 R2 域之间的信任关系是建立在 Kerberos 安全协议之上的，因此也被称为 Kerberos 信任。

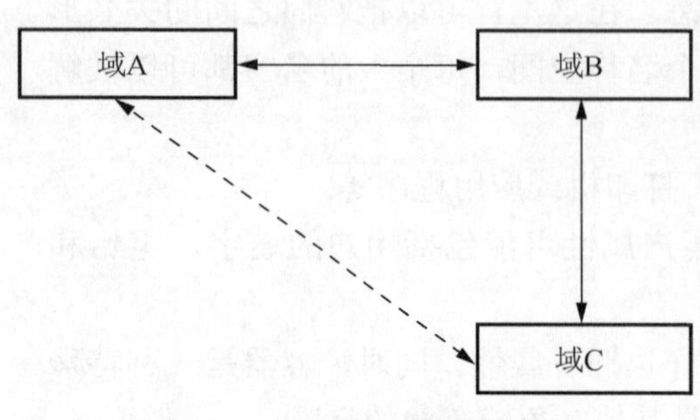

图 5.20　信任关系的可传递性

信任关系具有双向性和可传递性。域 A 信任域 B，则域 B 也信任域 A，如图 5.20 所示。若域 B 与域 C 建立信任关系，那么根据信任的传递性，域 A 和域 C 之间就自动建立了信任关系，该信任关系被称为隐性的信任关系。当一个新域加入一棵域树后，这个域就自动信任其上一层的父域。根据信任关系的双向性，父域就自动信任这个新子域。同时，根据信任关系的传递性，该域也会自动与该域树内的所有域建立了信任关系。这样，新域的用户就可访问该域树内其他域的资源。

域林。一棵或多棵域树可以组成**域林**(Domain Forest)，同一个域林中的域也可以共享相同的架构、站点和全局编录能力，但域林中的域树之间并不形成连续的名称空间，这是域林与域树之间最明显的区别。在新域林中创建的第一个域是该域林的根域，域林范围的管理组都位于该域。为了方便管理，新创建的域最好都位于域林的根域或其子域下。同一个域林内的域是按照双向可传递的信任关系进行连接的，而两个 Windows Server 2008 R2 域林间的信任，可以形成两个域林内所有域间信任关系。域林之间的信任只能在两个域林内的域林根域间进行创建，它可为两个域林内的各个域之间提供一种可传递的单向或双向的信任关系，这些都需要管理员手动进行配置。

架构是由对象类和属性组成的，包含一些相关的对象类别和属性，以满足大多数单位的需要。它是对存储在目录中的全体对象的一组定义，包含该类实例所必须拥有的属性和可能拥有的其他属性。

站点是一个或多个 IP 子网中的一组连接良好的计算机集合。与域代表网络的逻辑结构类似，站点用来代表网络的物理结构。在 Windows Server 2008 R2 域控制器上，可以使用活动目录站点和服务来定义站点以及站点链接。

域控制器(Domain Controller，DC)是运行活动目录的 Windows Server 2008 R2 服务器。在域控制器上，活动目录存储了所有域范围内的账户和策略信息，如系统的安全策略、用户身份验证数据和目录搜索等。由于有活动目录的存在，域控制器不需要本地的安全账户管理器(SAM)。

5.2.4 删除域控制器

在域中，作为服务器的系统可以充当以下两种角色中的任何一种，即域控制器或成员服务器， 而且这两种角色是可以相互转换的。利用“Active Directory 域服务安装向导”，可在一般成员服务器上安装活动目录，使其成为域控制器。类似地，我们也能够从域控制器上将 Active Directory 域服务删除掉，这样就使该服务器变成为一般成员服务器。与安装活动目录一样，只有是组 Domain Admins 或组 Enterprise Admins 的成员才有权利对其进行删除。具体操作步骤描述如下：

【步骤 1】单击“开始”命令中的“运行”，然后在运行对话框中输入 dcpromo 命令，打开如图 5.21 所示的“Active Directory 域服务安装向导”对话框。

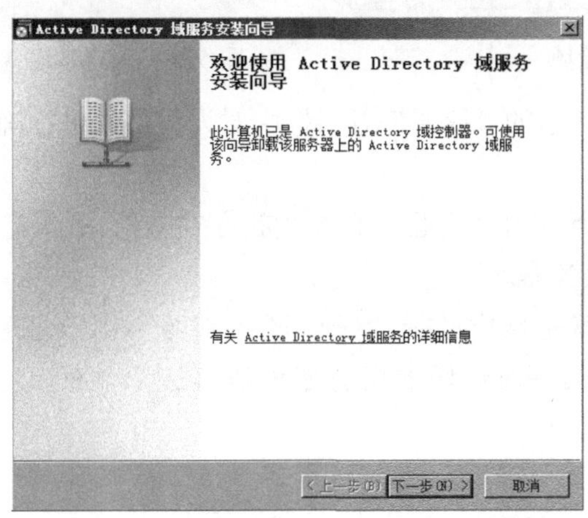

图 5.21 Active Directory 域服务安装向导对话框

【步骤 2】单击“下一步”按钮，弹出如图 5.22 所示的提示框。确认域内是否还有其他全局编录服务器。

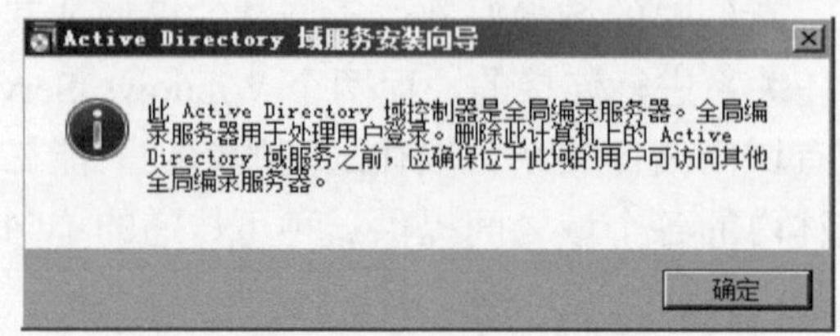

图 5.22 提示信息

【步骤 3】单击“确定”按钮，弹出如图 5.23 所示的对话框。在该对话框中，我们对被删域控制器是否为域中的最后一台域控制器进行确认。如果是的话，就必须选中“删除该域”复选框，然后单击“下一步”按钮继续。

【步骤 4】在如图 5.24 所示的对话框中，输入本地 Administrator 账户的密码。由于被删域控制器在原先安装 Active Directory 域服务时，系统就自动地将本地用户账户转移到活动目录数据库中，这时就没有本地的概念了。因此，在删除域控制器时，需要重新设置本地 Administrator 账户的密码，在使得该服务器成为一般成员服务器后，也能通过该用户账户进行管理。

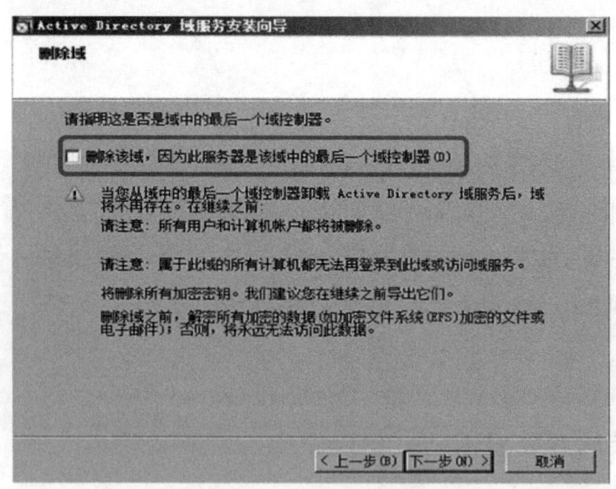

图 5.23 删除域

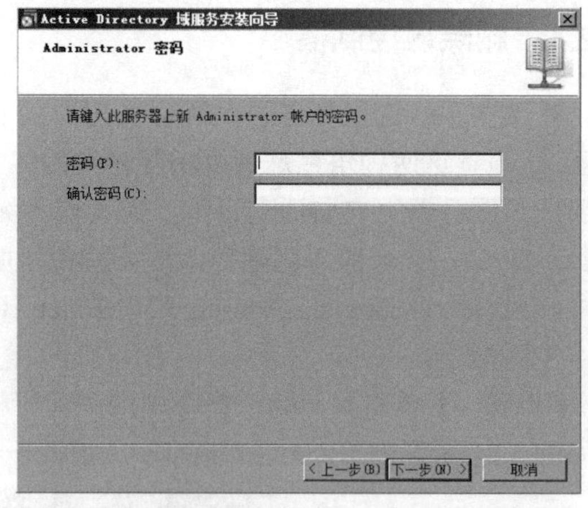

图 5.24 设置本地 Administrator 账户的密码

【步骤 5】在如图 5.25 所示的“摘要”对话框中对设置信息进行确认。若无误的话，单击“下一步”按钮。

【步骤 6】在如图 5.26 所示的对话框中单击“完成”按钮，并重启计算机，这样就将该域控制器降级为域中的成员服务器。

注意：如果该域控制器是域中的最后一台域控制器，则该域也会被删除。此外，如果这个域拥有子域，则必须先对该域的所有子域进行删除，然后才能对这个域进行域删除操作。

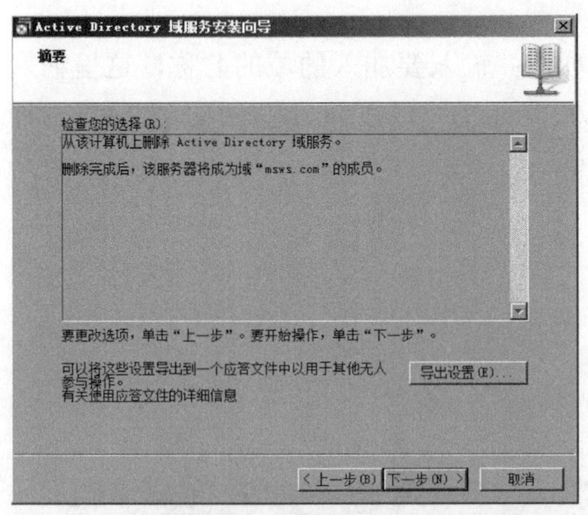

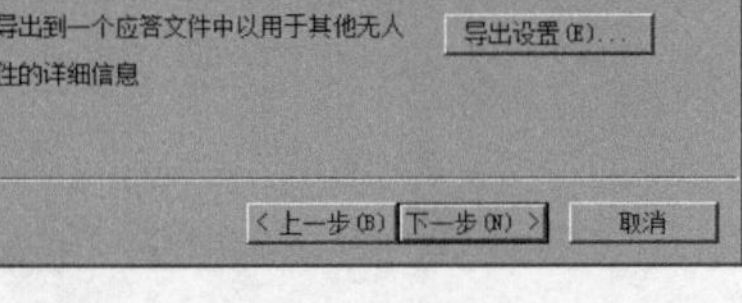

图 5.25 摘要对话框

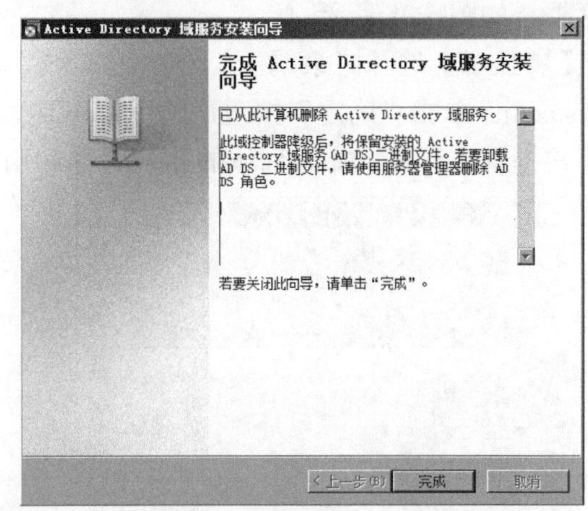

图 5.26 完成活动目录安装

5.3 任务二：将计算机加入或退出域

5.3.1 加入域

如果一台计算机需要使用某一域内的其他资源或访问活动目录数据库，则必须将该计算机添加到该域中。下面，我们就以一台操作系统是 Windows 2000 Professional 的计算机 PC1 为例，并且假设被加入域的域名为 msws.com，域控制器的 IP 地址为 192.168.95.1，来介绍如何将一台计算机添加到域中。具体操作步骤如下：

【步骤 1】 打开计算机 PCI 的 TCP/IP 属性对话框，将“IP 地址”设置为 192.168.95.11，“子网掩码”设为 255.255.255.0，“首选 DNS 服务器”的 IP 地址设为 192.168.95.1，如图 5.27 所示。

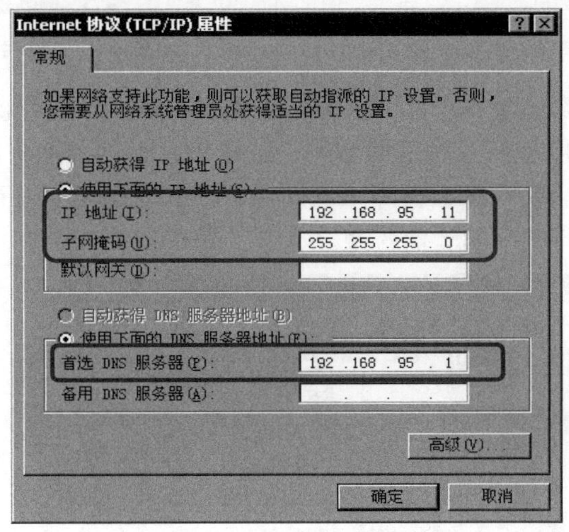

图 5.27 TCP/IP 属性对话框

【步骤 2】右键单击“我的电脑”图标，在弹出的快捷菜单中选择“属性”菜单项。然后，在“系统特性”对话框中选择“网络标识”选项卡，并单击“属性”按钮，打开“标识更改”

对话框，如图 5.28 所示。

【步骤 3】选择“隶属于”下面的“域”单选项，并输入要加入的域的名称，这里输入 msws.com。单击“确定”按钮，随后就出现如图 5.29 所示的“域用户名和密码”对话框，提示用户提供将计算机加入到域的用户名称和用户密码。

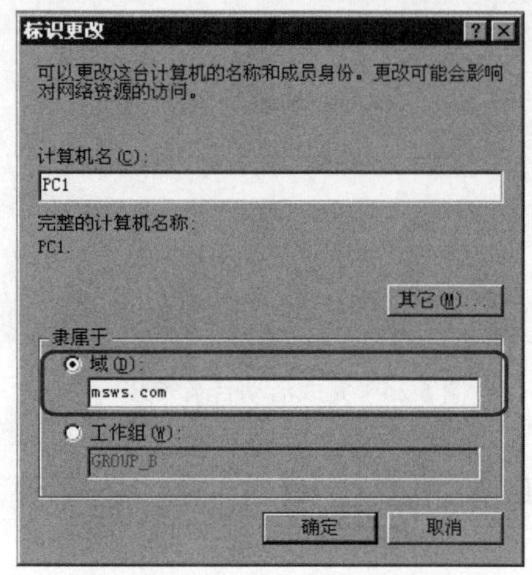

图 5.28 标识更改对话框

图 5.29 输入域用户名称和密码

【步骤 4】单击“确定”按钮，出现“欢迎加入 msws.com 域”提示对话框，说明计算机 PC1 已成功地加入域，如图 5.30 所示。

【步骤 5】单击“确定”按钮，系统弹出如图 5.31 所示的重新启动计算机的提示。重新启动计算机之后，上述设置就会完全生效。

图 5.30 成功加入域

图 5.31 重启计算机提示框

成功将该计算机加入域 msws.com 后，就可以使用域用户账户来登录该计算机。在如图 5.32 所示文本框中输入域用户名及相应的密码进行登录，这时，该用户名和密码将被传输到域控制器。域控制器根据活动目录数据库来判断用户名和密码是否正确。若检测通过，则成功登录该域，进而可以访问域内的其他资源。

图 5.32 登录域

5.3.2 退出域

退出域的操作与加入域类似，必须拥有本地系统管理员权限才能完成该任务。具体操作步骤描述如下：

【步骤 1】与上一节【步骤 2】类似，打开“标识更改”对话框，在“隶属于”选项框中选择“工作组”，如图 5.33 所示。

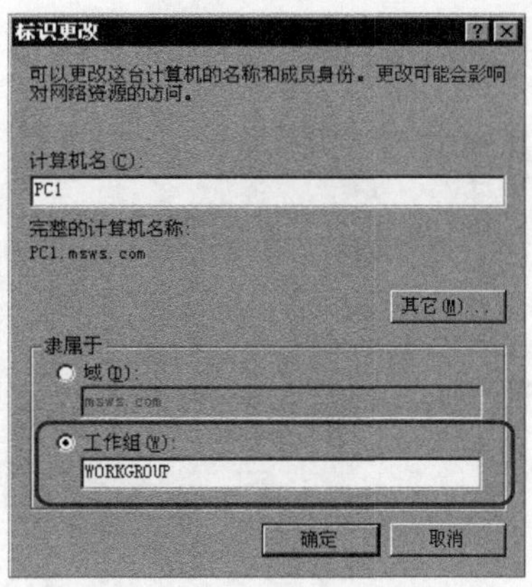

图 5.33 标识更改对话框

【步骤 2】单击“确定”按钮，出现“欢迎加入工作组”页面。

【步骤 3】重新启动计算机，使上述设置操作生效，退出域 msws.com。

5.4 任务三：部署额外域控制器

从前面的章节可以看出，域控制器具有强大的功能，它在进行网络资源分配时起到核心作用。但是，如果域中只有一台域控制器，一旦出现物理故障，唯一的解决方法就是根据日志文件来恢复活动目录数据库，这显然无法满足企业的业务需求。为了避免由于域控制器损坏而造成的业务停滞，安装额外域控制器(Additional Domain Controller)成为一个切实可行的解决方案。除了增强网络容错能力外，部署额外域控制器还可以提高域用户登录的效率。由于每个额外域控制器都能够处理用户的登录请求，这就分担了域控制器审核用户名和密码的负荷，进而提高用户的登录速度。

部署额外域控制器在提供上述优势的同时，也产生了一个新的问题，即数据同步。因为每个域控制器上都拥有 Active Directory 数据库，并可对其进行读写操作，这就要求这些域控制器上的 Active Directory 数据库中的数据必须是动态同步的。因此，在部署额外域控制器时，需要将原域控制器中的 Active Directory 数据库复制到额外域控制器中去。Windows Server 2008 R2 提供了两种复制 Active Directory 数据库的方法。一种是通过网络直接复制，但当数据库比较庞大时，这势必降低网络传输的效率。另一种方法是使用安装媒体(Installation Media)，在原有的域控制器中制作包含 Active Directory 数据库内容的安装媒体，然后将该安装媒体复制到新的额外域控制器中去，并进行安装。

这里，以 5.2.2 节建立的域 msws.com 为例，来对额外域控制器的部署进行介绍。该域拥有一台域控制器 WSDC1，IP 地址为 192.168.95.1，并且该服务器上已安装了 DNS 服务。接下来，将在该域上添加一个额外域控制器 WSDC2，其 IP 地址为 192.168.95.2。具体操作步骤描述如下：

【步骤 1】设置服务器 WSDC2 的 IP 地址及 DNS 服务器。打开“Internet 协议版本 4(TCP/IPV4)属性”对话框，设置 IP 地址为 192.168.95.2，DNS 服务器地址为 192.168.95.1，如图 5.34 所示。

【步骤 2】运行 dcpromo 命令，出现 Active Directory 的安装向导，单击“下一步”按钮继续，如图 5.35 所示。

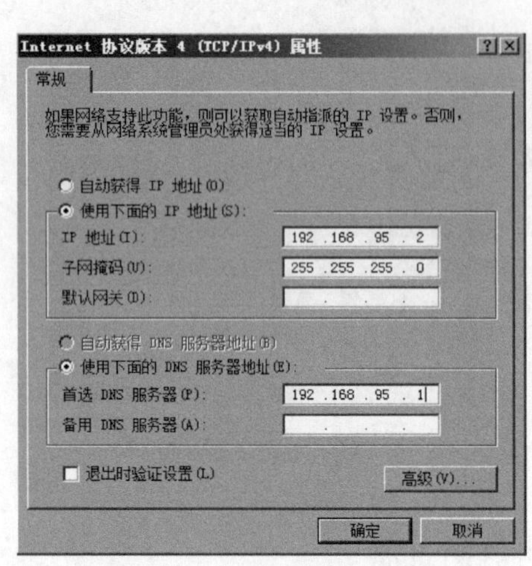

图 5.34　TCP/IP 属性对话框

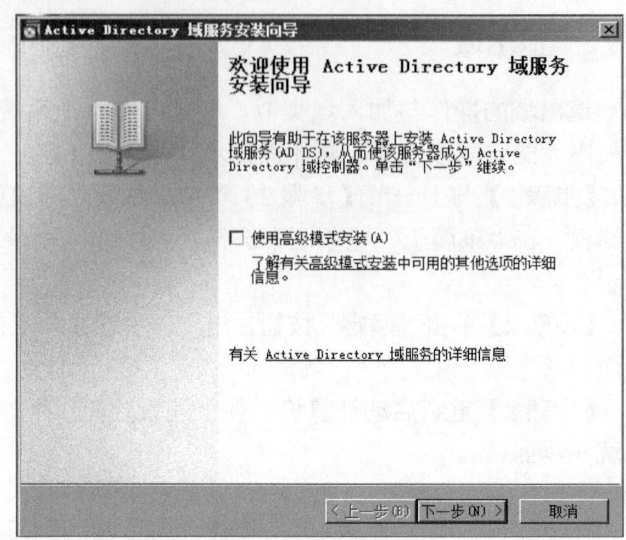

图 5.35　Active Directory 域服务安装向导对话框

【步骤 3】在“选择某一部署配置”对话框中，选择“现有林”以及“向现有域添加域控制器”单选框，然后单击“下一步”按钮继续，如图 5.36 所示。

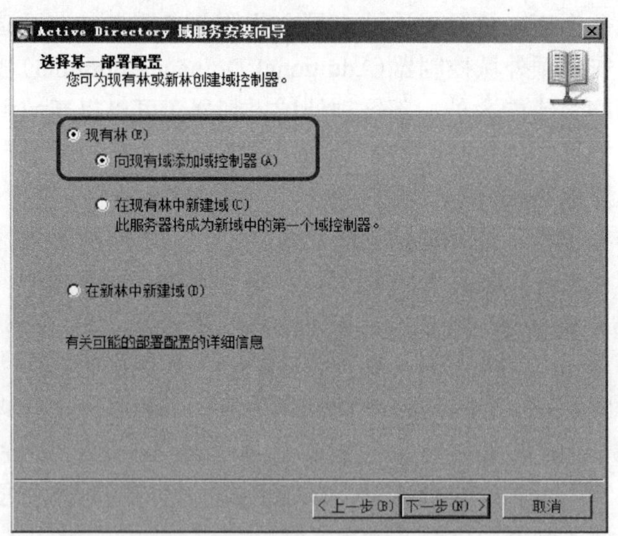

图 5.36　选择某一部署配置

【步骤 4】显示如图 5.37 所示的“网络凭据”对话框，在“键入位于计划安装此域控制器的林中任何域的名称”文本框中，输入域名 msws.com。

【步骤 5】选择“备用凭据”并单击“设置”按钮，在弹出的如图 5.38 所示的“Windows 安全”对话框中输入域管理员用户名及相应的口令。

【步骤 6】单击“确定”按钮，向导自动检索网络中的所有域，从中选择一个目标域，如域 msws.com，然后单击“下一步”按钮继续，如图 5.39 所示。

【步骤 7】如图 5.40 所示，为额外控制器选择默认站点 Default-First-Site-Name，单击“下一步”按钮。

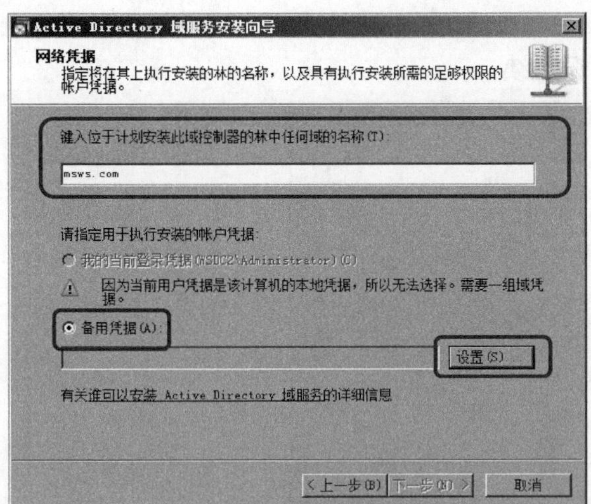

图 5.37 网络凭据对话框

图 5.38 Windows 安全对话框

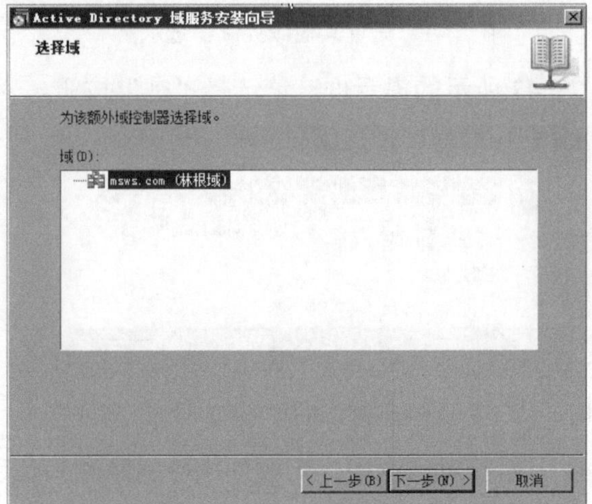

图 5.39 选择域

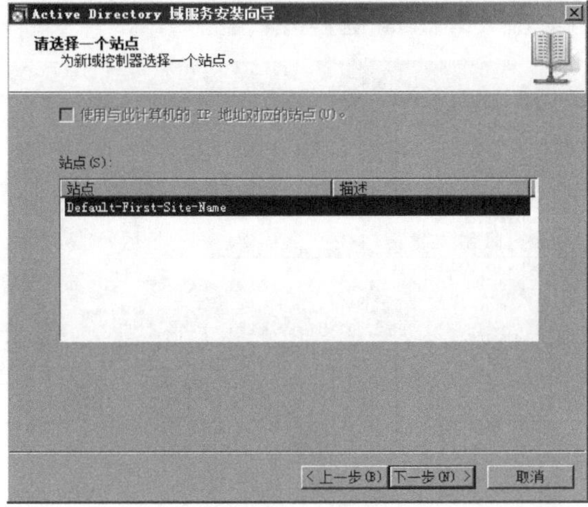

图 5.40 选择站点

【步骤 8】在如图 5.41 所示“其他域控制器选项”对话框中，选中“DNS 服务器”和“全局编录”这两个复选框，并单击“下一步”按钮继续。

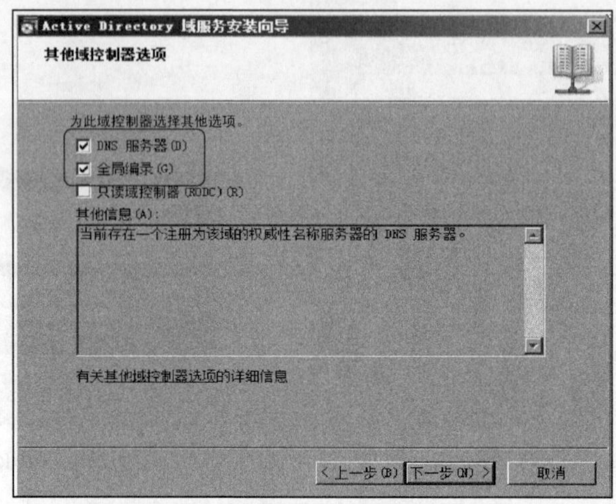

图 5.41　设置其他域控制器选项

【步骤 9】 若弹出如图 5.42 所示的提示框，请选择“是”按钮。

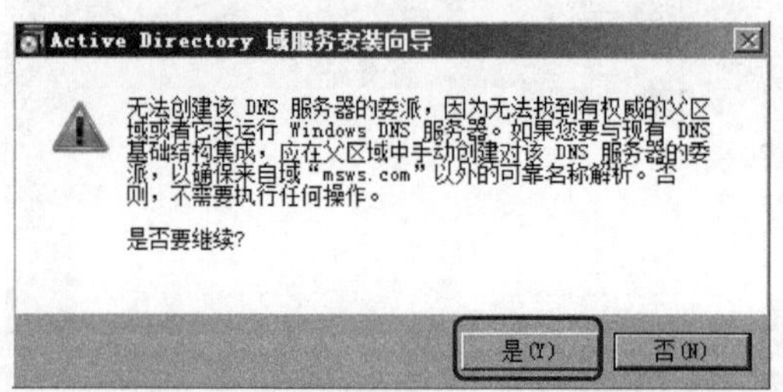

图 5.42　“无法创建 DNS 服务器的委派”提示框

【步骤 10】在如图 5.43 所示的对话框中，对额外域控制器的活动目录数据库文件、日志文件、SYSVOL 文件的存储路径进行设置，单击“下一步”按钮继续。

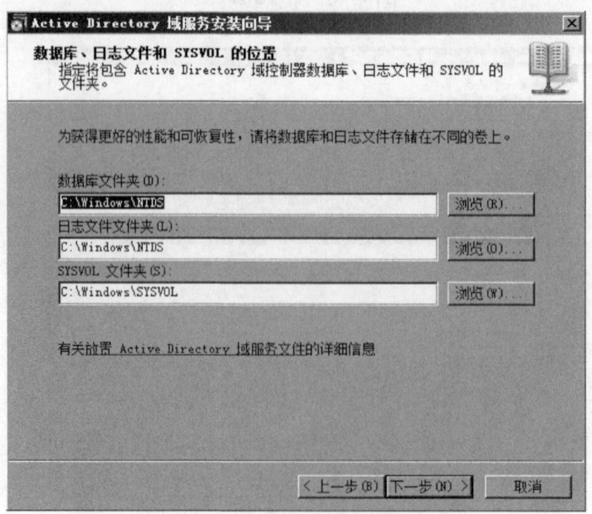

图 5.43　设置数据库、日志文件和 SYSVOL 的位置

【步骤 11】在如图 5.44 所示的对话框中，输入目录服务还原模式的管理员密码，这将在从备份数据中还原活动目录时使用到。单击“下一步”按钮继续。

【步骤 12】在如图 5.45 所示的“摘要”对话框中，显示前面所做的全部设置，可进行确认。如果没有错误的话，单击“下一步”按钮继续。

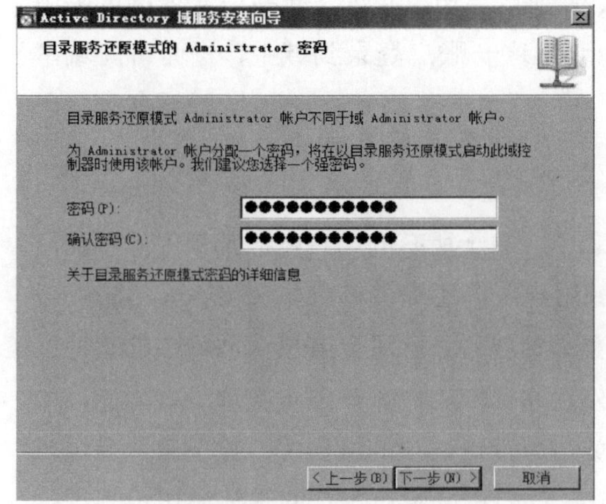

图 5.44　设置目录服务还原模式的 Administrator 密码

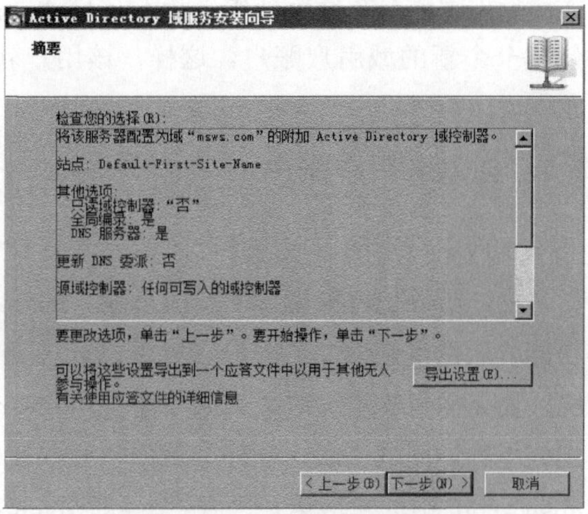

图 5.45　“摘要”对话框

【步骤 13】如图 5.46 所示，向导正在对 Active Directory 域服务进行配置，它通过网络从第一个域控制器 WSDC1 那里将活动目录数据库复制到服务器 WSDC2 中。

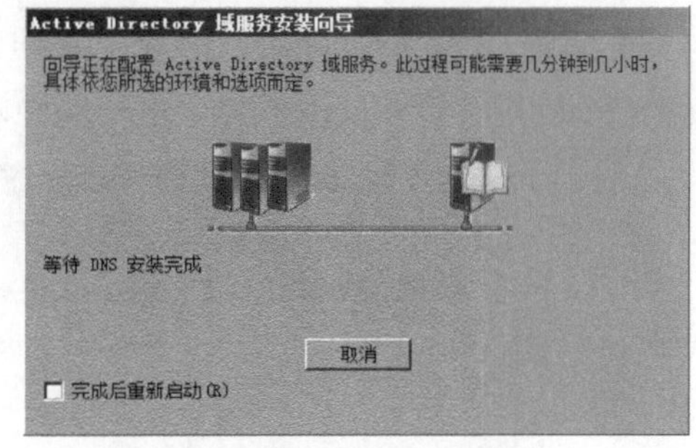

图 5.46　复制活动目录

【步骤 14】弹出如图 5.47 所示的对话框，表明 Active Directory 域服务已安装完毕。重新启动计算机，使设置生效。这样就成功地部署了额外域控制器 WSDC2。

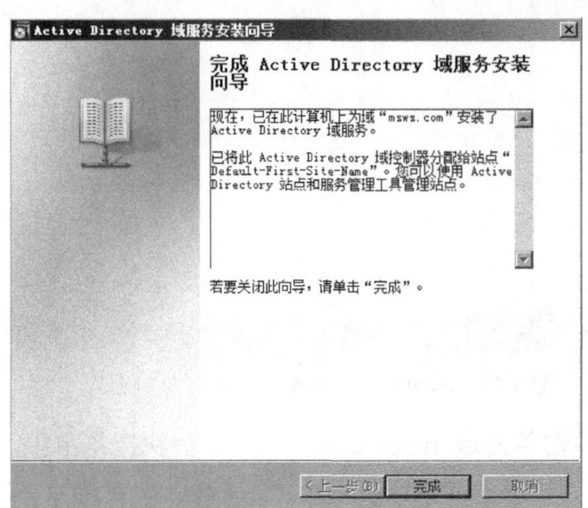

图 5.47　活动目录安装完成

5.5 任务四：域用户账户管理

当系统安装了活动目录后，原来的本地用户和组账号就都没有了，这些对象会被系统自动变成域用户账号和域本地组，放在该域中 users 管理单元内。此外，域管理员也可以为用户创建一个新的域用户账户，这样，该用户就能通过这一账户登录到域中，进而访问域里的资源。

5.5.1 创建域用户账户

与本地用户不同，域用户账户保存在活动目录中。由于所有的用户账户都集中保存在活动目录中，所以使得集中管理变成可能。此外，域用户账户还提供单点登录(Single Sign-on)的功能。这也就是说，当用户以域用户账户身份登录到域后，就可以直接访问域中的其他计算机，而无需再次手动登录。除了验证用户身份外，通过域用户账户还可实现一些功能，如授权或拒绝访问域资源、管理其他用户和审核以域用户身份进行的操作等。接下来，通过在域 msws.com 中创建域用户“张三”(即 zhangsan)，对创建域用户账户的具体操作步骤进行描述。

【步骤 1】单击“开始”命令“管理工具”中的 “Active Directory 用户和计算机”，打开如图 5.48 所示的“Active Directory 用户和计算机”窗口。

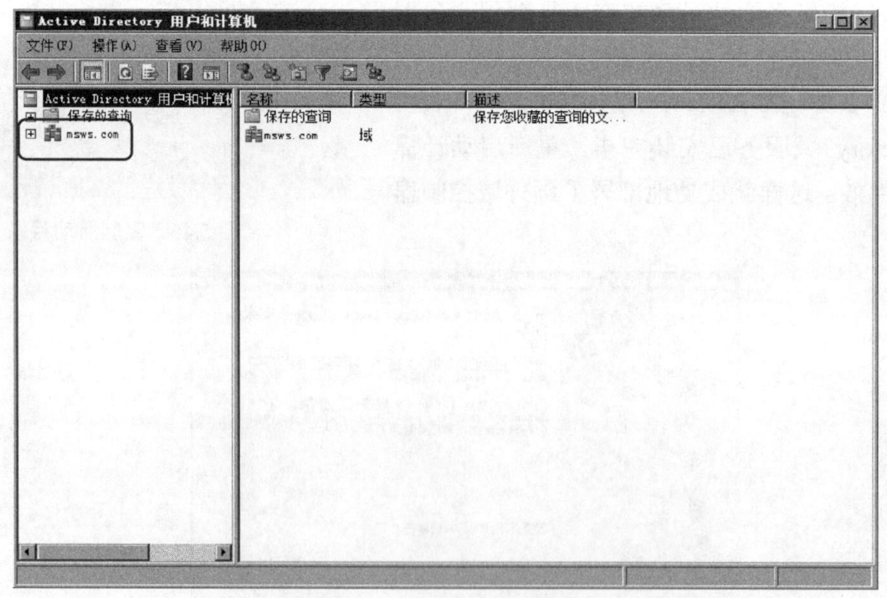

图 5.48 Active Directory 用户和计算机窗口

【步骤 2】在左栏中右键单击域 msws.com，在弹出的快捷菜单中，选择“新建→用户”命令，打开“新建对象-用户”对话框，并输入姓、名、用户登录名等一些用户信息，如图 5.49 所示。

【步骤 3】在密码设置对话框中，设置该用户账户的密码，然后单击“下一步”按钮继续，如图 5.50 所示。

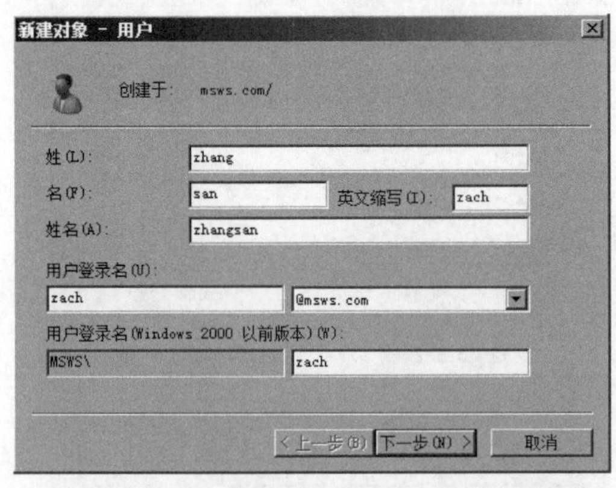

图 5.49　“新建对象-用户”对话框

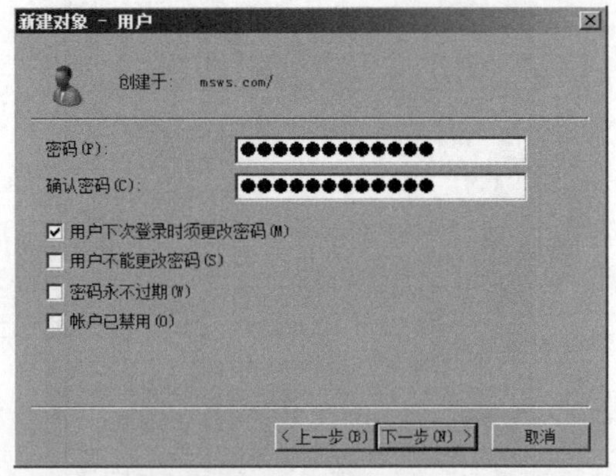

图 5.50　设置密码

【步骤 4】在如图 5.51 所示的对话框中，显示新创建的用户账户的一些基本设置信息。若确认无误的话，单击“完成”按钮，实现域用户账户的创建。

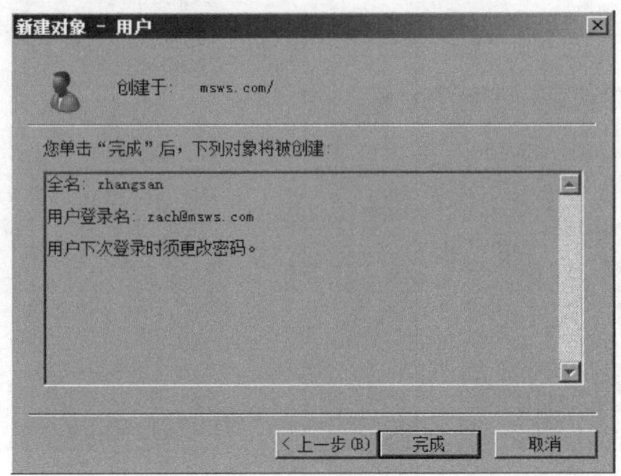

图 5.51　新建用户基本信息

5.5.2　域用户账户基本设置

域用户账户创建成功后，可以在“Active Directory 用户和计算机”窗口中找到该用户，右键单击该用户图标，在弹出的快捷菜单中选择“属性”菜单项，出现如图 5.52 所示的用户属性对话框。通过该对话框，可以对域用户其他相关信息进行设置，如电话号码、办公室等，以方便查找。

在“账户”选项卡中，可对该域用户账户进行一些基本设置。在如图 5.53 所示的“账户过期”选项中对该账户的有效期进行设定。

单击“登录时间”按钮，在图 5.54 所示的对话框中，可对该用户登录域的时间段进行设定，其中空白方块表示不允许登录时段。默认情况是全时段都可登录。

在图 5.53 中，单击“登录到”按钮，弹出“登录工作站”对话框(图 5.55)。通过对该对话框的设置，可限制该用户只能使用某些计算机来登录域，默认是所有计算机均可。

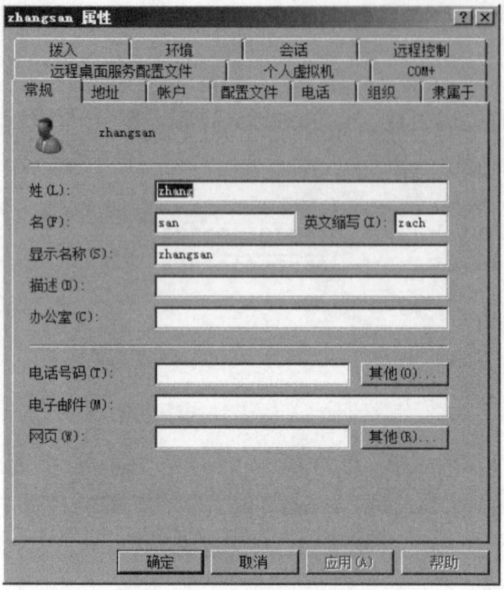

图 5.52　属性对话框

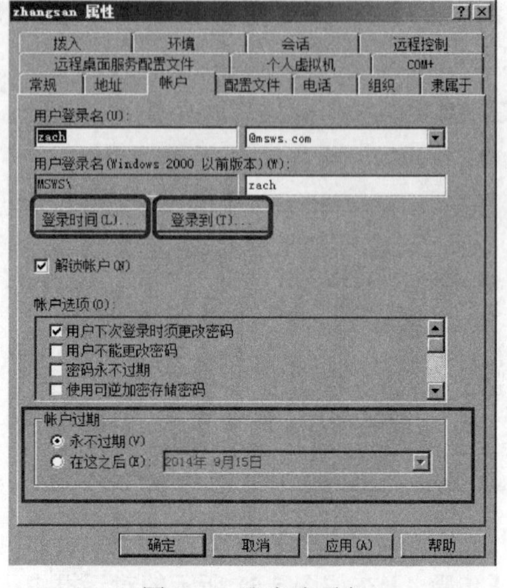

图 5.53　账户选项卡

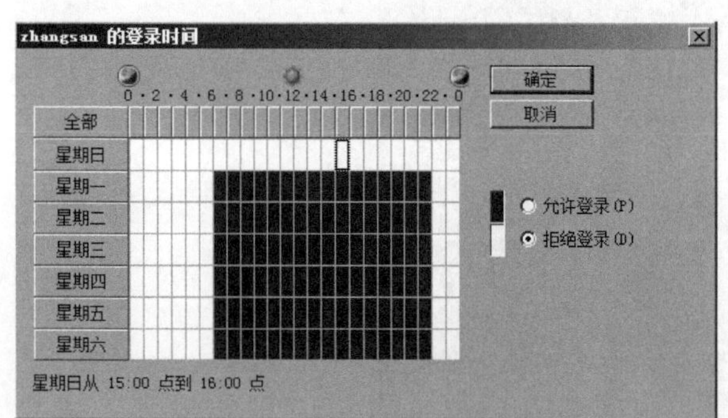

图 5.54　设置登录时间段

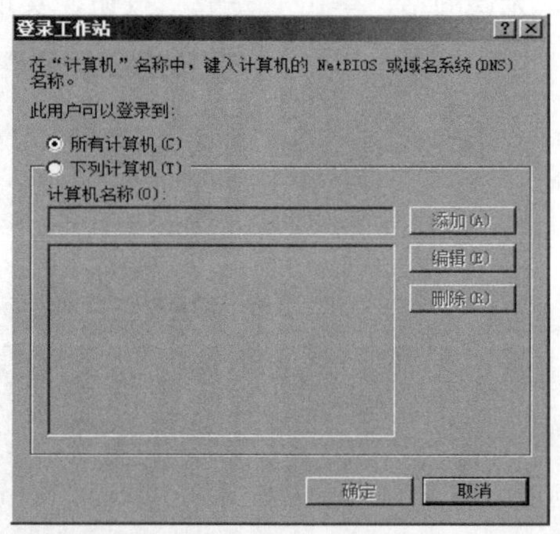

图 5.55　设置登录工作站

5.6　任务五：组账户管理

与本地用户账户管理方法类似，Windows Server 2008 R2 系统提供了组技术，以方便域管理员对域用户账户进行管理。因此，域管理员可对域中的用户账户和组账户进行合理配置，从而实现对网络资源的有效安全使用。

5.6.1　基础知识

组是用户、联系人、计算机以及其他可作为单个单元管理的集合，使用组可以简化管理。属于特定组的用户和计算机称为组成员。Active Directory 中有两种组类型：安全组和分发组，它们之间可以相互转换。

(1) 安全组(Security Group)。安全组提供了一种高效的方式来对网络上的资源访问权限进行管理。通过对安全组指派访问资源的权限，可实现对该安全组成员关于域中资源访问限制的分配。由于安全组属于 Windows Server 2008 R2 的一个安全主体，每个安全组都有一个唯一的安全标识符(Security Identifier，SID)。

(2) 分发组(Distribution Group)。只有在电子邮件应用程序(如 Micorsoft Exchange Server)中才能使用分发组将电子邮件发送给组用户。因为分发组不是 Windows Server 2008 R2 的安全实体，所以分发组没有 SID。这样，管理员就无法对分发组的权限进行设定。因此，分发组一般被用于组织用户。

每个组都有一个作用领域，用来确定在域中该组的应用范围。根据作用领域的不同，也可将组分为以下 3 种类型：通用组、全局组和本地域组。

(1) 全局组(Global Group)。该组成员包括只在其中定义了该组的域中其他组和账户，可在域林中的任何域中指派权限。即，它实现了单域用户访问多域资源。

(2) 本地域组(Domain Local Group)。该组成员可包括 Windows Server 2008、Windows 2000 或 Windows NT 域中的其他组和账户，但只能在域内指派权限。即，它实现了多域用户访问单域资源。

(3) 通用组(Universal Group)。它集合了上面两种组的优点，该组成员包括域树或域林中任何域里的其他组和账户，并且可在该域树或林中的任何域中指派权限。即，多域用户访问多域资源。

人们可以利用不同组作用域范围制定相应策略，达到高效地使用组的目的。常见的策略有：A-G-DL-P 策略、A-G-G-DL-P、A-G-U-DL-P 策略等。这里，A 代表用户账户，G 代表全局组，U 代表通用组，DL 代表域本地组，P 代表资源权限。下面，就以 A-G-DL-P 策略为例，对该策略进行简要的介绍，进而了解这些组策略的使用。

假设存在两个域，域 A 和域 B，域 A 和域 B 分别有 m 和 n 个用户，并且这 m+n 个用户需要访问域 B 中的一个文件夹 BBB。为了完成这一任务，一般的做法是：在域 B 中建一个本地域组 DL，然后将这 m+n 个用户加入这个 DL 组，并把文件夹 BBB 的访问权指派给组 DL。这样就可以实现 m+n 个用户访问文件夹 BBB，但同时也出现了一个问题：由于组 DL 是在域 B 中，因而其管理权是属于域 B，那么，如果域 A 需要增加一个用户 Alice，唯一的办法就只能是由域 A 管理员通知域 B 管理员，让他对组 DL 的成员进行修改，显然，这将大大增加域 B 管理员的负担。采用 A-G-DL-P 策略就可较好地解决这一问题。它将用户账户添加到全局组中，将全局组添加到域本地组中，然后为域本地组分配资源权限。在该策略中，首先在域 A 和域 B 中都分别建立一个全局组 GA 和 GB，然后在域 B 中建立一个本地域组 DL，把这两个全局组 GA 和 GB 加入域 B 中的组 DL 中，然后把文件夹 BBB 的访问权指派给组 DL，这样组 GA 和 GB 就都有权访问该文件夹了。同时，由于组 GA 和 GB 分别在域 A 和域 B 中，故这两个域的管理员都有权对各自的全局组进行管理。因此，当域 A 需要增加一个用户 Alice 时，域 A 管理员只需将用户 Alice 添加到全局组 GA 就可以了，而无须麻烦域 B 管理员。

5.6.2　创建组账户

通过上述例子可以看出，使用组可以有效地管理用户和计算机对 Active Directory 对象及文件、目录、打印机等共享资源的访问，也可以进行筛选器组策略设置、创建电子邮件通讯组等。接下来，我们就通过在域 msws.com 中创建一个全局安全组“信息技术部”(即 Info Tech

Dept)，来对组创建的具体步骤进行介绍。

【步骤 1】 在“Active Directory 用户和计算机”窗口中右键单击域 msws.com。在弹出的快捷菜单中，选择“新建”中的“组”命令，如图 5.56 所示。

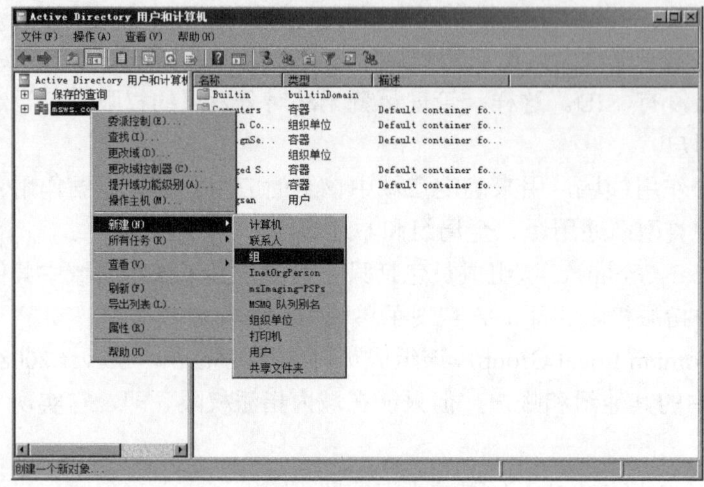

图 5.56　新建组

【步骤 2】在“组名”文本框中，输入新建组的组名 Info Tech Dept。同时，我们可根据实际情况对组的作用域和组类型进行设定，如图 5.57 所示。

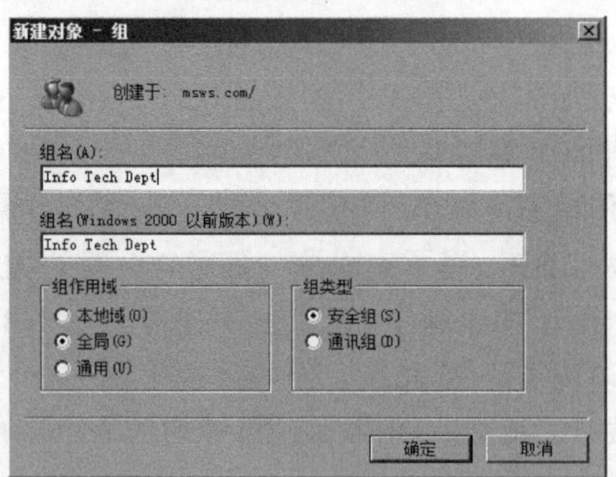

图 5.57　“新建对象-组”对话框

【步骤 3】设置完成后，单击“确定”按钮，完成组 Info Tech Dept 的创建。

5.6.3　将域用户添加到组中

在“Active Directory 用户和计算机”窗口的右侧右击新创建的组账户 Info Tech Dept，在弹出的快捷菜单中选择“属性”菜单项，打开如图 5.58 所示的窗口。通过该窗口可对组账户 Info Tech Dept 的属性进行设置。

选中“成员”选项卡，单击“添加”按钮，可为组 Info Tech Dept 添加成员，如图 5.59 所示。

单击“高级”按钮，打开“选择用户、联系人、计算机、服务账户或组”对话框，查找用户，如图 5.60 所示。设置查询条件，搜索出用户 zhangsan，单击“确定”按钮，完成了对组的用户账户的添加。

图 5.58　属性对话框

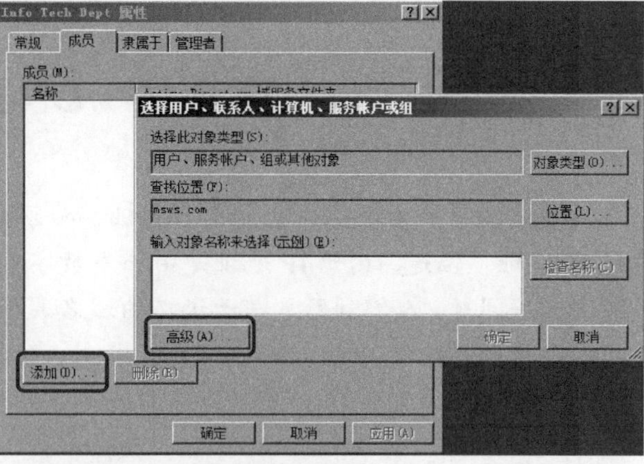

图 5.59　添加组成员

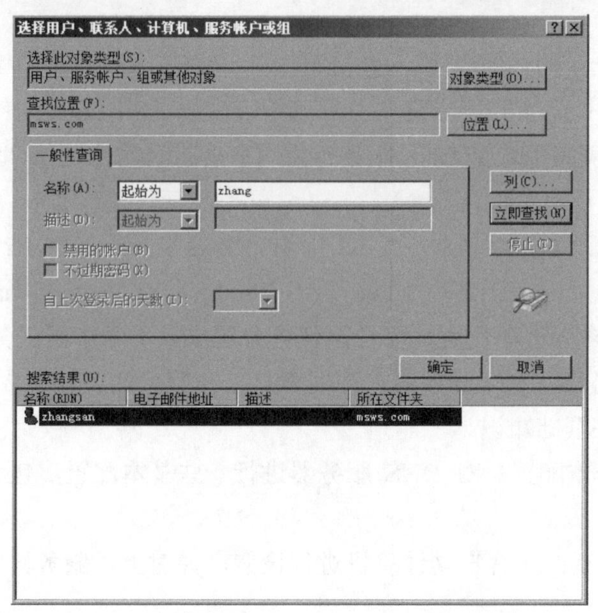

图 5.60　“选择用户、联系人、计算机、服务账户或组”对话框

当然，该任务也可通过添加到组的方法来完成。即选中用户 zhangsan，右键单击该用户，并在弹出的快捷菜单中选择“添加到组”菜单项。打开如图 5.61 所示的“选择组”对话框，找到组 Info Tech Dept，进行添加即可。

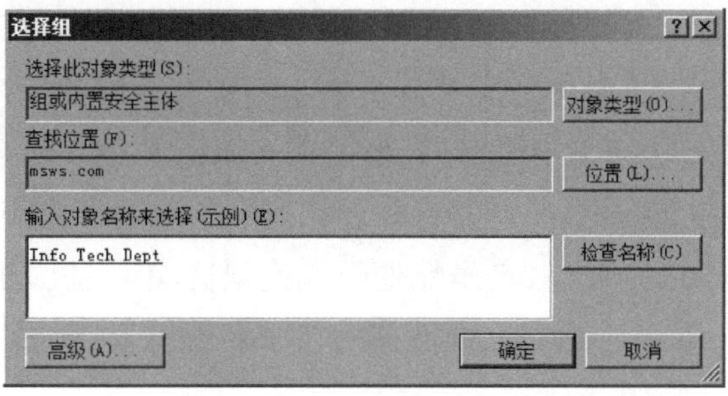

图 5.61　选择组对话框

第6章 DNS服务

在网络环境下，为了能够区分各台主机，必须为每台主机分配一个唯一的标识，这个标识就是IP地址。但是，由于IP地址是由一串数字构成的，对人们而言显然是不便于记忆的。为了解决这一问题，人们利用更易于记忆的域名表示方式代替IP地址来标识主机。DNS服务的作用就是将计算机的IP地址和域名相互映射，使得在网络通信中，用户只需输入形象易记的域名而无需输入复杂的IP地址，就可以访问网络中的主机。

6.1 案例需求分析

某企业计划在该企业的内部局域网内搭建一台 DNS 服务器，为企业内部创建一个 quancrpt.com 区域，并为企业的服务器建立主机记录，使用户能用该域名来访问这一台服务器。同时，企业内部用户也可利用这个DNS服务器将域名解析为对应的IP地址，或者将IP地址解析为对应的域名。

DNS服务器：IP地址为192.168.95.2，采用Windows Server 2008 R2操作系统。

DNS客户机：IP地址为192.168.95.11，采用Windows XP Professional操作系统。

通过对该案例的需求分析和规划，可将该任务分解成以下若干子任务。

（1）安装DNS服务器：利用服务器管理器工具，在服务器WSDC2上安装DNS服务；了解与DNS相关的一些基础知识。

（2）DNS 服务器基本配置：对 DNS 服务器进行一些基本配置，包含对正向和反向区域进行设置。

（3）DNS客户端配置：对客户端计算机进行设置，并对上述服务器的配置进行验证。

6.2 任务一：安装DNS服务器

DNS是域名系统（Domain Name System）的缩写，是因特网提供的一项核心服务。它指的是在因特网中使用到的分配名字和地址的一种机制。域名系统由解析器和域名服务器组成。解析器即客户端计算机，其作用是向域名服务器提交查询请求，翻译域名服务器返回的查询结果，并将其递交给上一层应用程序。域名服务器是指保存该网络中所有主机的域名及其对应的IP地址，并具有将域名转换为IP地址功能的服务器。其中，每个域名必须要有一个IP地址与之相对应，但每个IP地址不一定要有与之相对应的域名。在因特网中，域名与IP地址之间是一对一或者多对一的关系。域名虽然便于人们记忆，但主机之间相互只认识IP地址，因此必须将域名转换为IP地址，这个过程被称为“域名解析”。域名服务器就是完成域名解析的服务器。

6.2.1　安装步骤

【步骤 1】单击“开始”命令管理工具中的“服务器管理器”，打开“服务器管理器”对话框，选择“添加角色”，如图 6.1 所示。

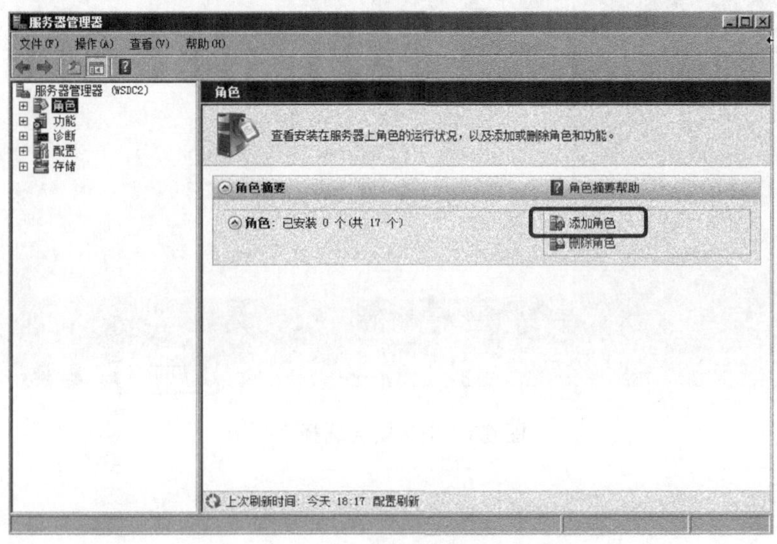

图 6.1　服务器管理器

【步骤2】在“添加角色向导”对话框中，选择“服务器角色”，选中“DNS 服务器”复选框，如图 6.2 所示。

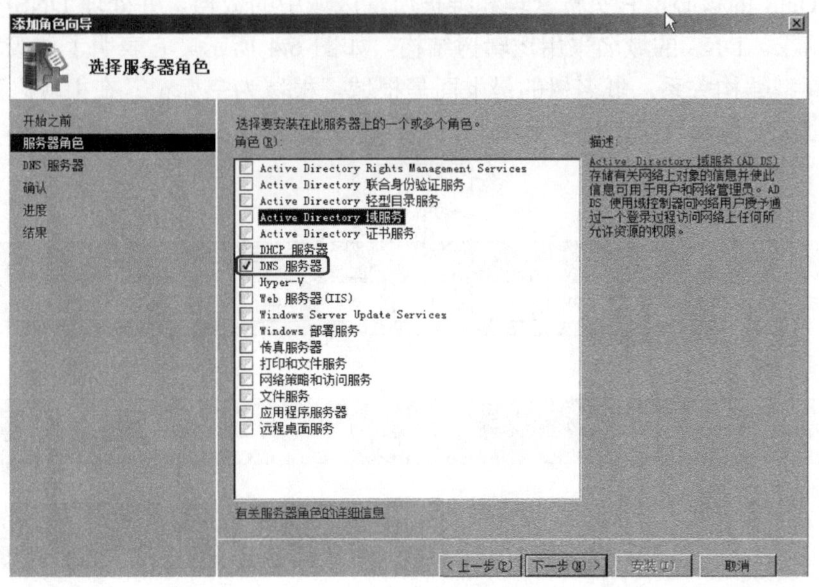

图 6.2　选择服务器角色

【步骤3】单击“下一步”按钮，在打开的向导对话框中单击“安装”按钮，完成 DNS 服务角色添加，如图 6.3 所示。

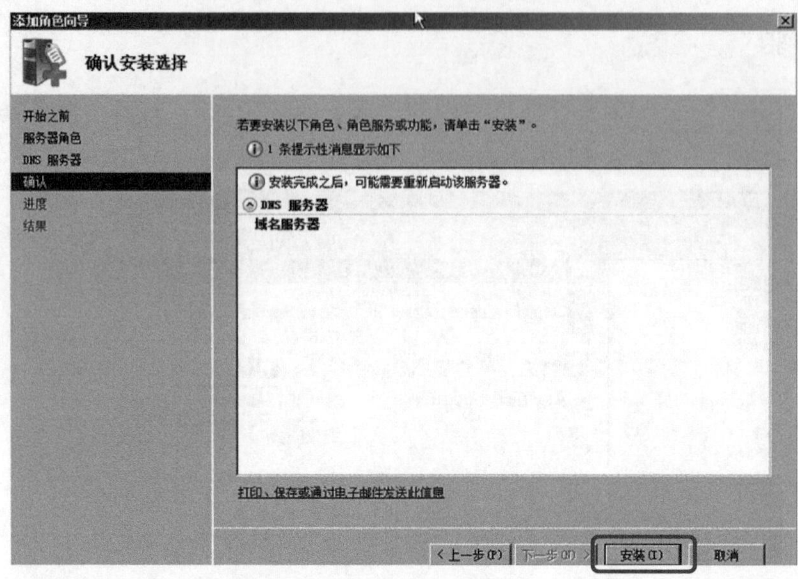

图 6.3　确认安装选择

6.2.2　相关知识

1. DNS 域名系统

DNS 是一种分布式地址信息数据库系统，其采用客户端/服务器端模式工作方式。DNS 服务器是整个 DNS 的核心，它负责管理和维护所辖区域中的数据，并处理 DNS 客户端提交的主机名查询请求。DNS 的域名采用逻辑树结构，如图 6.4 所示。它表明了顶级域及其下一级子域之间的树型结构关系，域名树的最上面是根域，根域为空标记。在根域之下就是顶级域，再往下是二级子域、三级子域等子域。

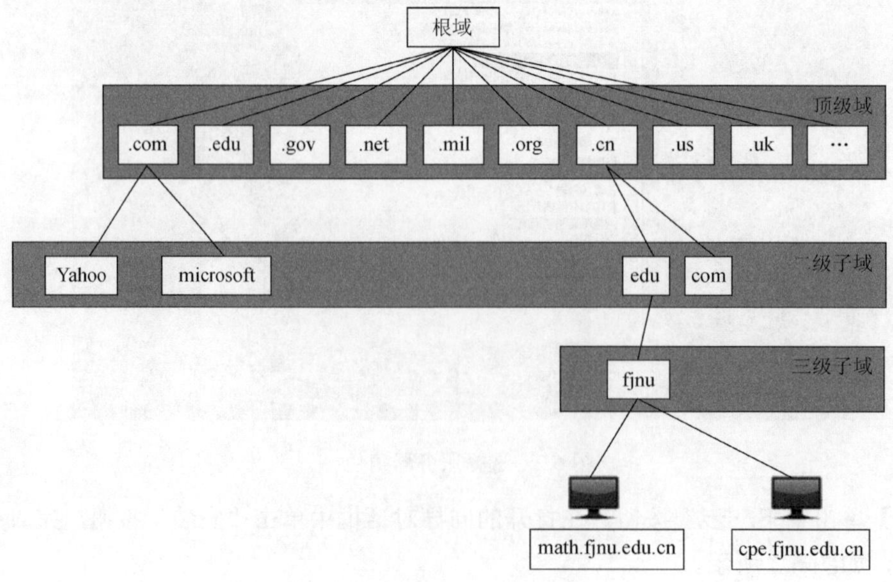

图 6.4　DNS 域名逻辑结构

图 6.4 中的每个结点称为域，连接在某个域下面的其他结点称为该域的子域。每个结点用一个结点标记表示，可以由英文字母和数字组成，长度不超过 63 个字符，不区分大小写。每个域或子域都有一个域名。域名为层次结构，由若干结点标记组成，各个结点标记之间用点号“.”隔开。从右到左代表从高到低的层次，最右边为最高层次即顶级域。一个完整的域名是由一串从某个域开始向上直到根域的所有结点标记组成的字符串，结点标记之间用点号“.”分隔。它表示一个子域在 DNS 层次结构中相对于其父域的位置。格式为：“… . 三级子域.二级子域.顶级域”。例如，图 6.4 中，fjnu.eud.cn 为一个三级子域名。一般地，一个子域由多台主机组成，每台主机都有一个唯一的主机名，则该主机的域名由主机名和其所在的子域域名组成。其格式为：“主机名. … . 三级子域.二级子域.顶级域”。如图 6.4 所示，在子域 fjnu.eud.cn 下的两台主机的主机名分别为：math 和 cpe，则其域名分别为：math.fjnu.eud.cn 和 cpe.fjnu.eud.cn。从理论上说，一个域名可以包含任意数目的域，但一般不超过 5 个。整个域名的长度不能超过 255 个字符。

DNS 采用层次结构的优点是，拥有某个域的组织在其内部可以自由地选择其子域名，只要保证子域名在组织内唯一即可，而不必考虑是否与拥有其他域的组织内的子域名发生冲突。

因特网的授权机构定义了两种完全不同的顶级域名。一种是将域名空间按功能分成几大类，分别表示不同的组织，称为机构域，例如：com（商业组织）、edu（教育机构）、gov（政府机构）、net（网络提供者）、int（国际实体）、mil（军事机构）、org（其他组织）等。另一种是按照地理位置划分的国别代码，通常用两个字符表示，称为地理域，例如：cn（中国）、jp（日本）、ca（加拿大）、fr（法国）、uk（英国）、ru（俄罗斯）、sg（新加坡）、au（澳大利亚）等。

2. DNS 的工作原理

因特网上的各级域都有各自的 DNS 服务器，用于记录各自域中计算机的域名及与其相对应的 IP 地址。假设用户想通过域名访问某台计算机，则访问者的计算机必须先向所在域的 DNS 服务器查询被访问计算机的 IP 地址信息，只有获得该计算机的 IP 地址信息才能访问目标计算机。这里，相对于 DNS 服务器而言，访问者的计算机称为 DNS 客户端。

1）DNS 域名解析

DNS 域名解析的工作原理及过程可以分为下面几个步骤：

【步骤1】DNS 客户端提出域名解析请求，并将该请求发送给本地的 DNS 服务器。

【步骤2】当本地 DNS 服务器收到请求后，先查询本地的缓存，如果有该记录项，则执行步骤 5，否则执行步骤 3。

【步骤3】本地 DNS 服务器向根域名服务器发送域名解析请求，根域名服务器返回给本地 DNS 服务器一个所查询域（根的子域）的主域名服务器的 IP 地址。

【步骤4】本地 DNS 服务器向步骤 3 中返回的域名服务器发送域名解析请求。接受请求的 DNS 服务器查询自己的缓存，如果有该记录，则将解析结果返回给本地 DNS 服务器执行步骤 5，否则返回其下级子域的 DNS 服务器的 IP 地址，重复执行步骤 4，直到找到正确的记录。

【步骤5】本地 DNS 服务器把解析结果发回给 DNS 客户端。

【步骤6】本地 DNS 服务器把返回的结果保存到缓存，以备下一次使用。

【步骤7】DNS 客户端获得 IP 信息。

让我们举一个例子来详细说明解析域名的工作过程。假设 cctv 域中的 DNS 客户端想要访问站点 www.fjnu.edu.cn，则域名解析的具体过程描述如下：

【步骤1】DNS 客户端向本地 DNS 服务器提出域名解析请求，要求查询 www.fjnu.edu.cn 的 IP 地址。

【步骤2】本地 DNS 服务器收到请求后，查询本地缓存。如果没有该记录，则本地 DNS 服务器直接向根域名服务器发出相同的域名解析请求。

【步骤3】根域名服务器收到请求后也不能提供相应的 IP 地址，但能够提供顶级域名 cn 的 DNS 服务器地址，并将该地址返回本地 DNS 服务器。

【步骤4】本地 DNS 服务器收到地址后，向 cn 域的 DNS 服务器发送域名解析请求。cn 域的 DNS 服务器收到请求后，查询自己的缓存，发现也没有存储 www.fjnu.edu.cn 的 IP 地址，但能够提供其下级子域 edu.cn 的 DNS 服务器的 IP 地址，因而再把该地址发给本地 DNS 服务器。

【步骤 5】当本地 DNS 服务器收到这个地址后，重复步骤 4，继续往下查询。

【步骤 6】直到有一台 DNS 服务器可以顺利解析出站点 www.fjnu.edu.cn 的 IP 地址为止。在这个过程中，客户端一直处于等待状态，不需要做任何事，也做不了任何事。

【步骤 7】直到客户端本地 DNS 服务器获得 IP 地址，将返回的解析结果保存到本地缓存，同时将结果返回给 DNS 客户端。

这样，就完成了一次域名解析过程，如图 6.5 所示。另外，全球一共存在 13 台根域名服务器。它们的名字分别是 A 到 M，其中 10 台在美国，另外 3 台分别设置在英国、瑞典和日本。

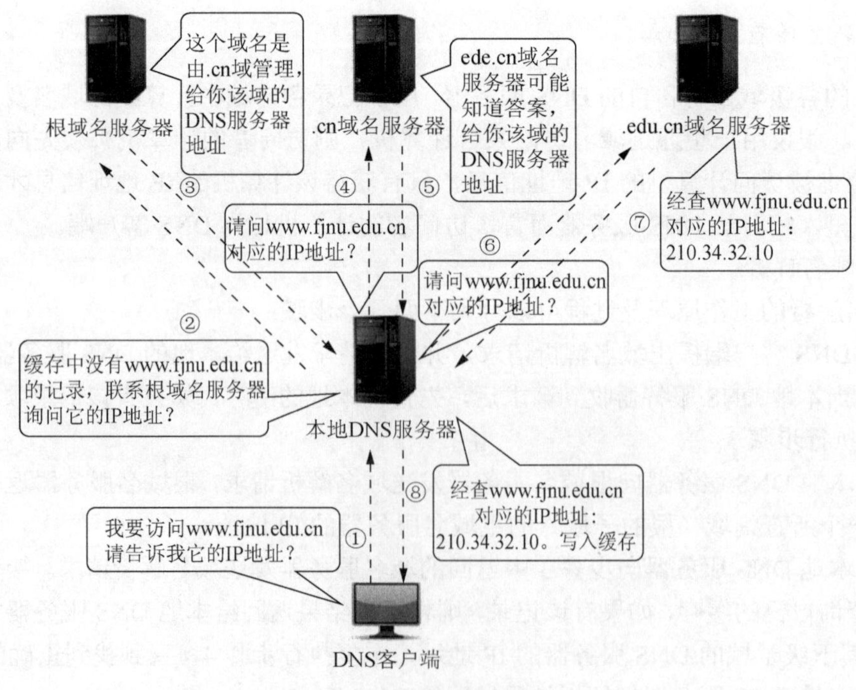

图 6.5　域名解析过程

2）DNS 域名解析的查询模式

DNS 域名解析分为递归查询和迭代查询两种模式。一般来说，DNS 客户端和 DNS 服务器之间属于递归查询，而 DNS 服务器之间属于迭代查询。当 DNS 客户端向 DNS 服务器发出递归查询请求后，本地 DNS 服务器只会向 DNS 客户端发回两种信息：一种是查询成功，发回在本地 DNS 服务器上查询到的解析结果；一种是查询失败，如果本地 DNS 服务器无法解析名称，它不会主动告知 DNS 客户端其他可能的 DNS 服务器，而是自行向其他 DNS 服务器发出查询请求，并将得到的解析结果转发给 DNS 客户端。如果其他 DNS 服务器也解析失败，则本地 DNS 服务器将向 DNS 客户端发回查询失败的信息。递归查询过程如图 6.6 所示。

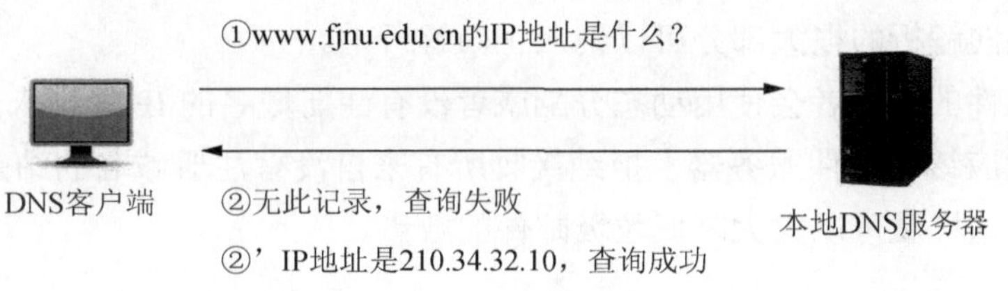

图 6.6　递归查询过程

迭代查询通常发生在一台 DNS 服务器向另一台 DNS 服务器发出解析请求时。如果收到查询请求的 DNS 服务器未能在本地查询到所需要的解析结果，那么该 DNS 服务器将告诉发起查询的 DNS 服务器另一台 DNS 服务器的 IP 地址。然后，再由发起查询的 DNS 服务器自行向另一台 DNS 服务器发起查询；依次类推，直到查询到所需解析结果为止。如果到最后一台 DNS 服务器仍没有查到所需数据，则通知最初发起查询的 DNS 服务器解析失败。迭代的意思就是若在某地查不到，该地就会告知查询者其他地方的地址，让查询者转到其他地方继续查询。具体查询过程如图 6.7 所示。

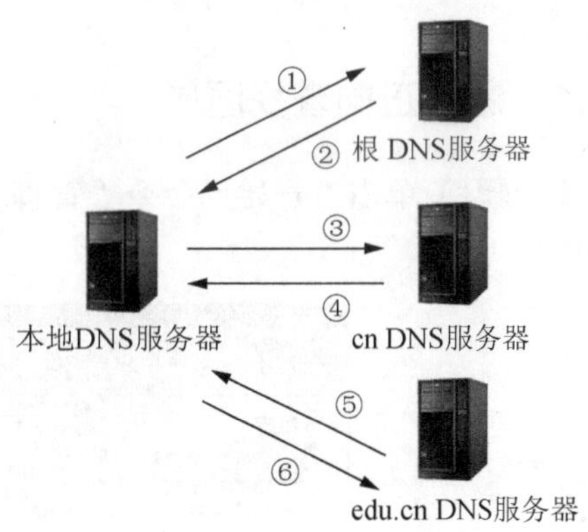

图 6.7　迭代查询过程

在前面本地 DNS 服务器帮助 DNS 客户端解析域名 www.fjnu.edu.com 的 IP 地址的过程中，其实已经包含了这两类查询。DNS 客户端与本地 DNS 服务器之间就是属于递归查询，即当 DNS 客户端向本地 DNS 服务器发出请求后，若本地 DNS 服务器本身不能解析，则会向另外的 DNS 服务器发出查询请求，得到结果后返回给 DNS 客户端。而 DNS 服务器之间的交互查询就是迭代查询。我们假设这样一个场景，学生 Trent 问老师 Alice 一个问题。Alice 告诉他答案，则他们之间属于递归查询。这期间也许 Alice 也不知道答案，这时 Alice 向老师 Bob 请教；虽然 Bob 也不知道答案，但他告诉 Alice 老师 Charlie 可能知道答案；之后 Alice 去问 Charlie，从而得到答案，则 Alice、Bob 和 Charlie 之间则属于迭代查询。

3）DNS 反向解析

域名解析分为正向解析和反向解析，正向解析就是将域名转换成对应的 IP 地址的过程，它主要应用于在浏览器地址栏中输入网站域名时的情况；而反向解析是将 IP 地址转换成对应域名的过程，主要应用在邮件服务器中拦截垃圾邮件。

由于在域名系统中，一个 IP 地址可以有多个域名与之相对应，因此从 IP 地址出发寻找对应的域名，从理论上来说应该遍历整个域名树，但这在因特网上是不现实的。为了完成反向域名解析，系统提供了一个特别域，称为逆向解析域 in-addr.arpa。将要解析的 IP 地址表示成一种像域名一样的可显示串形式，后缀以逆向解析域域名 in-addr.arpa 结尾。例如一个 IP 地址为 210.34.32.10，则其逆向域名表示为 10.32.34.210.in-addr.arpa。两种表示方式中的 IP 地址的顺序恰好相反，这是因为域名结构是自底向上(从子域到域)的，而 IP 地址结构是自顶向下(从网络到主机)的。实际上，反向域名解析是将 IP 地址表示成一个域名，以地址做为索引的域名空间，这样逆向解析的很大部分可以纳入正向解析中。

大多数垃圾邮件的发送者会使用动态分配或者没有注册域名的 IP 地址来发送垃圾邮件，以躲避追踪。因此应该在邮件服务器上拒绝接收所有来自没有注册域名的站点发来的信息，即所谓邮件拦截，这样就可以大大降低垃圾邮件的数量。

6.3　任务二：DNS 服务器基本配置

6.3.1　添加正向查找区域

【步骤1】单击“开始”命令“管理工具”中的 DNS，打开如图 6.8 所示的“DNS 管理器”窗口。

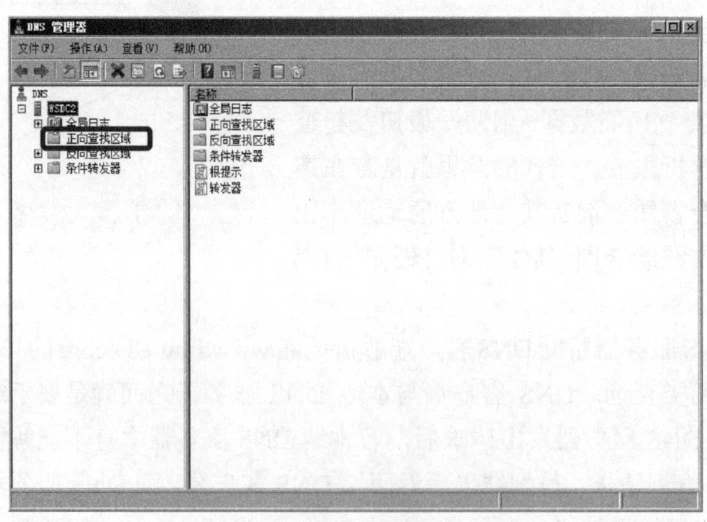

图 6.8　“DNS 管理器”窗口

【步骤 2】在“DNS 管理器”窗口中右击“正向查找区域”选项，在弹出的快捷菜单中选择“新建区域”菜单项，打开如图 6.9 所示的“新建区域向导”对话框。

【步骤3】单击“下一步”按钮，在打开的“区域类型”对话框中选择“主要区域”单选项，如图 6.10 所示。

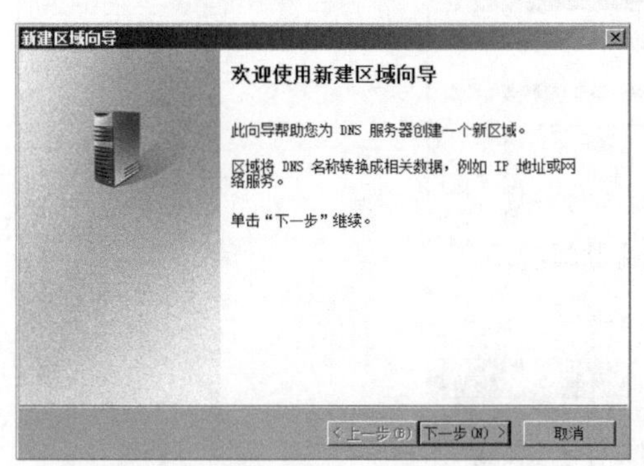

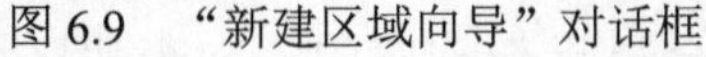
图 6.9　“新建区域向导”对话框

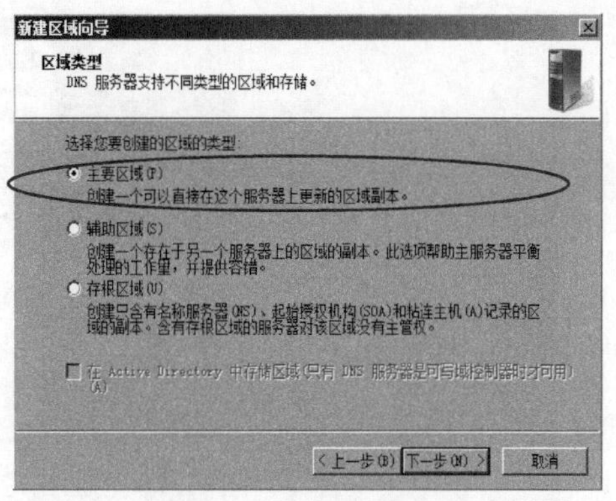

图 6.10　设置区域类型

【步骤 4】单击“下一步”按钮，出现如图 6.11 所示的“区域名称”对话框，在文本框中输入区域名称，如 quancrpt.com。

【步骤5】单击“下一步”按钮，在“区域文件”对话框中，默认创建一个新的区域文件，并给出相应的文件名，如图 6.12 所示。

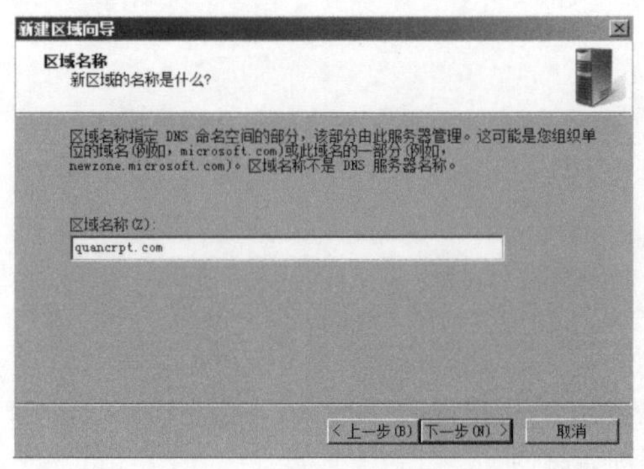

图 6.11　设置区域名称

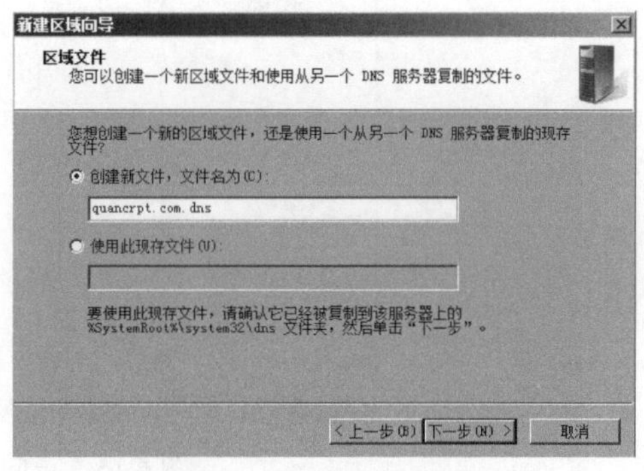

图 6.12　设置区域文件

【步骤 6】单击“下一步”按钮，在“动态更新”对话框中，选择“不允许动态更新”单选项，如图 6.13 所示。

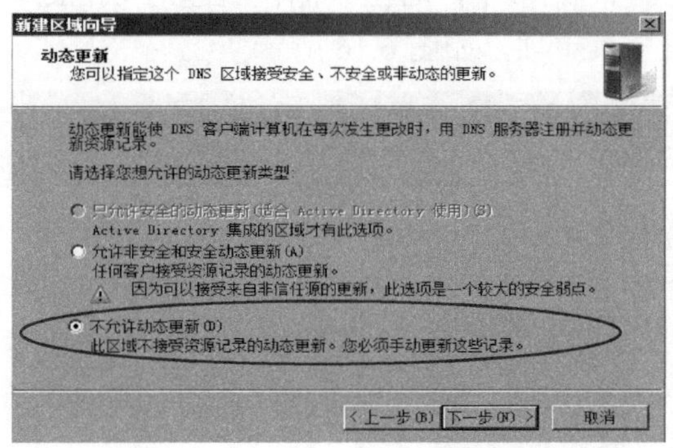

图 6.13　设置动态更新

【步骤7】单击“下一步”按钮，出现“正在完成新建区域向导”对话框。单击“完成”按钮，完成 DNS 区域创建，如图 6.14 所示。

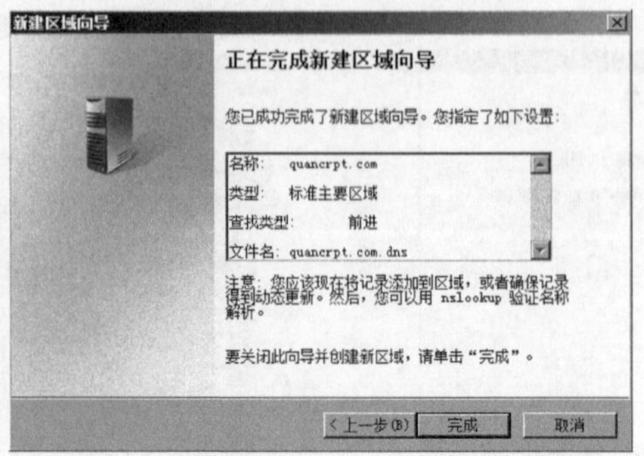

图 6.14　“正在完成新建区域向导”对话框

主要区域部署完成后，在“DNS 管理器”窗口中就会显示新创建的正向查找区域，如图 6.15 所示。

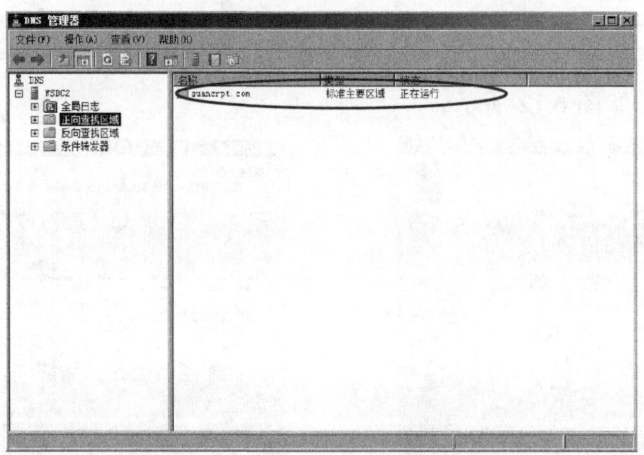

图 6.15　正向查找区域创建成功

6.3.2　为正向区域添加主机

【步骤1】在“DNS 管理器”对话框中，右击左侧栏新建的 quancrpt.com 区域，在弹出的快捷菜单中，选择“新建主机”菜单项，如图 6.16 所示。

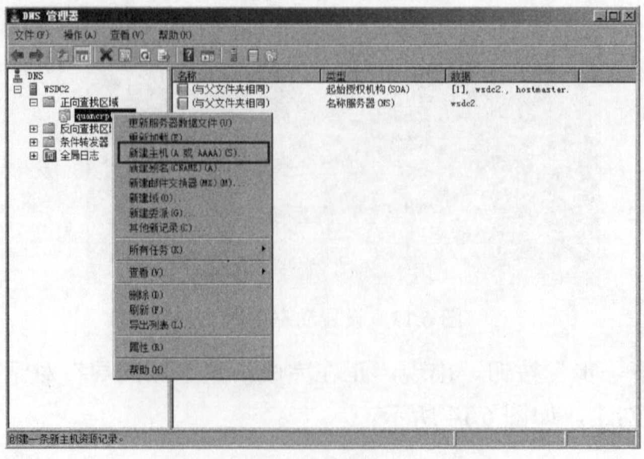

图 6.16　DNS 管理器窗口

【步骤2】在如图 6.17 所示的“新建主机”对话框中，对新建主机进行设置。例如：在“名称”文本框中输入 www，并在“IP 地址”对话框中填写相应的 IP 地址 192.168.95.2。

【步骤3】单击“添加主机”按钮，弹出如图 6.18 所示的提示框，表明主机记录创建成功。

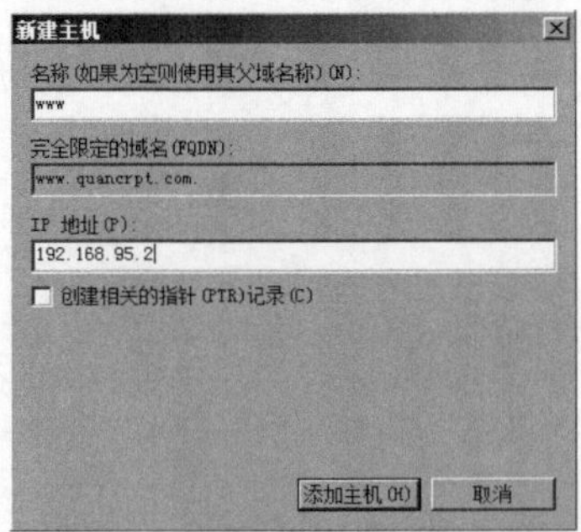

图 6.17　新建主机

图 6.18　创建成功

这时，在如图 6.19 所示的“DNS 管理器”对话框的右侧栏中就会出现这一条新增的 www 主机记录。同样的，我们也可以利用相同的方法来创建其他主机记录，如 FTP、POP 等。

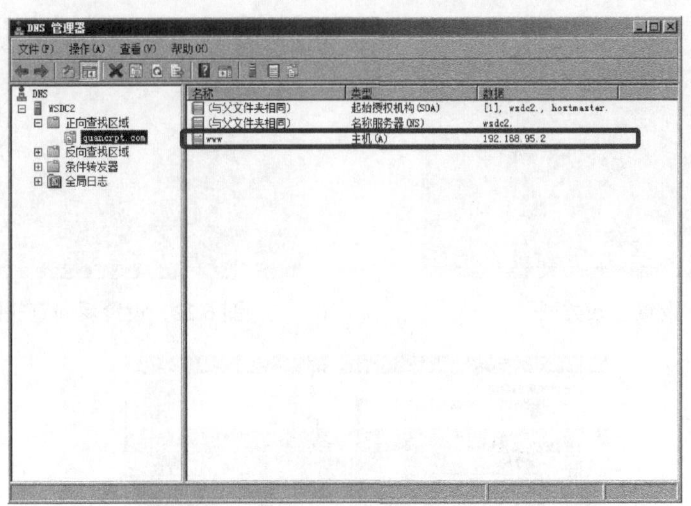

图 6.19　主机添加成功

6.3.3　添加 IPv4 的反向查找区域

【步骤1】在“DNS 管理器”窗口中右击“反向查找区域”选项，在弹出的快捷菜单中选择“新建区域”菜单项，如图 6.20 所示。

【步骤2】在弹出的“新建区域向导”对话框中，单击“下一步”按钮，出现如图 6.21 所示的“区域类型”对话框，选中“主要区域”单选项。

【步骤3】单击“下一步”按钮，出现如图 6.22 所示的“反向查找区域名称”对话框，选择“IPv4 反向查找区域”单选项。

【步骤4】单击“下一步”按钮，在如图 6.23 所示对话框的“网络 ID”文本框中输入 DNS 服务器所属的网段地址，例如：192.168.95。

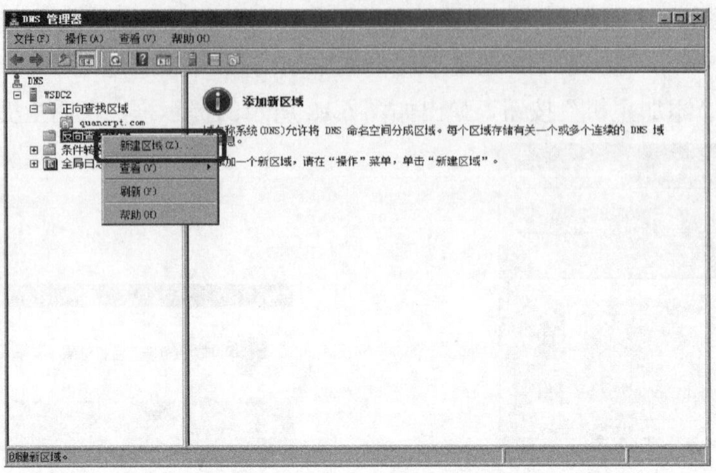

图 6.20　DNS 管理器窗口

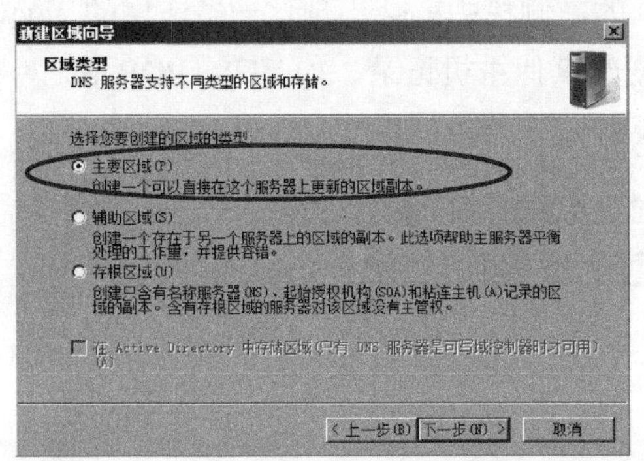

图 6.21　设置区域类型

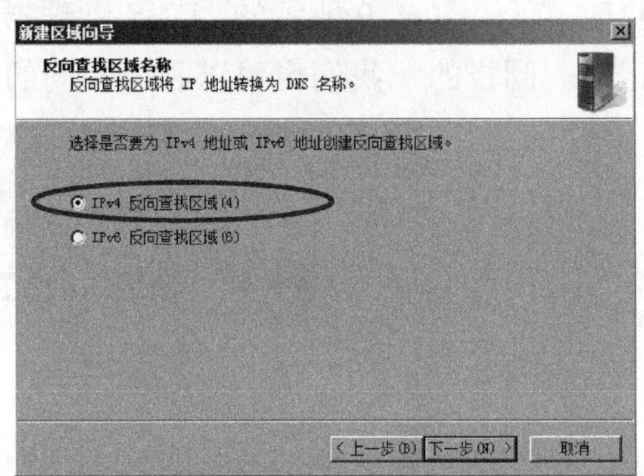

图 6.22　设置反向查找区域名称

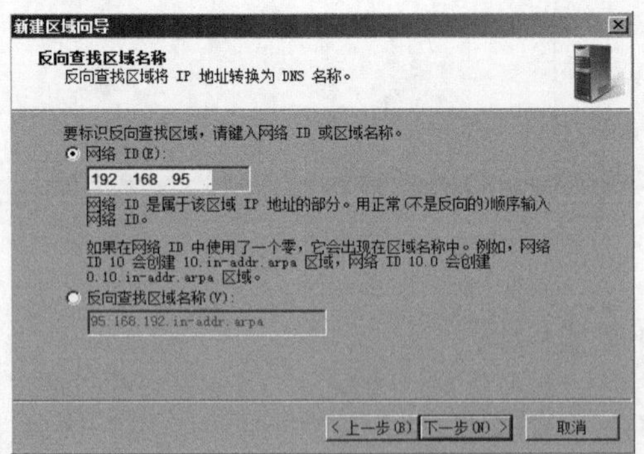

图 6.23　设置网络 ID

接着，可通过与第 6.3.1 节操作类似的步骤，对区域文件和动态更新方式进行配置，也可使用默认设置，因此我们就不对这些操作进行详细介绍。最后，在如图 6.24 所示的对话框中，单击“完成”按钮，完成反向区域的创建。

在创建反向搜索区域后，还必须添加指针记录（Pointer Record，PTR），才能为用户提供反向查询功能，即通过 IP 地址查找计算机。添加 PTR 指针记录的具体步骤描述如下：

【步骤1】在“DNS 管理器”窗口中，右击要添加指针记录的反向查找区域，在弹出的快捷菜单中选择“新建指针”菜单项，如图 6.25 所示。

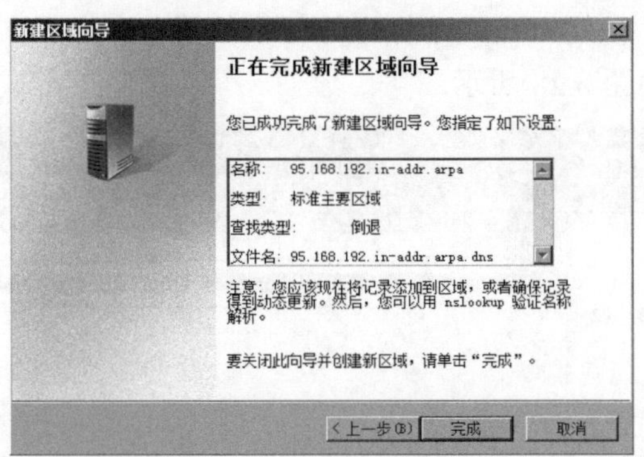

图 6.24　完成反向区域创建

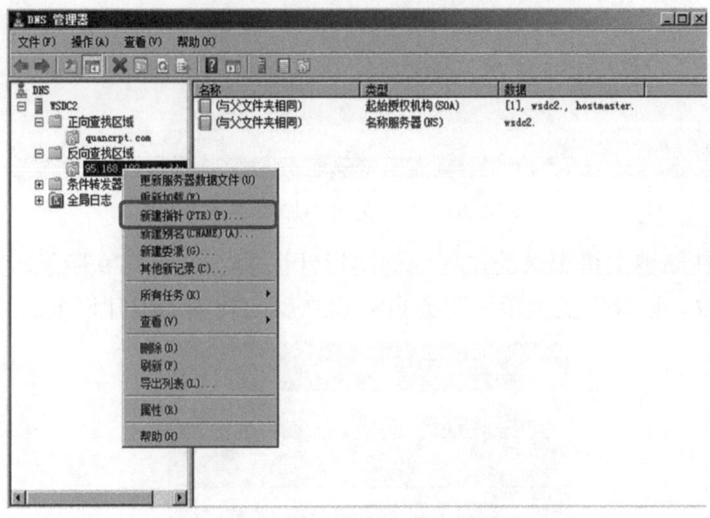

图 6.25　“DNS 管理器”窗口

【步骤2】在打开的“新建资源记录”对话框中，分别输入主机 IP 地址和主机名，如图 6.26 所示。

这里，也可单击对话框中的“浏览”按钮，并在打开的 “浏览”对话框中选择已经建好的正向查询区域，如图 6.27 所示。

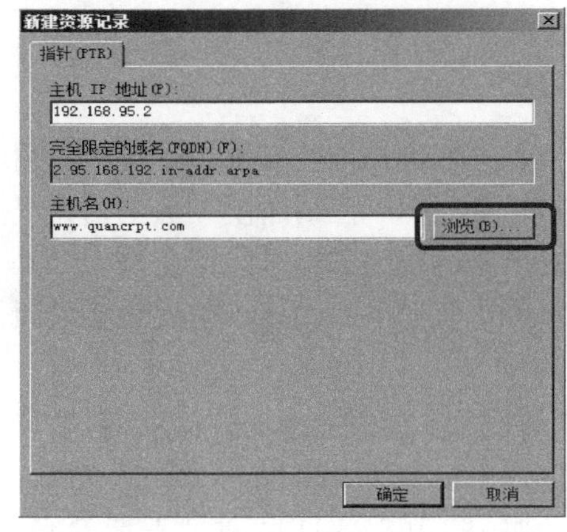

图 6.26　“新建资源记录”对话框

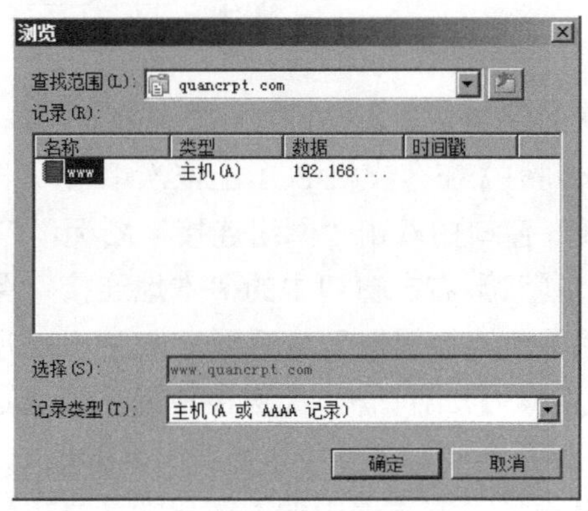

图 6.27　浏览对话框

【步骤 3】单击“确定”按钮，完成添加指针记录的操作。在“DNS 管理器”窗口中就会出现新添加的指针记录，如图 6.28 所示。

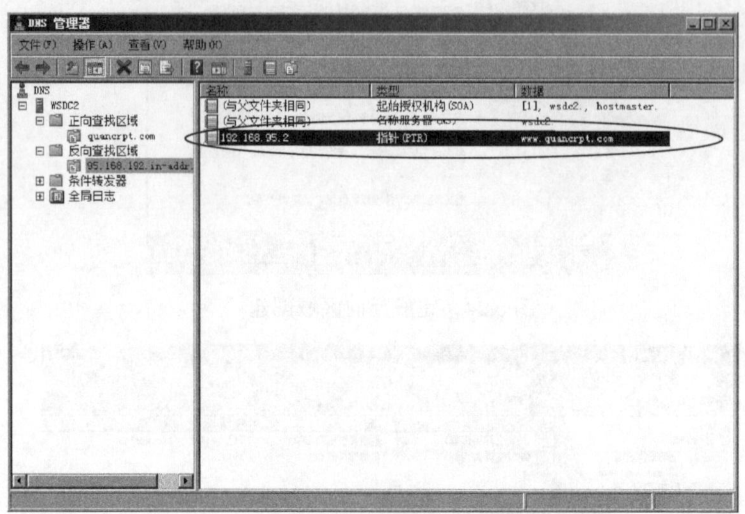

图 6.28　指针记录添加成功

另外，也可以在新建主机记录的过程中创建指针记录，如图 6.29 所示。只要选择了“创建相关的指针（PTR）记录”复选项，就会自动建立反向搜索的指针记录。

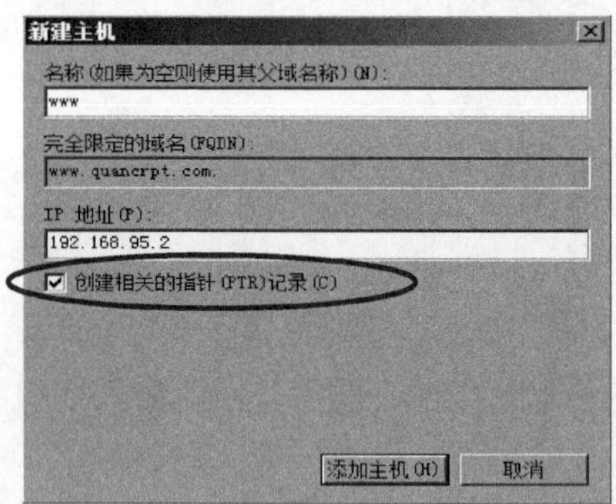

图 6.29　选择创建相关指针记录

6.4　任务三：DNS 客户端配置

下面以 Windows 2000 Professional 操作系统为例，对 DNS 客户端的设置步骤进行介绍。

【步骤1】在客户机 PC1 上依次单击“开始”命令中的“设置”，“控制面板”，在打开的“控制面板”窗口中双击“网络连接”图标，打开如图 6.30 所示的网络和拨号连接窗口。

【步骤2】右击窗口中的“本地连接”图标，在弹出的快捷菜单中选择“属性”菜单项，打开“本地连接属性”对话框，如图 6.31 所示。

【步骤3】在对话框“此连接使用下列选定的组件”中选取已安装的“Internet 协议（TCP/IP）”选项，然后单击“属性”按钮，出现如图 6.32 所示的“Internet 协议（TCP/IP）属性”对话框。在“IP 地址”文本框中输入客户端计算机的 IP 地址，（如 192.168.95.11），在“首选 DNS 服务器”文本框中输入 DNS 服务器的 IP 地址（如 192.168.95.2）。

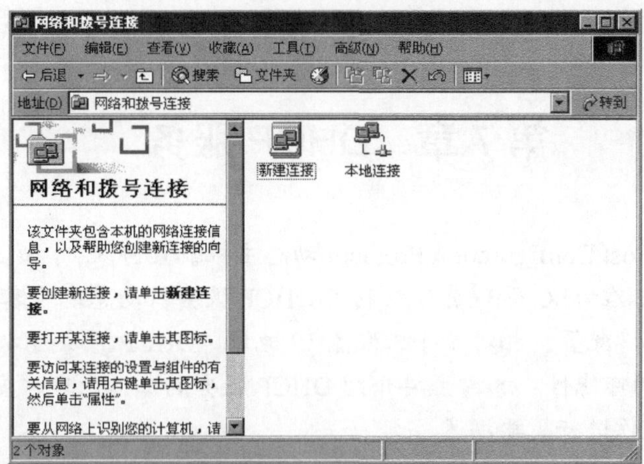

图 6.30　网络和拨号连接窗口

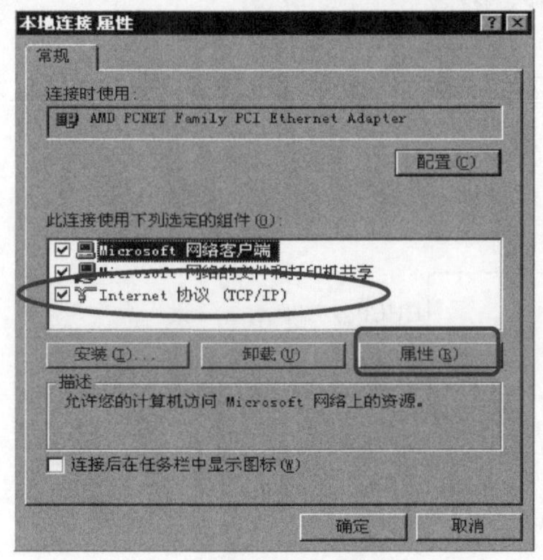

图 6.31　本地连接属性对话框

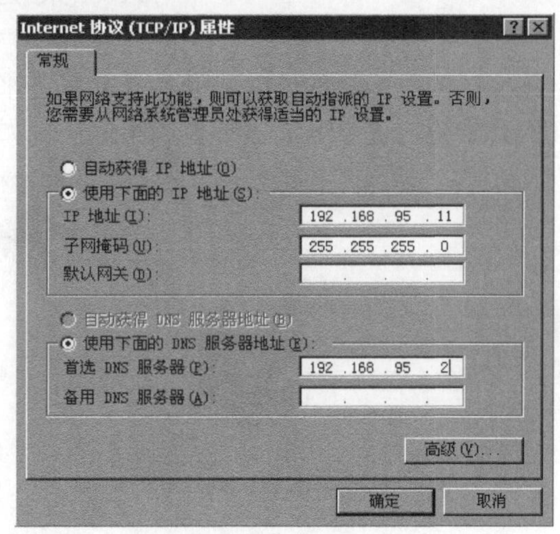

图 6.32　TCP/IP 属性对话框

【步骤4】 单击“确定”按钮，完成 DNS 客户端的设置。

DNS 服务器和客户端配置完成后，需要测试这些配置的正确性。可以通过运行一些命令（如 ipconfig、ping、nslookup 等）来完成对 DNS 服务器的验证。例如，可在客户端中运行 ping www.quancrpt.com 命令，得到如图 6.33 所示结果，表明该 DNS 服务器配置成功。

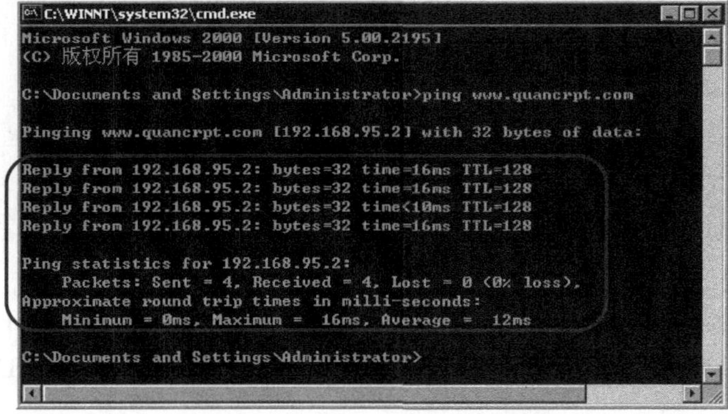

图 6.33　验证结果

第 7 章　DHCP 服务

DHCP（Dynamic Host Configuration Protocol 动态主机配置协议），是一个简化主机 IP 地址分配管理的 TCP/IP 标准协议。管理员可以利用 DHCP 服务器动态地为客户端计算机分配 IP 地址及进行其他相关环境配置。相对于手工配置 IP 地址，DHCP 服务可以大大提高效率，并减少 IP 地址发生故障的可能性。本章主要介绍 DHCP 服务的工作原理、安装、配置和维护，并对相关功能的基本操作进行简要描述。

7.1　案例需求分析

某公司的网络管理员拟采用 DHCP 服务来为公司局域网内的客户端计算机分配 IP 地址。本案例介绍的构建 DHCP 服务器的案例环境如图 7.1 所示。

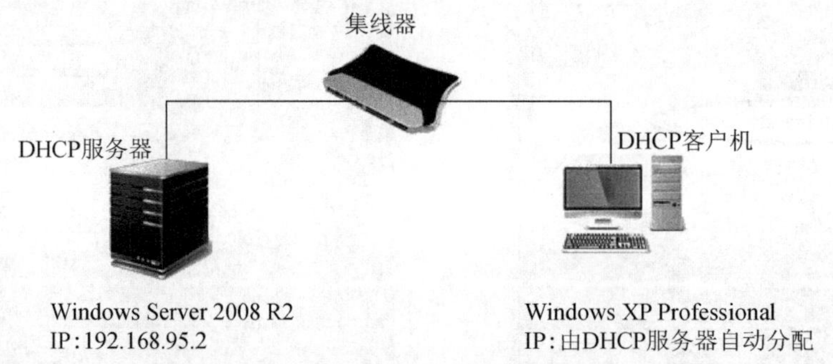

图 7.1　DHCP 服务器的案例环境

DHCP 服务器：计算机名为 WSDC2，IP 地址为 192.168.95.2，采用 Windows Server 2008 R2 操作系统。

DHCP 客户机：计算机名为 PC1，采用 Windows XP Professional 操作系统，其 IP 地址由 DHCP 服务器动态分配。

通过对该案例的需求分析和规划，可将该任务分解成以下若干子任务。

（1）安装 DHCP 服务器：在 Windows Server 2008 R2 服务器 WSDC2 上，利用服务器管理器工具安装 DHCP 服务。

（2）DHCP 服务器基本配置：对安装完成后的 DHCP 服务器进行一些基本配置，包含服务器的授权和建立 IP 作用域等。

（3）DHCP 客户端配置：在计算机 PC1 上对 DHCP 客户端进行一些基本设置，实现自动获得 IP 地址及相关的网络环境配置。

（4）DHCP 服务器的运行维护：除了上述主要任务外，为了确保 DHCP 服务器能够安全有效地运行，还需对 DHCP 服务器进行维护，包括：监视 DHCP 服务器、DHCP 数据库的维护和服务器的迁移。

7.2　任务一：安装 DHCP 服务器

7.2.1　安装步骤

下面在 Windows Server 2008 R2 服务器 WSDC2 上，利用服务器管理器工具进行 DHCP 服务的安装。具体步骤描述如下：

【步骤 1】单击“开始”命令“管理工具”中的“服务器管理器”，打开“服务器管理器”窗口，如图 7.2 所示。在“角色摘要”中选择“添加角色”超链接，启动添加角色向导。

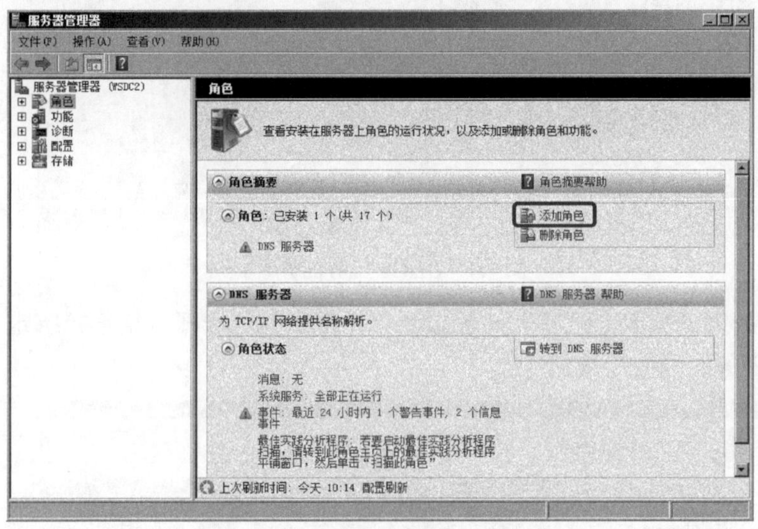

图 7.2　服务器管理器

【步骤 2】单击“下一步”按钮，显示如图 7.3 所示的“选择服务器角色”对话框，从中选择“DHCP 服务器”角色。

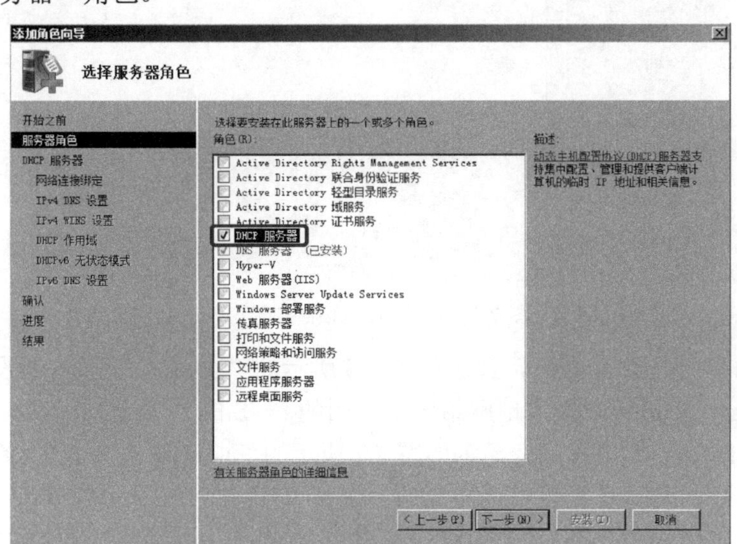

图 7.3　选择服务器角色

【步骤 3】单击“下一步”按钮，显示如图 7.4 所示的“DHCP 服务简介”信息框，可以查看 DHCP 服务器概述以及安装时的相关注意事项。

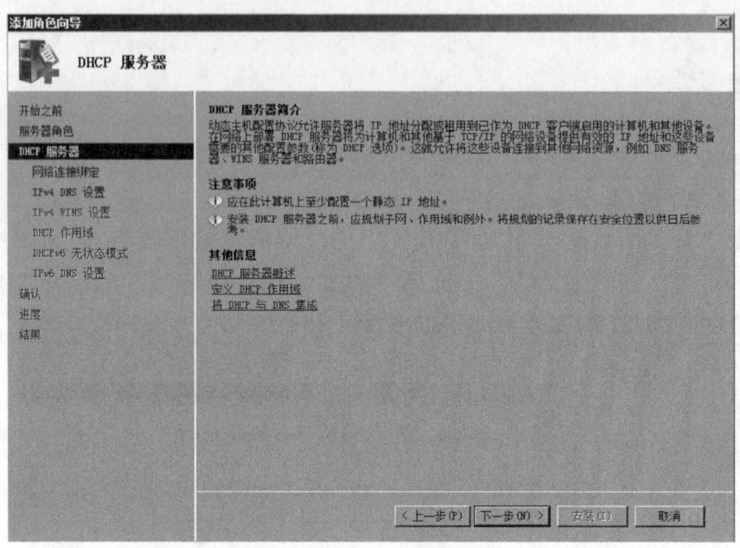

图 7.4　DHCP 服务简介

【步骤 4】单击“下一步”按钮，显示如图 7.5 所示的“选择网络连接绑定”对话框，选择向客户端提供服务的网络连接。

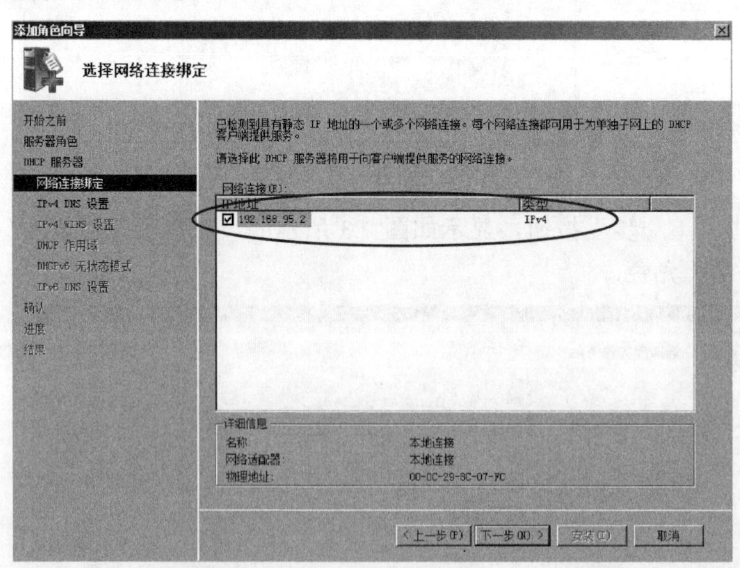

图 7.5　选择网络连接绑定

【步骤 5】单击“下一步”按钮，显示如图 7.6 所示的“IPv4 DNS 服务器设置”对话框。输入父域名（如 msws.com）以及本地网络中所使用的 DNS 的 IPv4 地址（如 192.168.95.2）。

【步骤 6】单击“下一步”按钮，显示如图 7.7 所示的“指定 IPv4 Wins 服务器设置”对话框。在这个对话框中，将对是否使用 WINS 服务进行设置。WINS 是 Windows 网络名称服务（Windows Internet Name Service）的简称，它的作用是在路由网络的环境中对 IP 地址和 NetBIOS 名的映射进行注册与查询。这也就是说，WINS 用来登记 NetBIOS 计算机名，并在需要时将它解析成为 IP 地址。因此，当无需使用 NetBIOS 名来访问计算机的时候，可选择“此网络上的应用程序不需要 WINS”这一单选项。

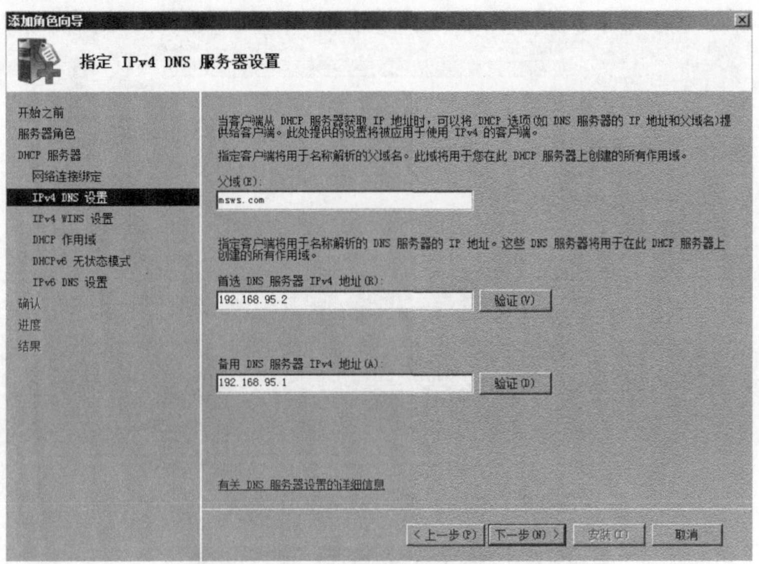

图 7.6 指定 IPv4 DNS 服务器设置

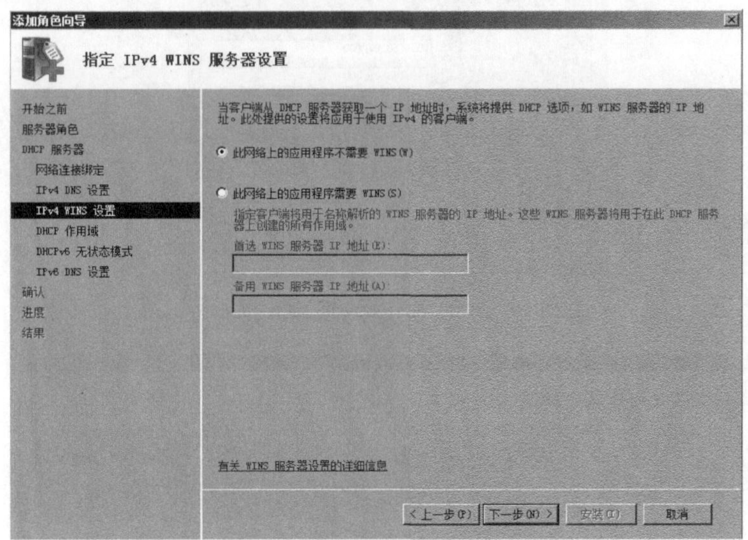

图 7.7 指定 IPv4 Wins 服务器设置

【步骤 7】单击“下一步”按钮，显示如图 7.8 所示的“添加或编辑 DHCP 作用域”对话框。我们可以利用该对话框来设置 DHCP 作用域，为客户端计算机分配 IP 地址。

【步骤 8】单击“添加”按钮，显示如图 7.9 所示的“添加作用域”的对话框，设置作用域的名称、起始和结束 IP 地址、子网掩码、默认网关以及子网类型。选中“激活此作用域”复选框，可在作用域创建完成之后自动激活它。

【步骤 9】单击“确定”按钮，返回图 7.8 所示对话框。然后，单击“下一步”按钮，显示如图 7.10 所示的“配置 DHCPv6 无状态模式”对话框。本书内容暂不涉及 DHCPv6 协议，故我们选择“对此服务器禁用 DHCPv6 无状态模式”选项。

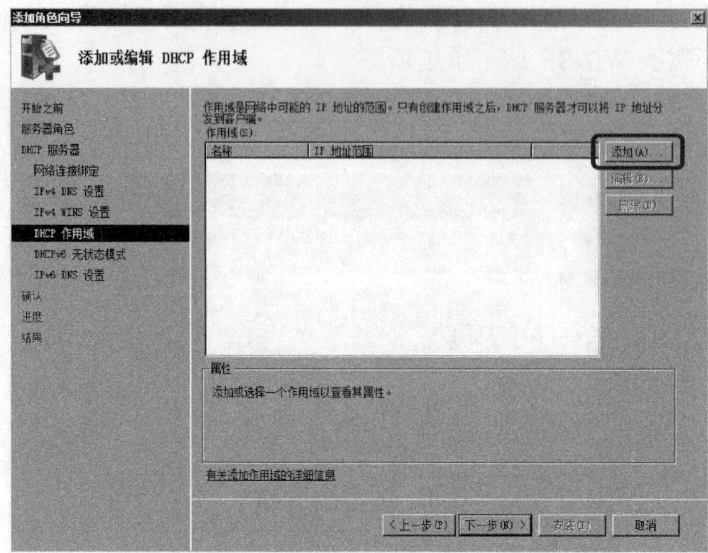

图 7.8　添加或编辑 DHCP 作用域

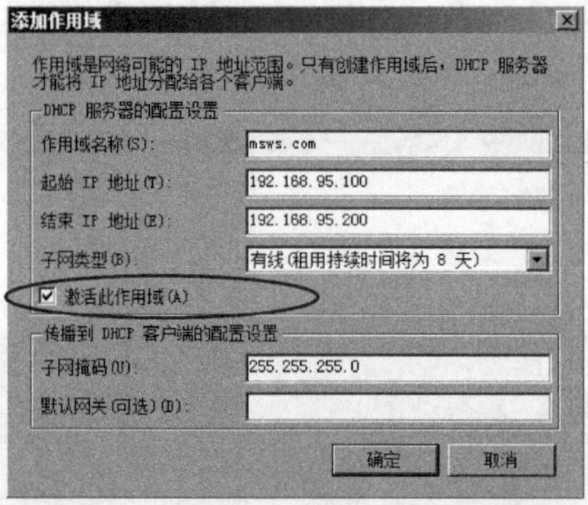

图 7.9　“添加作用域”对话框

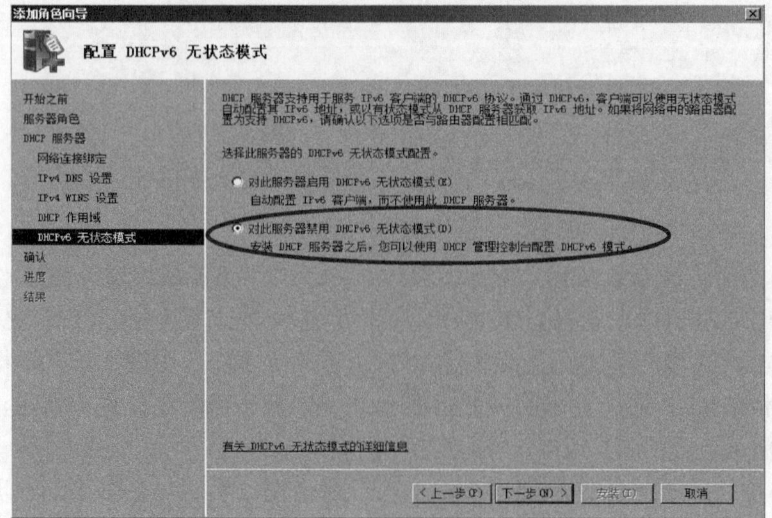

图 7.10　配置 DHCPv6 无状态模式

【步骤 10】单击“下一步”按钮，显示如图 7.11 所示的“确认安装选择”信息框，列出上述所进行的配置。如果需要更改配置，单击“上一步”按钮，返回前面重新进行设置。

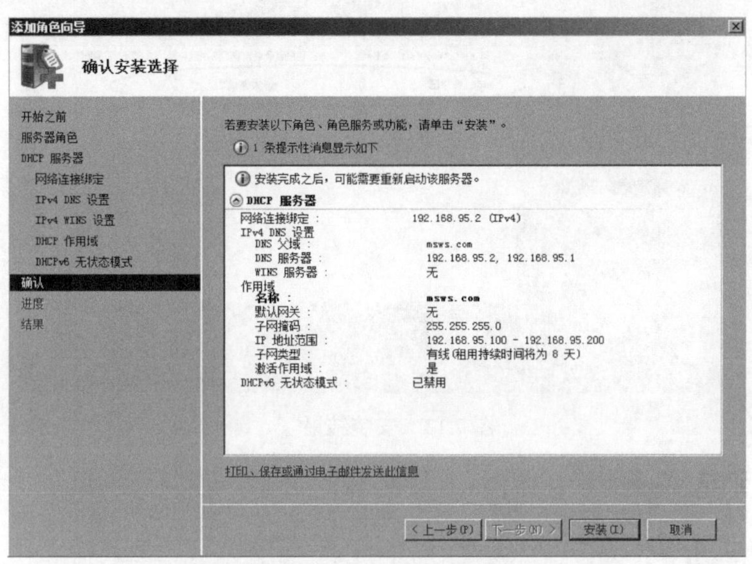

图 7.11　确认安装选择

【步骤 11】确认无误后，单击“安装”按钮，开始进行 DHCP 服务器的安装，显示如图 7.12 所示的“安装进度”对话框。安装完成后，显示如图 7.13 所示的“安装结果”对话框，提示 DHCP 服务器已经安装成功。

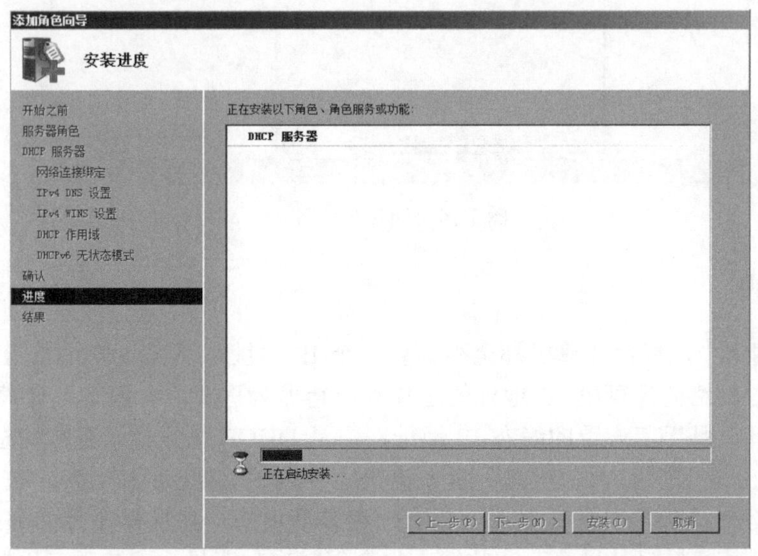

图 7.12　安装进度

【步骤 12】单击“关闭”按钮关闭安装向导，DHCP 服务器安装完成。如果要进一步查看已经安装好的 DHCP 服务器，可以依次单击“开始”，“管理工具”，“DHCP”，打开如图 7.14 所示的 DHCP 窗口，可以看到已在服务器 WSDC2 上成功地安装了 DHCP 服务。

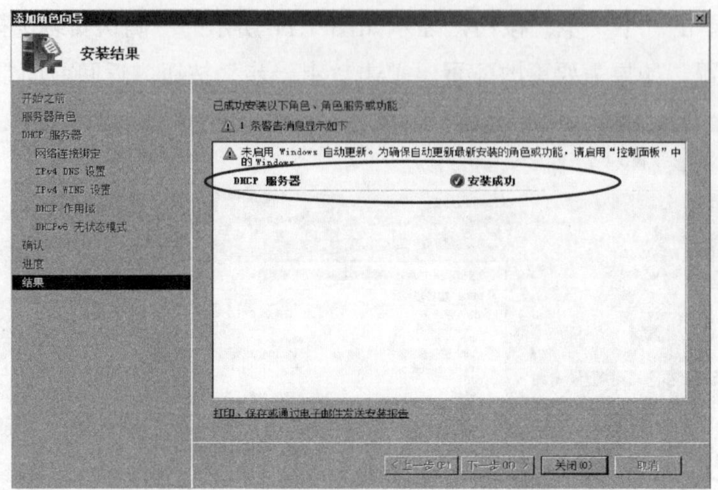

图 7.13　安装结果

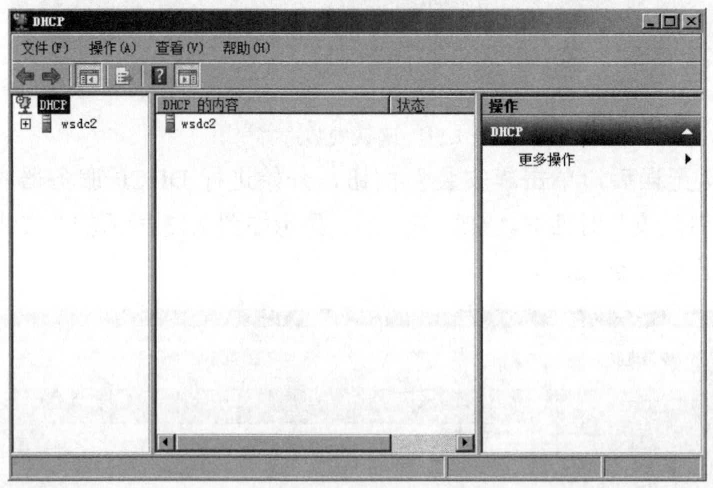

图 7.14　DHCP 窗口

7.2.2　相关知识

在 TCP/IP 网络中，每台计算机都至少需要一个 IP 地址，以实现彼此之间的通信，因此管理、分配和设置网络内计算机 IP 地址的工作就显得尤为重要。一般地，计算机获取 IP 地址的方式有两种，一是手工设置的静态 IP 地址，二是 DHCP 服务器设置的动态 IP 地址。采用手工设置静态 IP 地址时，非常容易因键入错误而导致 IP 地址信息错误，尤其是在大型网络中，当计算机数目达到几十台甚至几百台时，很容易出错，并且存在劳动强度大、效率低下等缺点。随着计算机数目的增多，这些缺点将变得越来越明显，因此手工设置静态 IP 地址只适用于计算机数量较少的小型网络。对于中大型规模的网络而言，我们一般采用 DHCP 服务器来动态分配 IP 地址。在这种情况下，客户端计算机能够自动获取 IP 地址、默认网关和 DNS 等信息，这将有效地避免键入错误，大大降低劳动强度，提高工作效率。

作为一款优秀的 IP 地址管理工具，DHCP 具有以下几个主要优点：

（1）提高工作效率。客户端计算机能够自动地获取 IP 地址并完成相关设置，大大减少了由手工设置 IP 地址引发错误的可能性，并且降低劳动强度，提高了工作效率。

（2）管理方便。当网络使用的 IP 地址段发生改变时，只需要改变 DHCP 服务器的 IP 地址池即可，而不必对每台计算机的 IP 地址进行逐一修改。

（3）节约 IP 地址资源。当且仅当客户端计算机发出请求时，DHCP 服务器才会分配 IP 地址给它；当使用结束时，系统将自动释放该 IP 地址，以方便其他计算机使用。

当然，如果 DHCP 服务器设置不当，也会造成一些严重的后果。例如，当 DHCP 服务器发生故障时，网络中所有的计算机将无法获得 IP 地址，同时也无法释放 IP 地址，从而造成了网络瘫痪。因此，为了避免这种情况的发生，一个网络中一般要配备两台或两台以上的 DHCP 服务器。当其中一台发生故障时，则可由其他 DHCP 服务器提供服务，这样就不至于影响网络的正常运行。另外，如果要在一个由多网段组成的网络中使用 DHCP，则必须在每个子网络中安装一台 DHCP 服务器，或者保证路由器具有自动广播的功能。

7.3　任务二：DHCP 服务器基本配置

7.3.1　DHCP 服务器授权

假设任意一个服务器都可以随意安装DHCP服务，并且其所出租的IP地址可以随意设置。在这种情况下，当有客户端计算机需要租用 IP 地址并提出相应请求时，很可能就会由这台 DHCP 服务器来提供 IP 地址给客户端，那么客户端所得到的 IP 地址就可能是无效的。这样的话，该客户端显然无法正常连接网络，同时这也会增加系统管理员的管理负担。

因此，DHCP 服务器安装好之后，并不是立刻就可以为客户端计算机提供 IP 地址配置服务，而是要经过一个授权的过程，只有经授权的 DHCP 服务器才能将 IP 地址出租给 DHCP 客户端计算机。下面，就对 DHCP 服务器授权的具体操作步骤进行描述。

【步骤 1】单击“开始”命令“管理工具”中的 DHCP，打开 DHCP 控制台窗口。在该窗口左侧栏框中，右键单击 DHCP，并在弹出的快捷菜单中选择“管理授权的服务器...”菜单项，如图 7.15 所示。

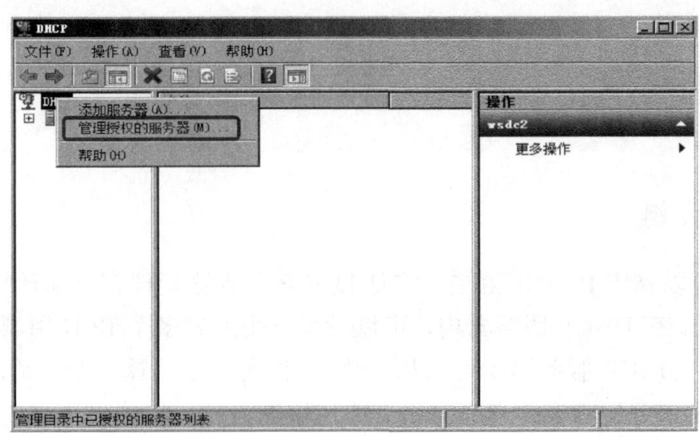

图 7.15　DHCP 窗口

【步骤 2】在如图 7.16 所示的“管理授权的服务器”对话框中，单击“授权...”按钮。

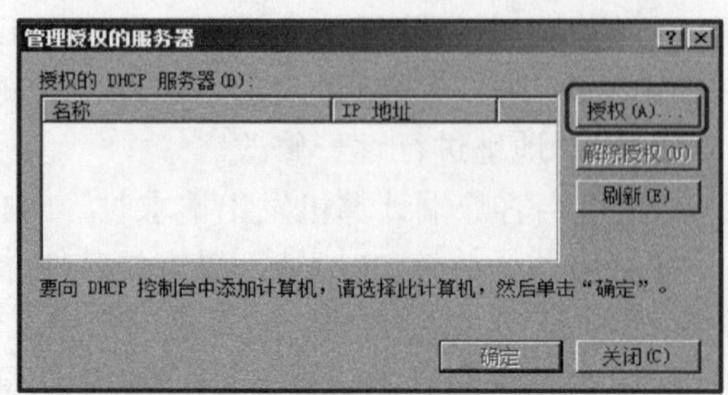

图 7.16　“管理授权的服务器”对话框

【步骤 3】在如图 7.17 所示的“授权 DHCP 服务器”对话框中，输入本服务器的名称或 IP 地址，如 192.168.95.2，然后单击“确定”按钮。

【步骤 4】在如图 7.18 所示的“确认授权”对话框中，对前面的设置进行确认。确认无误后，单击“确定”按钮。

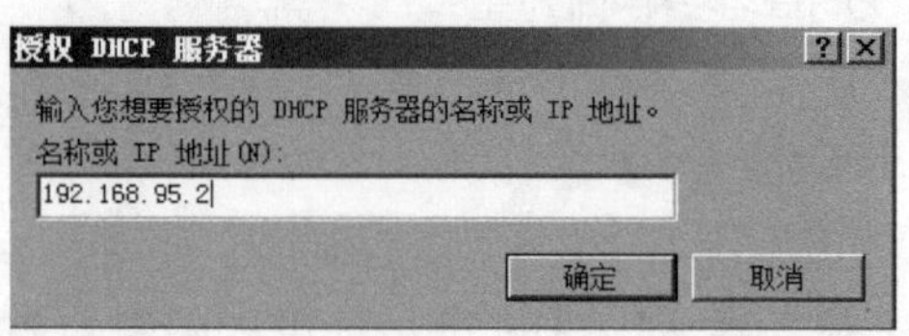

图 7.17　“授权 DHCP 服务器”对话框

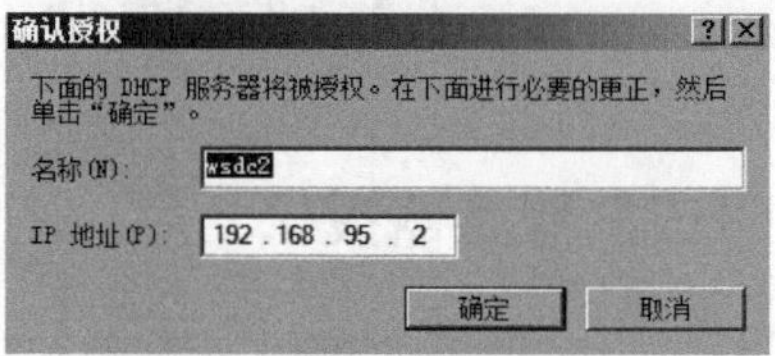

图 7.18　“确认授权”对话框

完成授权后，重新打开 DHCP 控制台，会显示 DHCP 已授权，如图 7.19 所示。

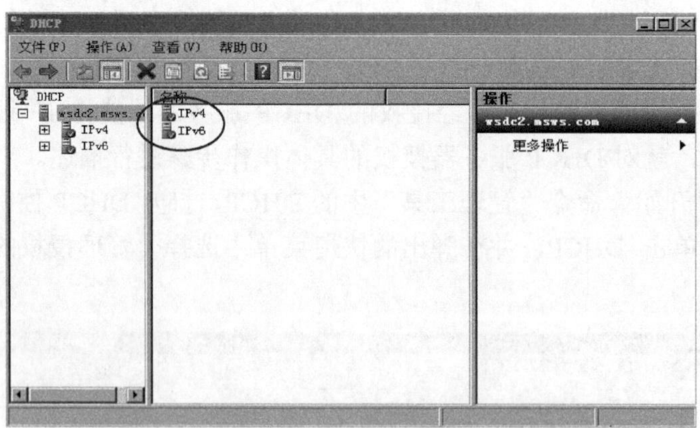

图 7.19　DHCP 窗口

7.3.2　建立 IP 作用域

IP 作用域，亦可以称作 IP 地址范围，它是 DHCP 服务器管理客户端计算机 IP 地址分配服务的基本管理单位。在 DHCP 服务器内，可以设置一个或者多个 IP 作用域。当客户端计算机要租用 IP 地址时，DHCP 服务器就可以从这些 IP 作用域中选择一个合适的且未出租的 IP 地址，然后将该 IP 地址分配给客户端计算机。作用域的设置可以通过下面的步骤来完成。

【步骤 1】单击“开始”管理工具 DHCP，打开 DHCP 控制台窗口。在该窗口右侧栏框中选中该 DHCP 服务器，右键单击服务器名，并在弹出的快捷菜单中选择“新建作用域”菜单项，运行新建作用域向导，如图 7.20 所示。

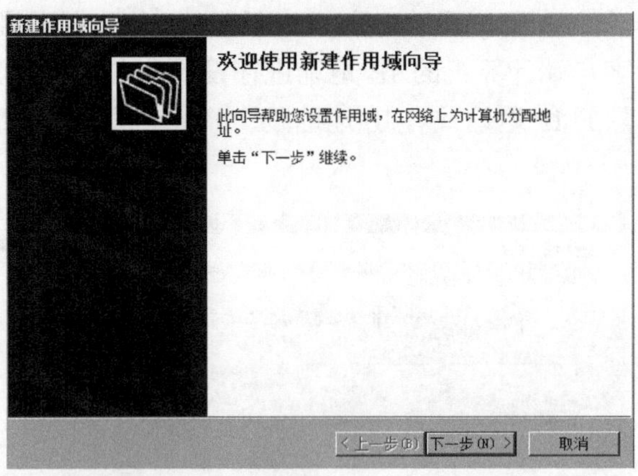

图 7.20　“新建作用域向导”对话框

【步骤 2】单击“下一步”按钮，显示如图 7.21 所示的“作用域名称”对话框，在“名称”文本框中键入作用域的名称。

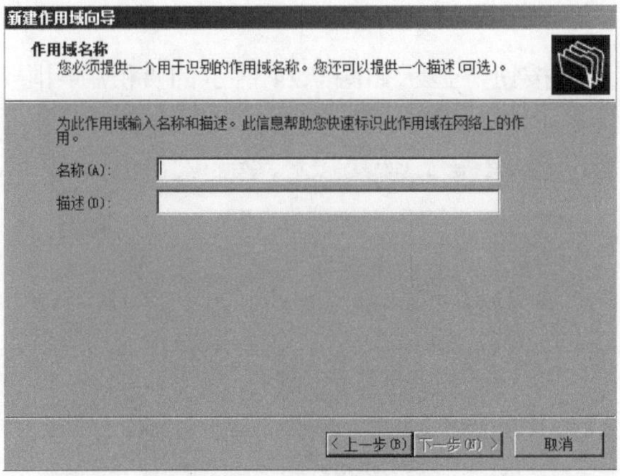

图 7.21　设置作用域名称

【步骤 3】单击“下一步”按钮，显示如图 7.22 所示的“IP 地址范围”对话框，在“起始 IP 地址”和“结束 IP 地址”框中输入欲分配的 IP 地址范围。

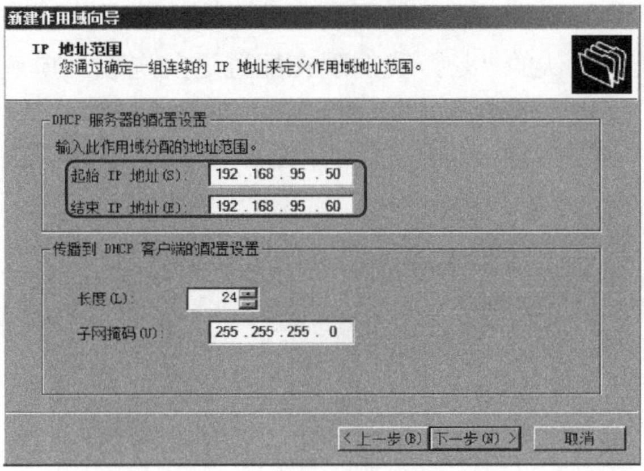

图 7.22　设置 IP 地址范围

【步骤 4】单击“下一步”按钮，显示如图 7.23 所示的“添加排除和延迟”对话框。通过该对话框，可对不分配给客户端计算机的 IP 地址进行设置。在“起始 IP 地址”和“结束 IP 地址”文本框中输入欲排除的 IP 地址或者 IP 地址段，单击“添加”按钮，添加到“排除的地址范围”列表框中。

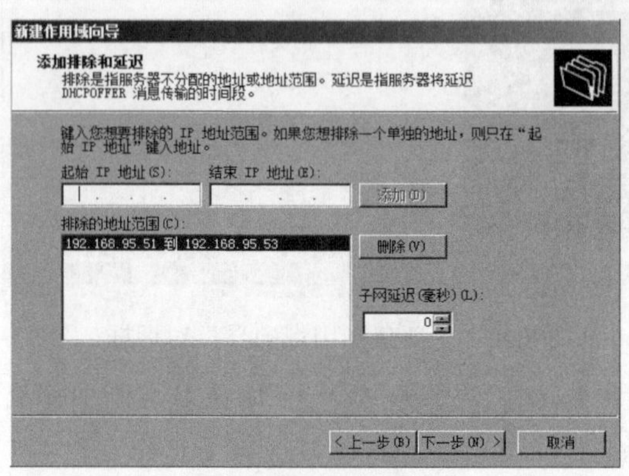

图 7.23　添加排除和延迟

【步骤 5】单击“下一步”按钮，显示如图 7.24 所示的“租用期限”对话框，设置客户端租用 IP 地址的时间期限。

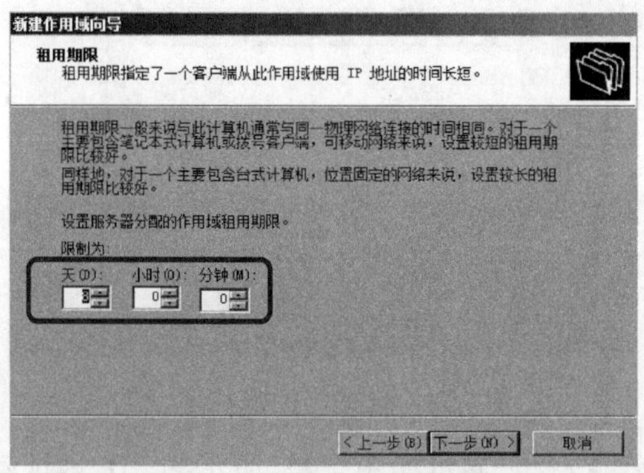

图 7.24　设置租用期限

【步骤 6】单击“下一步”按钮，显示如图 7.25 所示的“配置 DHCP 选项”对话框，提示是否配置 DHCP 选项，选择默认的“是，我想现在配置这些选项”单选按钮。

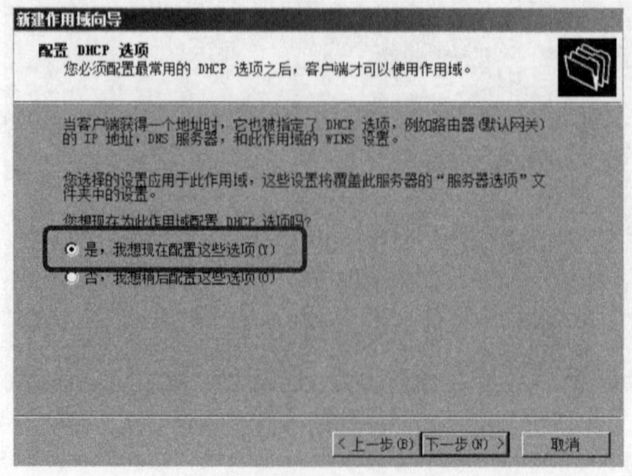

图 7.25　配置 DHCP 选项

【步骤 7】单击“下一步”按钮，显示如图 7.26 所示的“路由器（默认网关）”对话框。在“IP 地址”文本框中键入要分配的网关，单击“添加”按钮添加到列表框中。

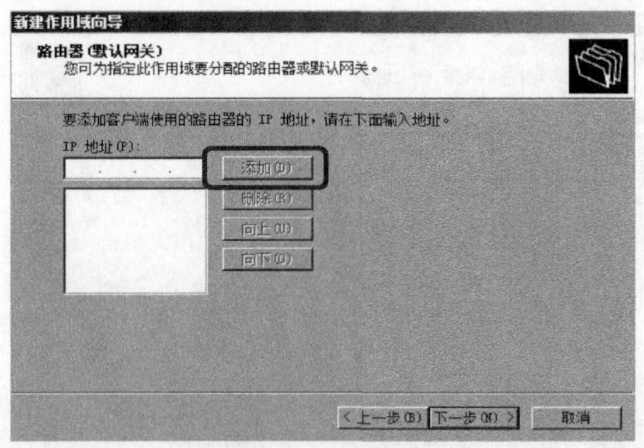

图 7.26　添加路由器

【步骤 8】单击“下一步”按钮，显示“域名称和 DNS 服务器”对话框。在“父域”文本框中键入进行 DNS 解析时使用的父域名，在“IP 地址”文本框中键入 DNS 服务器的 IP 地址，单击“添加”按钮添加到列表框中，如图 7.27 所示。

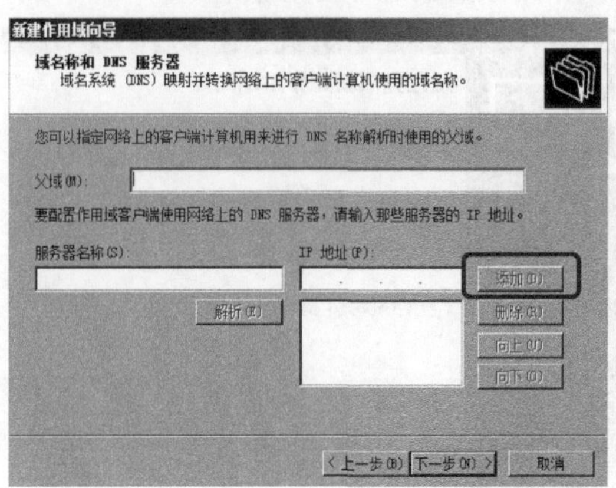

图 7.27　设置域名称和 DNS 服务器

【步骤 9】单击“下一步”按钮，显示如图 7.28 所示的“WINS 服务器”对话框，设置 WINS 服务器。如果网络中没有配置 WINS 服务器则不必设置。

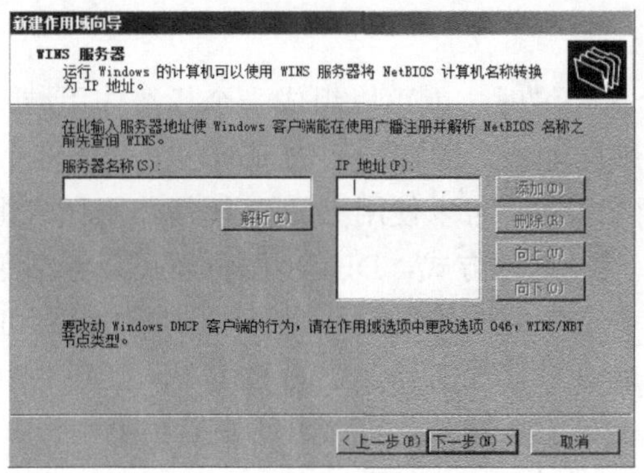

图 7.28　设置 WINS 服务器

【步骤 10】单击“下一步”按钮，显示如图 7.29 所示的“激活作用域”对话框，选择“是，我想现在激活此作用域”单选项。

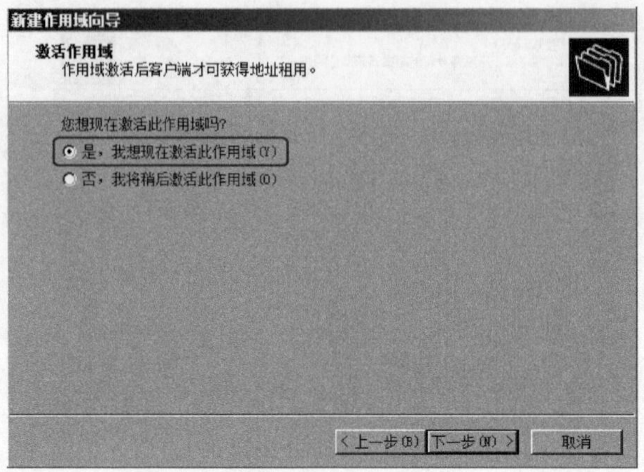

图 7.29　激活作用域

【步骤 11】单击“下一步”按钮，显示如图 7.30 所示的“正在完成新建作用域向导”对话框，单击“完成”按钮，完成作用域的创建并自动激活。

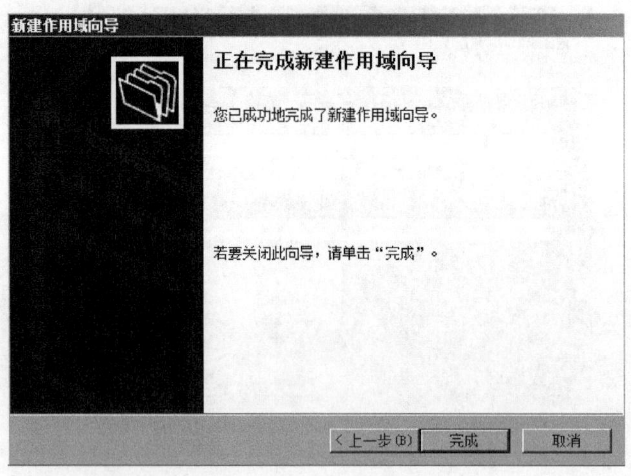

图 7.30　正在完成新建作用域向导

7.3.3　超级作用域

当 DHCP 服务器有多个作用域时，就可以组成一个超级作用域，将其作为单个实体来进行管理。超级作用域常用于多网配置，即在同一物理网段上使用多个 DHCP 服务器以管理逻辑上分离的 IP 网络。在多网配置中，可以使用 DHCP 超级作用域来组合并激活网络上使用的 IP 地址的单独作用域范围。通过这种方式，DHCP 服务器可以激活单个物理网络上的客户端计算机被激活，并提供来自多个作用域的租约。超级作用域的设置可通过以下步骤来完成。

【步骤 1】单击“开始”命令“管理工具”中的 DHCP，打开 DHCP 控制台窗口。然后，选择 DHCP 服务器，右键单击该服务器名，在弹出的快捷菜单中选择“超级作用域”菜单项，启动“新建超级作用域向导”，如图 7.31 所示。

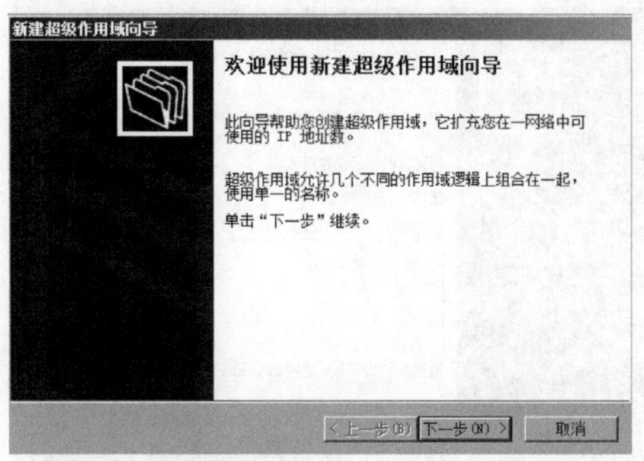

图 7.31　“新建超级作用域向导”对话框

【步骤 2】单击“下一步”按钮，显示如图 7.32 所示的“超级作用域名”对话框，在“名称”文本框中键入合适的超级作用域名称。

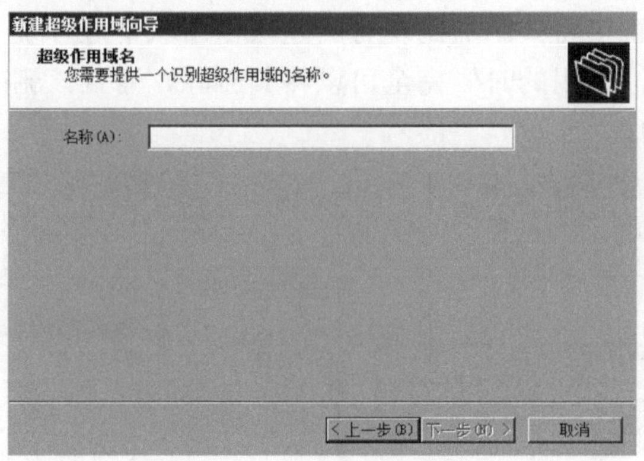

图 7.32　设置超级作用域名

【步骤 3】单击“下一步”按钮，显示如图 7.33 所示的“选择作用域”对话框。当前 DHCP 服务器上创建的所有 IP 作用域都将显示在“可用作用域”列表中，选择想要加入新建超级作用域的作用域，可以按住 Ctrl 键同时选择多个。

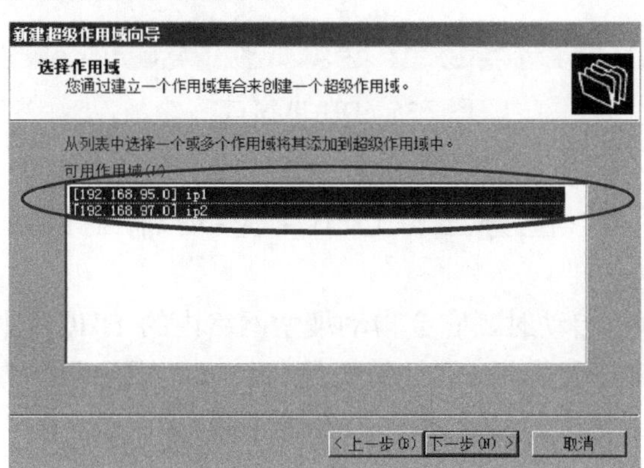

图 7.33　选择作用域

【步骤 4】单击“下一步”按钮，显示如图 7.34 所示的“正在完成新建超级作用域向导”对话框，单击“完成”按钮，超级作用域创建成功。

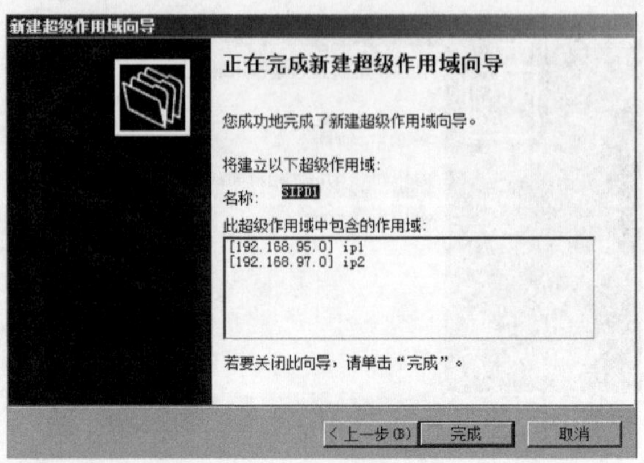

图 7.34　正在完成新建超级作用域向导

超级作用域创建完成后，将显示在服务器管理器的 DHCP 服务窗口中（见图 7.35），原有的作用域就好像超级作用域的下一级目录，管理起来非常方便。对于在创建超级作用域之后才建立的作用域，也可以直接将其添加到现有的超级作用域中进行统一管理。另外，超级作用域只是一个简单的容器，不用的时候完全可以将其删除，而且该删除操作不会对其所包含的 IP 作用域产生任何影响。

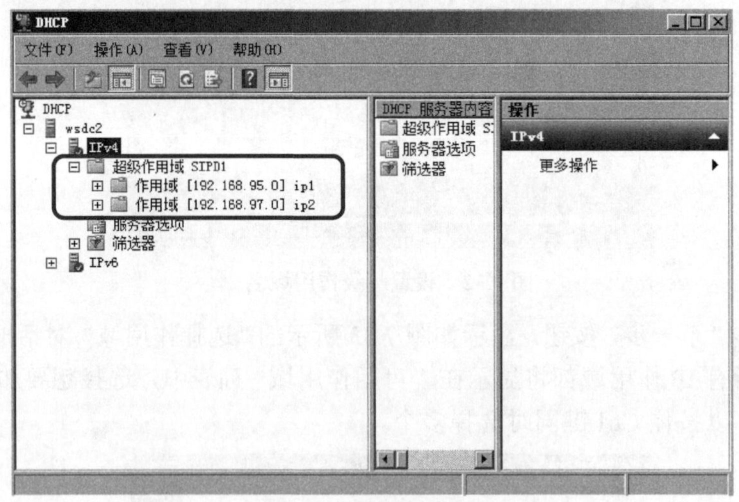

图 7.35　DHCP 窗口

7.4　任务三：DHCP 客户端配置

当 DHCP 客户端计算机启动时，它会自动搜索网络内的 DHCP 服务器，以向其申请 IP 地址。然而它们之间的通信将根据客户端计算机是向 DHCP 服务器申请一个新的 IP 地址还是更新租约（也就是继续使用原来的 IP 地址）而有所不同。

7.4.1　具体步骤

DHCP 服务器配置完成之后，客户端计算机只要接入网络，并设置为“自动获得 IP 地址”即可自动从 DHCP 服务器获取 IP 地址信息，而不需人为干涉。这里以 Windows XP Professional

为例，介绍 DHCP 客户端配置。

【步骤 1】登录到 Windows XP Professional 系统之后，打开“网络连接”窗口，如图 7.36 所示。

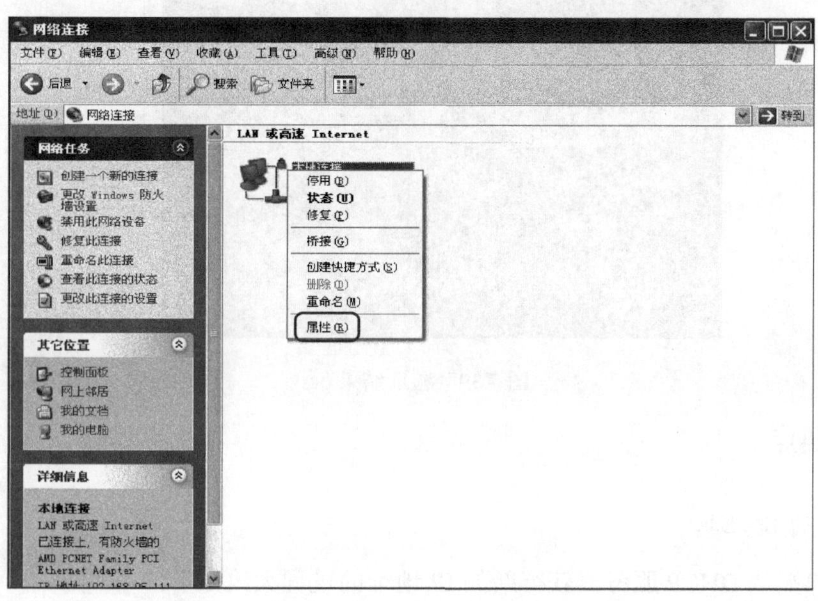

图 7.36　“网络连接”窗口

【步骤 2】右键单击“本地连接”图标，在弹出的快捷菜单中选择“属性”菜单项，则显示如图 7.37 所示的“本地连接属性”对话框。

【步骤 3】在“此连接使用下列项目”列表框中，选择“Internet 协议（TCP/IP）”选项，单击“属性”按钮，显示如图 7.38 所示的“Internet 协议（TCP/IP）属性”对话框，可分别选择“自动获得 IP 地址”和“自动获得 DNS 服务器地址”这两个单选项。

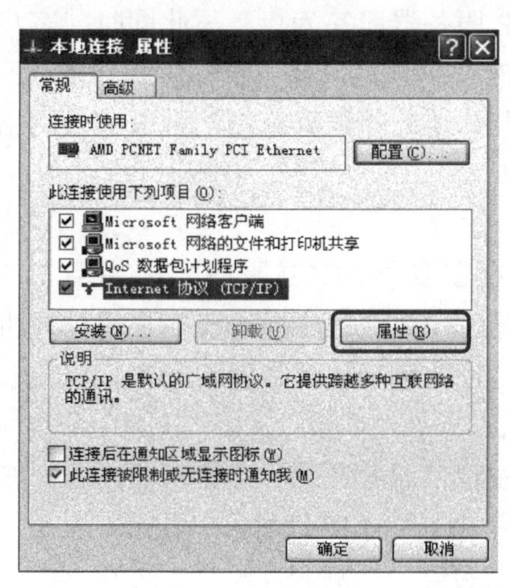

图 7.37　本地连接属性对话框

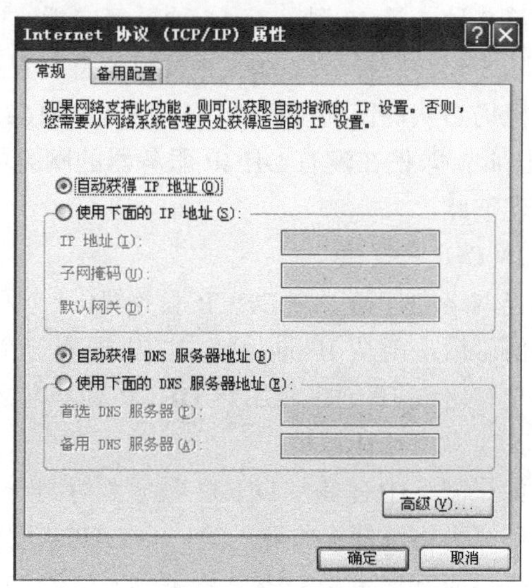

图 7.38　TCP/IPv4 属性对话框

【步骤 4】单击“确定”按钮保存设置。这样客户端计算机就会自动搜索网络中的 DHCP 服务器，并自动从 DHCP 服务器上获得 IP 地址信息。

配置完成后，还需要检查客户端计算机是否能够正确获得 IP 地址。打开命令提示符窗口，输入 ipconfig 命令并按回车运行，查看是否获得了 IP 地址，如图 7.39 所示。

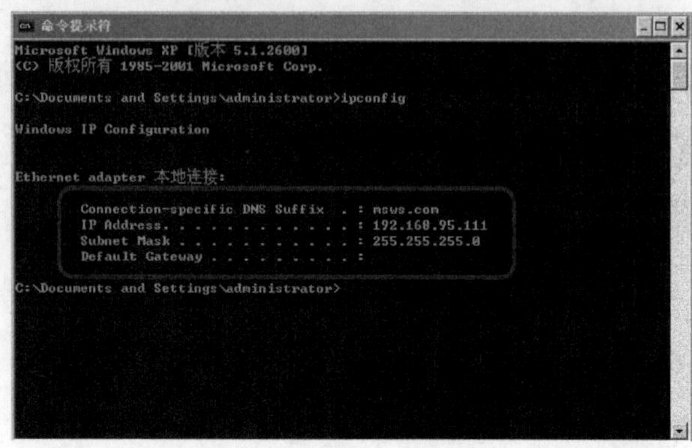

图 7.39 验证结果

7.4.2 知识要点

1. 申请新的 IP 地址

DHCP 客户端从 DHCP 服务器获得新的 IP 地址的过程大致如下：

1）DHCP 发现

客户端计算机被设置为自动获取 IP 地址后，它既不知道自己的 IP 地址，也不知道 DHCP 服务器的 IP 地址。在这种情况下，该计算机会将 0.0.0.0 作为自己的 IP 地址，将 255.255.255.255 作为服务器的 IP 地址，广播发送 DHCP 发现信息，该信息包括网卡的 MAC 地址和 NetBIOS 名称。

当发送第一个 DHCP 发现信息后 1 秒之内，如果没有 DHCP 服务器响应，客户端计算机将在第 9 秒、第 13 秒、第 16 秒重复广播这个 DHCP 发现信息。如果仍然没有服务器回应，将每隔 5 分钟广播一次 DHCP 发现信息，直到有 DHCP 服务器应答为止。与此同时，客户端计算机仍然从保留地址段（169.254.0.1～169.254.255.254）中随机选择一个作为自己的 IP 地址。因此，即使在没有 DHCP 服务器的网络中，未设置 IP 地址的计算机仍然可以通过网络邻居发现彼此。

2）DHCP 提供

当网络中任何一个 DHCP 服务器（一个网络中可能存在多个 DHCP 服务器）接收到 DHCP 发现信息后，就从 IP 地址池中随机选择一个没有被出租的 IP 地址广播给该客户端计算机。在还没有将该 IP 地址租用给 DHCP 客户端之前，这个 IP 地址会被暂时保留起来，以免被分配给其他客户端计算机。

如果网络中有多台 DHCP 服务器对同一个 DHCP 发现信息都提供了广播应答信息，则客户端计算机将选择接收到的第一台 DHCP 服务器的应答中提供的 IP 地址及其配置。

提供应答信息是 DHCP 服务器发送给 DHCP 客户端的第一个响应，其中包括 IP 地址、子网掩码、租用期和提供应答的 DHCP 服务器的 IP 地址。

3）DHCP 请求

当 DHCP 客户端收到第一个由 DHCP 服务器广播的应答信息之后，将广播一个 DHCP 请求信息给网络中所有的 DHCP 服务器。既广播给所选中的 DHCP 服务器，也广播给未选中的 DHCP 服务器，以便让它们释放已经保留的 IP 地址供其他客户端计算机使用。该 DHCP 请求信息中包含选中的 DHCP 服务器的 IP 地址。

4）DHCP 应答

当被选中的 DHCP 服务器收到客户端计算机的 DHCP 请求信息之后，就将已保留的 IP 地址标记为已租用，并以单播方式发送一个 DHCP 应答信息给该计算机。客户端计算机收到 DHCP 应答信息之后，整个 IP 地址的获取过程就完成了。随后，该计算机便可利用所获得的 IP 地址与网络中的其他计算机进行通信。

2. 更新 IP 地址租约

如果 DHCP 客户端想要延长其 IP 地址的使用期限，客户端计算机就必须更新其 IP 地址租约。更新租约时，客户端计算机会发出 DHCP 请求信息给 DHCP 服务器，服务器接收到该信息之后，回送一个 DHCP 应答信息，重新开始一个新的租用周期。

客户端计算机会在下列 3 种情况下，自动向 DHCP 服务器提出更新租约的请求。

（1）DHCP 客户端计算机重启时。

每一次客户端计算机重启时，都会自动发送 DHCP 请求信息给 DHCP 服务器，以便请求继续租用原来使用的 IP 地址。若租约无法更新成功的话，客户端计算机会尝试与默认网关进行通信：若通信成功并且租约未到期，则该计算机仍然可以继续使用原来的 IP 地址，然后等待下一次更新时间到达的时候再更新；若无法与默认网关成功通信，则客户端计算机会放弃目前的 IP 地址，使用 169.254.0.0/16 的 IP 地址，然后每隔 5 分钟尝试更新租约。

（2）IP 地址租约期过半时。

在租期过了一半的时候，客户端计算机会自动发送一个 DHCP 请求信息给出租此 IP 地址的 DHCP 服务器。

（3）IP 地址租约期超过 7/8 时。

若租约期过半时无法更新租约的话，客户端计算机仍然可以继续使用原来的 IP 地址。但是该计算机会在租约期超过 7/8（87.5%）时，再使用 DHCP 请求信息广播给 DHCP 服务器要求更新租约。如果仍然无法更新成功，此客户端计算机会放弃正在使用的 IP 地址，然后重新向 DHCP 服务器申请一个新的 IP 地址。

只要客户端计算机能够成功更新租约，DHCP 服务器就会返回一个 DHCP 应答消息给它，表明该计算机可以继续使用原来的 IP 地址，并且会获得一个新的租约。在更新租约时，如果 IP 地址已经无法再给该计算机使用的话，例如此地址无效或者已被其他计算机占用，则 DHCP 服务器也会返回一个 DHCP 应答消息给客户端计算机。

7.5　任务四：DHCP 服务器的运行维护

为了确保 DHCP 服务器能够安全有效地运行，我们需要对 DHCP 服务器的运行进行维护。同时，为了保证 DHCP 服务器的可用性以及作用域没有用尽 IP 地址，往往还需要监视 DHCP 服务器。在实际使用过程中，DHCP 服务器的维护要求是比较低的，只有在出现问题或者需要将 DHCP 服务转移到另一个服务器时才需要进行维护操作。

7.5.1 监视 DHCP 服务器

我们可以通过性能监视控制台来查看 DHCP 服务器的当前活动情况，具体操作步骤如下：

【步骤 1】单击“开始”命令“管理”中的“服务器”，打开“服务器管理器”窗口，展开窗口左侧栏的“诊断”性能监视工具中的“性能监视器”目录，打开“性能监视器”对话框，如图 7.40 所示。

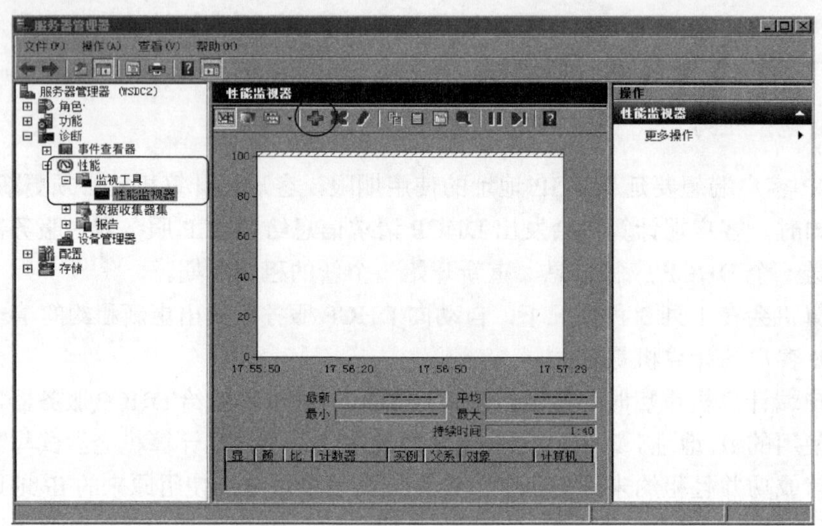

图 7.40　“服务器管理器”窗口

【步骤 2】在“性能监视器”对话框中单击工具栏中的加号（“添加”）按钮，显示如图 7.41 所示的“添加计数器”对话框。

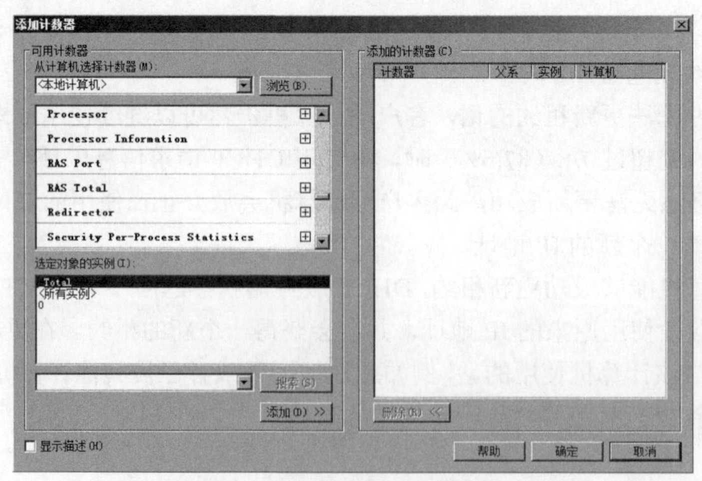

图 7.41　“添加计数器”对话框

【步骤 3】在“可用计数器”列表中展开 DHCP 服务器或者 DHCPv6 服务器，单击需要监视的计数器，然后单击“添加”按钮，即可将其添加到“添加的计数器”列表框中，如图 7.42 所示。

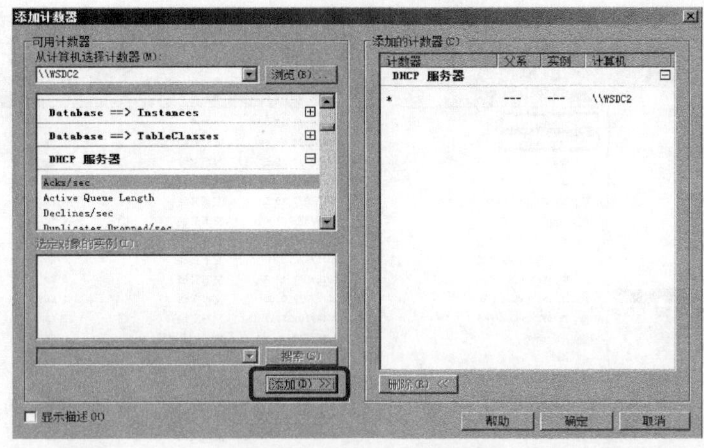

图 7.42 计算器添加成功

【步骤 4】单击“确定”按钮，返回如图 7.43 所示的“性能监视器”对话框，可以查看 DHCP 服务器的活动。

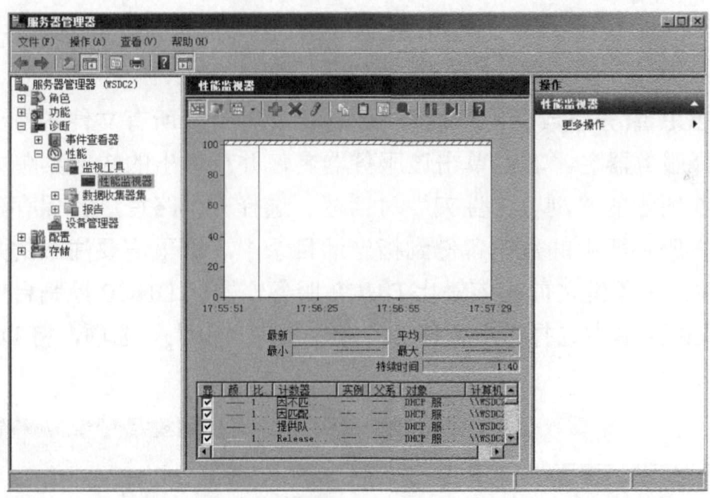

图 7.43 “性能监视器”对话框

7.5.2 DHCP 数据库的维护

DHCP 服务器一旦出现故障，不仅客户端计算机不能获得 IP 地址信息，而且原来的作用域及保留的 IP 地址等设置都会丢失，影响网络的正常使用。因此，在 DHCP 服务器配置好以后，应当及时对其进行备份，以便在发生故障时能够还原数据。

1. 数据库的备份

DHCP 服务器的设置数据保存在 \Windows\System32\dhcp 文件夹中，如图 7.44 所示。其中，dhcp.mdb 为存储数据库文件，其他文件是辅助文件，这些文件对 DHCP 服务器的正常工作起着非常重要的作用。此外，还有一个 backup 文件夹，用来备份 DHCP 数据库，DHCP 服务器默认每隔 60 分钟将 DHCP 数据库文件备份到该文件夹中。

图 7.44　dhcp 文件夹

如果要备份 DHCP 服务器数据，只须将 backup 文件夹及所有文件备份出来，也可以在 DHCP 控制台中选择服务器名，右键单击该服务器名，并在弹出的快捷菜单中选择“备份”选项，显示如图 7.45 所示的“浏览文件夹”对话框。选择一个路径进行保存，单击“确定”按钮，即可将 DHCP 服务器中的数据备份到指定的目录中。这里需要注意的是，为了保证所备份的数据的完整性，在备份之前应该停止 DHCP 服务。即在 DHCP 控制台中右键单击服务器名称，在弹出的快捷菜单中选择“所有任务”命令中的“停止”选项，将 DHCP 服务关闭，如图 7.46 所示。

图 7.45　备份 DHCP 服务器数据

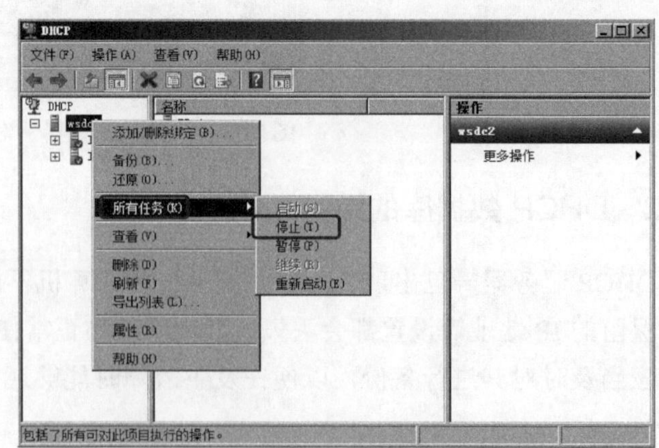

图 7.46　DHCP 窗口

2. 数据库的还原

在 DHCP 数据库文件还原时，应打开 DHCP 控制台，并右键单击服务器名，在弹出的快捷菜单中选择“还原”选项，出现如图 7.47 所示的“浏览文件夹”对话框，选择保存备份文件的目录，单击“确定”就可还原 DHCP 服务器数据。最后，重新启动 DHCP 服务器。这里需要注意的是，和 DHCP 服务器数据备份一样，在还原 DHCP 服务器数据时也必须先停止 DHCP 服务器。

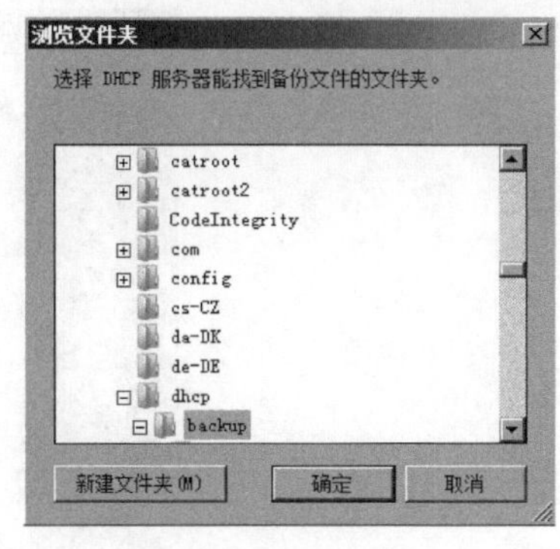

图 7.47　浏览文件夹

7.5.3　迁移 DHCP 服务器

在网络中可能会遇到这样一种情况：我们需要使用一台新的 DHCP 服务器来替换原有的 DHCP 服务器，但是如果重新对新服务器进行设置很难保证其完全正确。对于这种情况，系统管理员可以将旧的 DHCP 服务器上的数据库进行备份，然后迁移到新的 DHCP 服务器中，这样既操作简单，又不易出错。

1. 备份旧 DHCP 服务器上的数据

在旧的 DHCP 服务器上进行数据备份时，需要经过以下几个步骤：

【步骤 1】停止 DHCP 服务器的运行。实现方法有两种：一种是如上一节所描述的，利用 DHCP 控制台来停止 DHCP 服务器；另一种是在命令提示符中运行 net stop dhcpserver 命令来停止。

【步骤 2】备份文件。将 Windows\System 32\dhcp 文件夹下所有文件及文件夹全部备份出来。

【步骤3】打开注册表文件。在该 DHCP 服务器上运行 regedit.exe 打开注册表编辑器，展开 HKEY_LOCAL_MACHINE\SYSTEM\CurrentControlSet\services\DHCP Server，如图 7.48 所示。

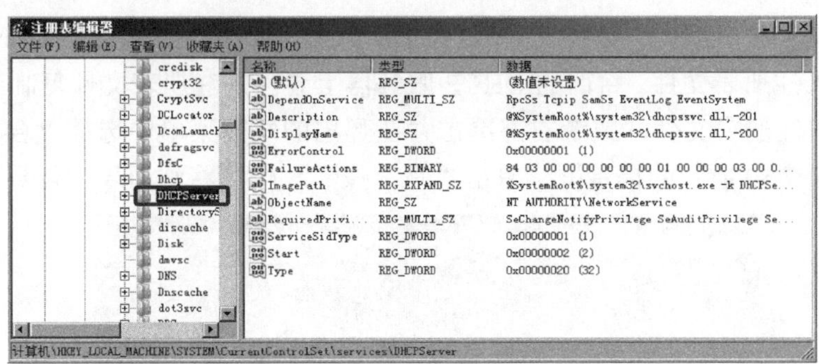

图 7.48　注册表编辑器

【步骤 4】导出注册表文件。在注册表编辑器窗口中右键单击 DHCPSever 文件夹，并选择“导出”选项，出现如图 7.49 所示的“导出注册表文件”对话框，选择一个保存位置，并在“文件名”文本框中键入一个名称，在“导出范围”选项区域中选择“所选分支”选项，单击“保存”按钮即可导出该分支的注册表内容。

【步骤 5】在原来的 DHCP 服务器中，将\Windows\System 32\dhcp 文件夹下的所有文件删除。如果该服务器还要在网络中另作他用（如作为 DHCP 客户端或者其他类型的服务器）的话，则需要删除 dhcp 文件夹下的所有内容，最后将 DHCP 服务器卸载。

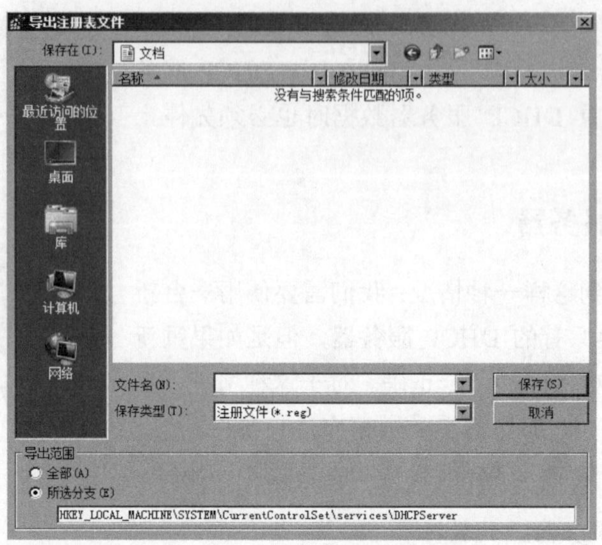

图 7.49　导出注册表文件

2. 将数据添加到新的服务器中

在新的服务器上正确安装相关 DHCP 服务器组件之后，可以将原来的 DHCP 服务器上备份的数据迁移到新的 DHCP 服务器中，具体步骤如下：

【步骤 1】停止 DHCP 服务。在新的服务器上暂停 DHCP 服务。

【步骤 2】复制文件。将从旧 DHCP 服务器上备份的所有数据文件全部复制到新 DHCP 服务器的 \Windows\System 32\dhcp 文件夹中。

【步骤 3】打开注册表文件。在新的 DHCP 服务器上运行 regedit.exe，在出现的“注册表编辑器”窗口下展开 HKEY_LOCAL_MACHINE\SYSTEM\CurrentControlSet\ services\DHCPServer。

【步骤 4】导入注册表文件。将旧的 DHCP 服务器上导出的注册表文件复制到新 DHCP 服务器中，然后双击注册表文件，或者右键单击并在弹出的快捷菜单中选择“合并”选项。这时，就会显示如图 7.50 所示的提示框，单击“是”按钮，即可将注册表文件导入注册表中。

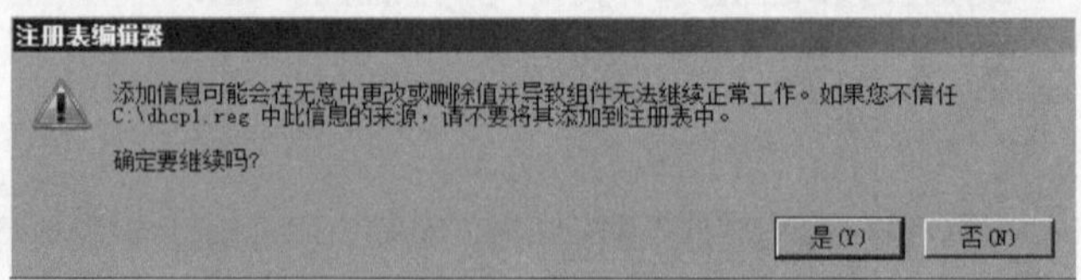

图 7.50　“合并注册表”警告消息框

【步骤 5】重新启动 DHCP 服务。在 DHCP 控制台中选择新的 DHCP 服务器名称，右键单击并在弹出的快捷菜单中选择“启动”选项，即可启动，或者在命令提示符下运行 net start dhcpserver 命令也可以启动。

通过上面的设置，就实现了 DHCP 数据从旧的 DHCP 服务器迁移到新的 DHCP 服务器，之后新的 DHCP 服务器就可以正常投入运行。

第8章　文 件 服 务

在一个企业网中，通常有多个用户需要共同使用某些资源。若将这些资源分别保存，可能需要大量的存储硬件，并会造成极大的浪费。因此，资源共享成为解决该问题的一个有效途径，并且是网络最重要的价值之一。Windows Server 2008 R2 系统提供共享文件夹和卷影副本的方法实现文件服务，以达到共享和集中存储资源的目的。与早期版本相比，卷影副本功能在 Windows Server 2008 R2 系统中有显著增强。

8.1　案例需求分析

为了提高工作效率，某公司计划设置了一台文件服务器。通过该服务器，可为每个部门创建一个专属的文件夹，提供给部门员工共同使用。同时，为了防止员工误操作导致共享文件被损坏，管理员需为共享文件夹设置卷影副本，这样就可利用备份副本来恢复被损坏的共享文件。通过对该案例的需求分析和规划，可将该任务分解成以下若干子任务。

(1) 创建共享文件夹：在 Windows Server 2008 R2 服务器 WSDC1 上，利用不同方式创建共享文件夹。

(2) 管理共享文件夹：对共享文件夹进行一些基本操作，包括停止共享文件夹、加密共享文件夹等。

(3) 访问共享文件夹：在计算机 WSDC2 上，对前面在服务器 WSDC1 上创建的共享文件夹进行搜索和访问。

(4) 设置卷影副本：在服务器 WSDC1 上设置卷影副本，并利用该卷影副本来恢复被损坏的文件或文件夹。

8.2　任务一：创建共享文件夹

在网络环境下，用户除了可以使用本地资源外，还可以使用其他计算机上提供的共享资源。在资源使用过程中，用户不需要知道资源的具体位置，同样，共享资源也不需要知道用户的具体位置。对用户和共享资源来说，双方相互都是透明的。用户只要知道网络中有自己所需要的资源，并且拥有相应的使用权限，就可以使用该资源。因此，同一个资源可以被多个用户使用，即资源共享。

想要实现资源共享，可以将要共享的资源存放在共享文件夹中。用户通过访问共享文件夹来获取想要的资源。一般来说，共享文件夹中的资源主要包括计算机的软件资源，即程序和数据。它们在共享文件夹中以目录和文件的形式存储。

在 Windows Server 2008 网络环境下，并非所有用户都可以将文件夹设置为共享。首先，拥有设置文件夹共享权限的用户必须是 Administrators 等内置组的成员；其次，如果该文件夹位于 NTFS 分区，则用户必须对设置为共享的文件夹拥有“读取”NTFS 的权限。下面就通过对服务器 WSDC1 上共享文件夹的设置，对几种常用的设置共享文件夹的方法进行简要的介绍。

8.2.1 “创建共享文件夹向导”方式

【步骤 1】单击“开始”命令“管理工具”中的“计算机管理”，打开“计算机管理”窗口。单击窗口左侧栏“共享文件夹”中的“共享”子目录，出现如图 8.1 所示窗口。在窗口的详细信息栏中列出了计算机中所有共享文件夹的信息。

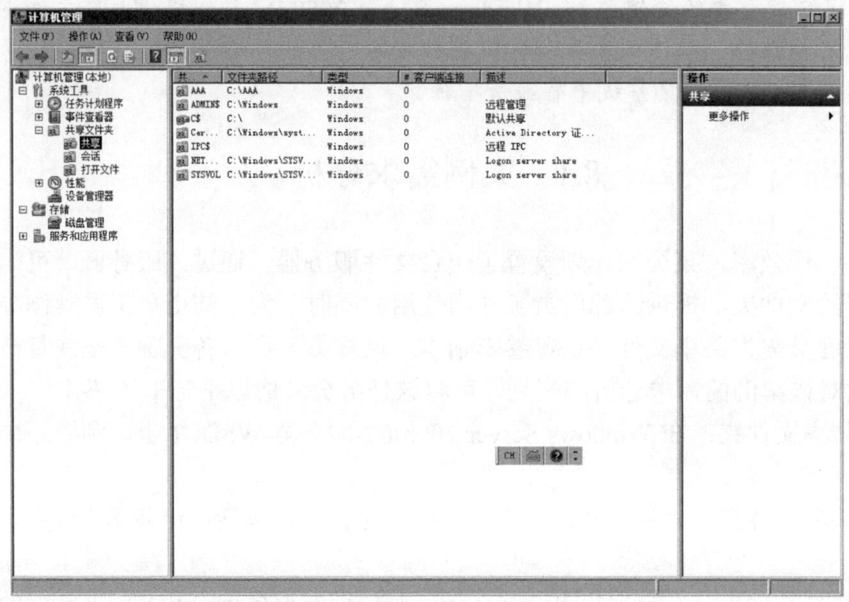

图 8.1　“计算机管理”窗口

【步骤 2】如果要创建新的共享文件夹，可以单击主菜单栏上的“操作”中的“新建共享”菜单项，或者右击窗口左侧栏的“共享”子目录，在弹出的快捷菜单中选择“新建共享”菜单项，打开如图 8.2 所示的“创建共享文件夹向导”对话框。

【步骤 3】单击“下一步”按钮，在如图 8.3 所示的对话框中输入要共享的文件夹路径，或单击“浏览”按钮，浏览设置要共享的文件夹路径。用户也可以根据实际需要，新建一个文件夹将其设置为共享文件夹。

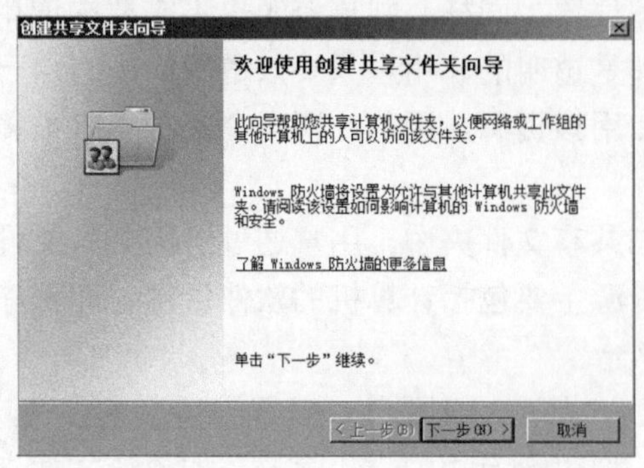

图 8.2　“创建共享文件夹向导”对话框

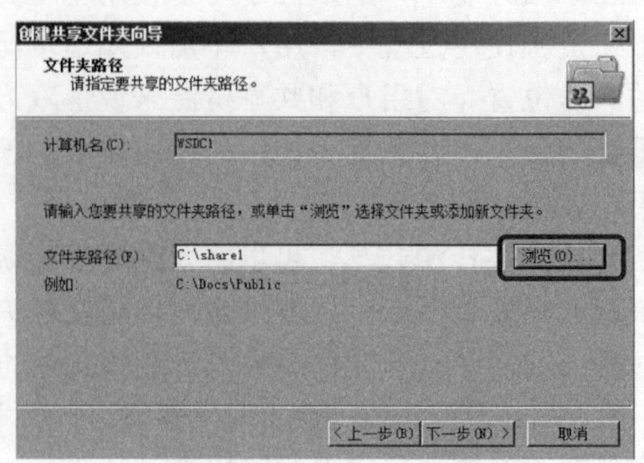

图 8.3　设置共享文件夹路径

【步骤 4】单击“下一步”按钮，在如图 8.4 所示的对话框中输入共享名和描述，在描述文本框中输入对该共享文件夹的描述性信息，以方便用户了解所共享的资源。

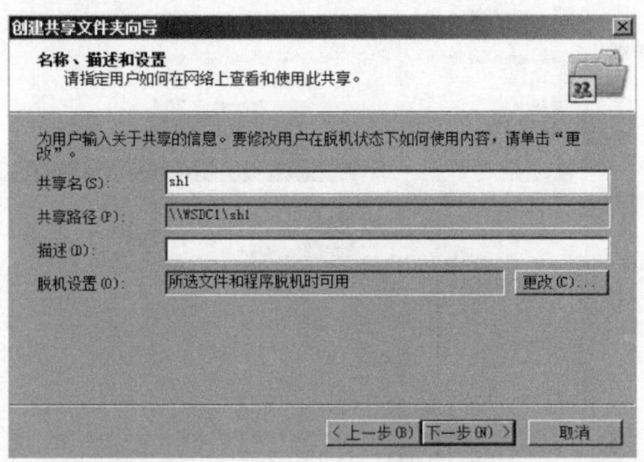

图 8.4　共享文件夹名称、描述和设置

【步骤 5】单击“下一步”按钮，在如图 8.5 所示的对话框中，用户可以根据实际需求设置网络用户对该共享文件夹的访问权限。

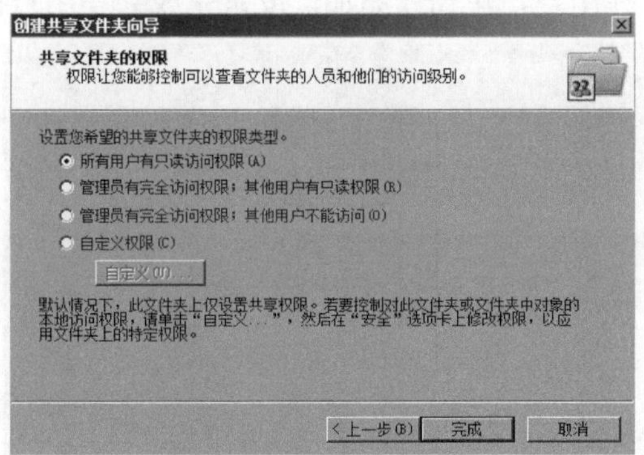

图 8.5　设置共享文件的权限

【步骤 6】单击“完成”按钮，完成共享文件夹的创建，如图 8.6 所示。

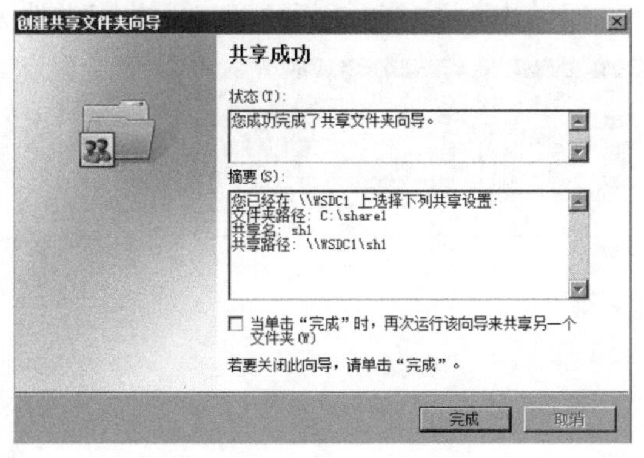

图 8.6　完成创建共享文件夹

8.2.2　在“计算机”或“资源管理器”中创建共享文件夹

【步骤 1】打开“计算机”或“资源管理器”窗口，右键单击要设置为共享的文件夹，在弹出的快捷菜单中选择“共享→特定用户”菜单项，如图 8.7 所示。

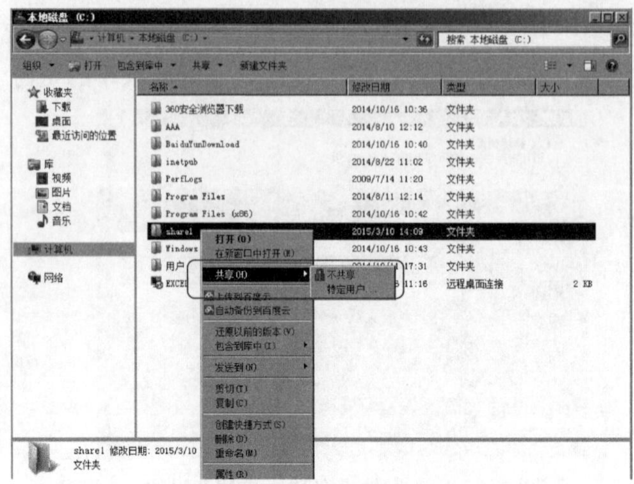

图 8.7 “本地磁盘”窗口

【步骤 2】在弹出的如图 8.8 所示的“文件共享”窗口中，输入想要授权共享该文件夹的用户名，或在下拉列表框中选择用户，单击“添加”按钮完成共享用户的添加。

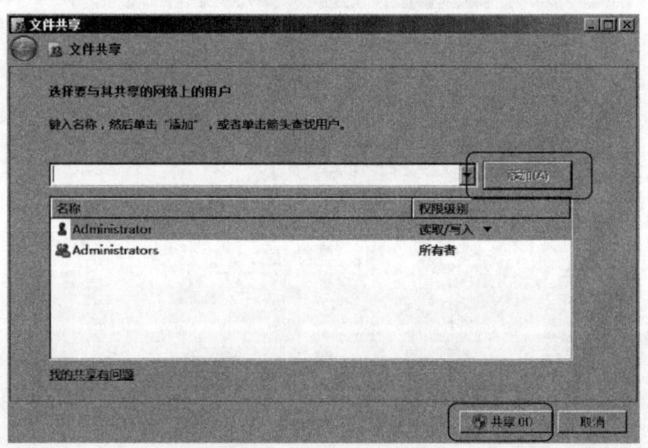

图 8.8 选择共享用户

【步骤 3】单击“共享”按钮，出现如图 8.9 所示窗口，共享文件夹的创建完成。

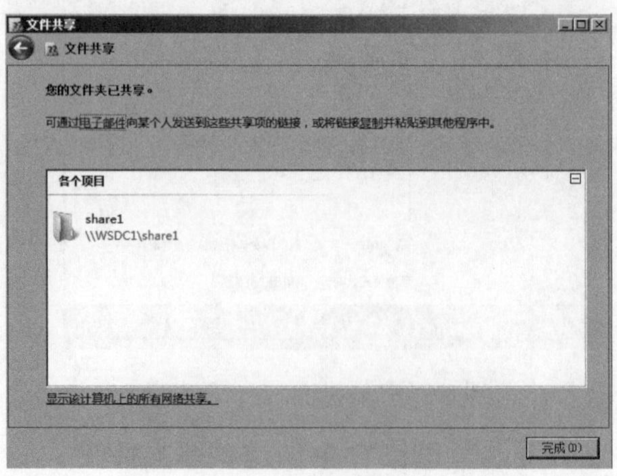

图 8.9 文件共享完成

8.2.3 一个文件夹多个共享模式

对于网络中同一个共享文件夹，可能需要根据用户访问权限的不同进行不同的设置，如用户访问数等。针对这一情况，我们可以采用为共享文件夹添加共享的方式来解决。具体步骤如下。

【步骤 1】在“资源管理器”窗口中右击一个共享文件夹，在弹出的快捷菜单中选择“属性”菜单项，在打开的属性对话框中单击“共享”标签，出现如图 8.10 所示的“共享”选项卡。

【步骤 2】单击“高级共享”按钮，在弹出的如图 8.11 所示的“高级共享”对话框中单击“添加”按钮。

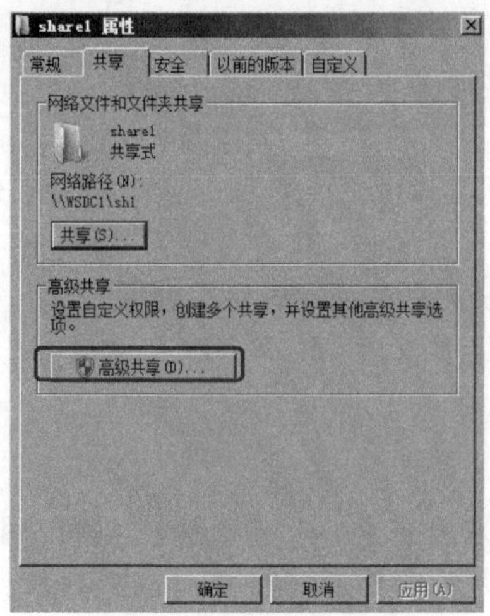

图 8.10 “共享”选项卡

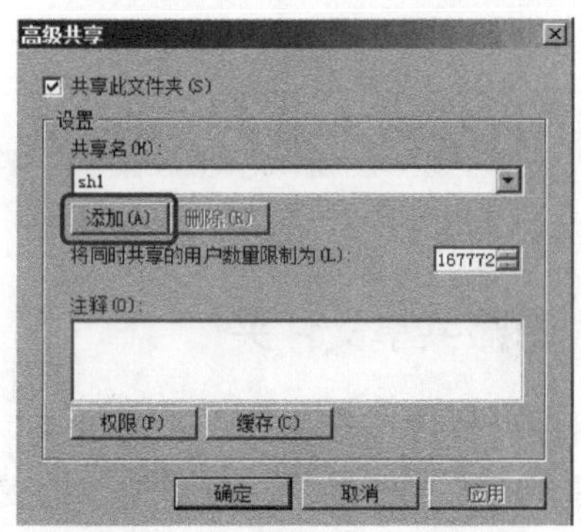

图 8.11 “高级共享”对话框

【步骤 3】在弹出的如图 8.12 所示的“新建共享”对话框中完成共享名、描述和权限等的设置后，单击“确定”按钮返回如图 8.13 所示“高级共享”对话框。单击“共享名”右边的下拉列表可以选择一个共享名，并为其设置想要的访问用户数量上限和用户的访问权限。

图 8.12 “新建共享”对话框

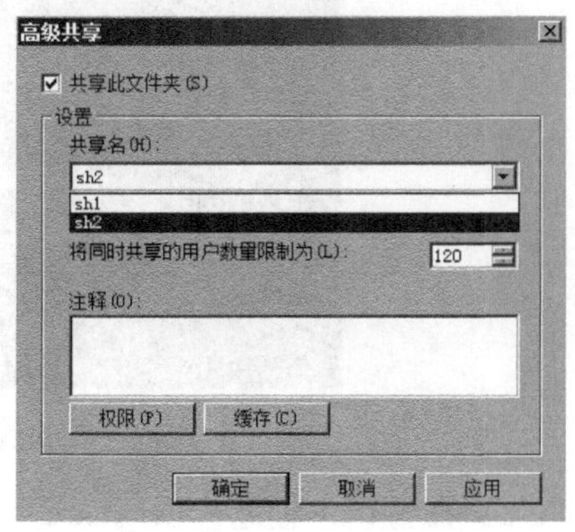

图 8.13 “高级共享”对话框

【步骤 4】单击“确定”按钮完成为一个共享文件夹添加多个共享名的设置。在如图 8.14 所示的“计算机管理”窗口中可以看到具有相同文件夹路径的共享文件拥有多个不同的共享名。

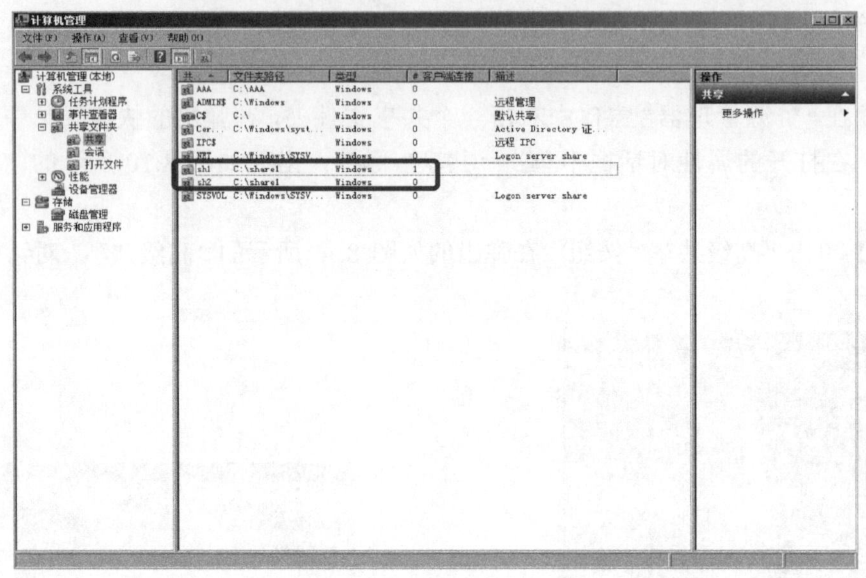

图 8.14　“计算机管理”窗口

8.2.4　隐藏共享文件夹

有时在网络中需要共享一个文件夹，但出于安全等方面的考虑，又不希望非授权用户从网络中看到这个文件夹，这就需要以隐藏方式共享文件夹。在 Windows Server 2008 R2 系统中须使用命令行方式来设置隐藏共享文件夹，具体步骤如下。

【步骤 1】单击“开始”命令中的“运行”，在弹出的对话框中输入 cmd 命令，进入如图 8.15 所示窗口。

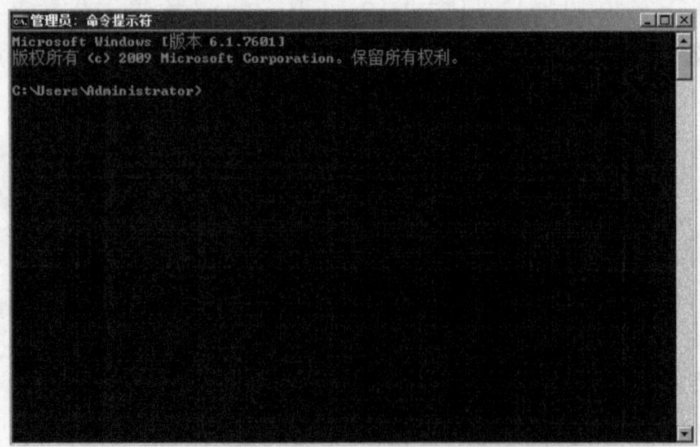

图 8.15　使用命令行隐藏共享文件夹

【步骤 2】在窗口中输入：net share <sharename=drive:path>。例如，想共享驱动器 E 上路径为 E:\share1 中名称为 share1 的文件夹，共享名为 sh1，则可以输入：net share sh1=E:\share1，如图 8.16 所示。

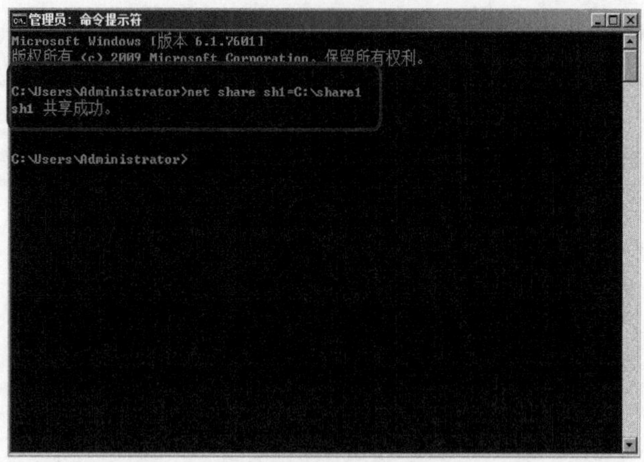

图 8.16 共享成功

设置完成后单击“计算机管理”共享文件夹“共享”命令，在“计算机管理”窗口中可以看到设置为隐藏的共享文件夹，如图 8.17 所示。但在“计算机”窗口中该共享文件夹将不会显示为共享状态。

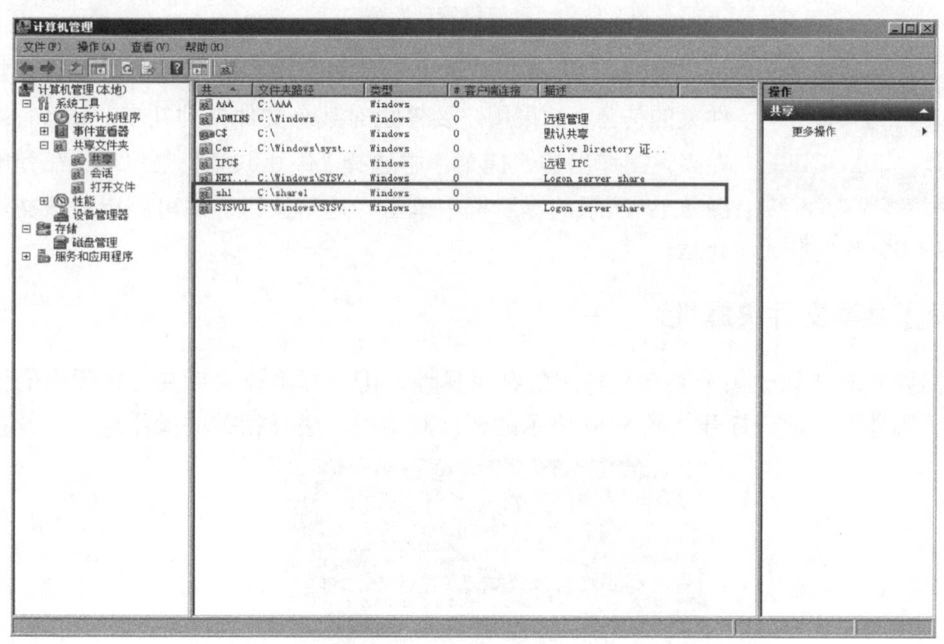

图 8.17 查看共享文件夹

8.3 任务二：管理共享文件夹

8.3.1 停止共享文件夹

【步骤 1】单击“开始”命令“管理工具”中的“计算机管理”，打开“计算机管理”窗口，然后依次单击窗口左侧栏的“共享文件夹→共享”目录，进入如图 8.18 所示的窗口。

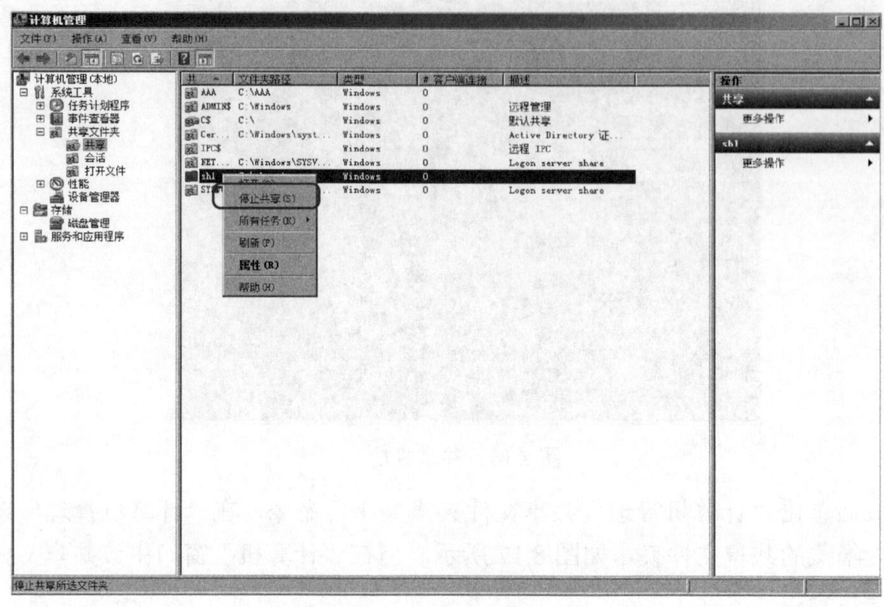

图 8.18　“计算机管理”窗口

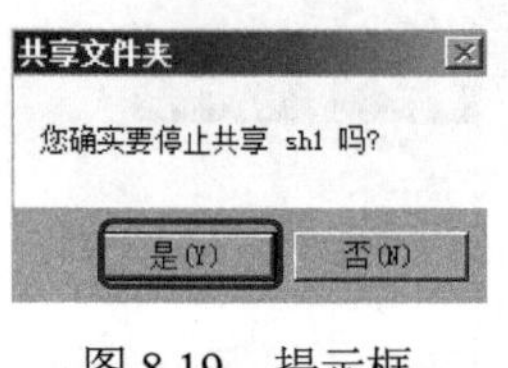

图 8.19　提示框

【步骤 2】在窗口的详细信息栏中列出了计算机中所有共享文件夹的信息。如果用户要停止对某个文件夹的共享，可以右击该文件夹，在弹出的快捷菜单中选择“停止共享”菜单项。在弹出的如图 8.19 所示的提示框中单击“是”按钮，即可停止对该文件夹的共享。

8.3.2　设置共享文件夹属性

如果需要查看或修改某个共享文件夹的共享属性，可以右击该文件夹，在弹出的快捷菜单中选择“属性”选项，打开如图 8.20 所示的属性对话框，进行相关的操作。

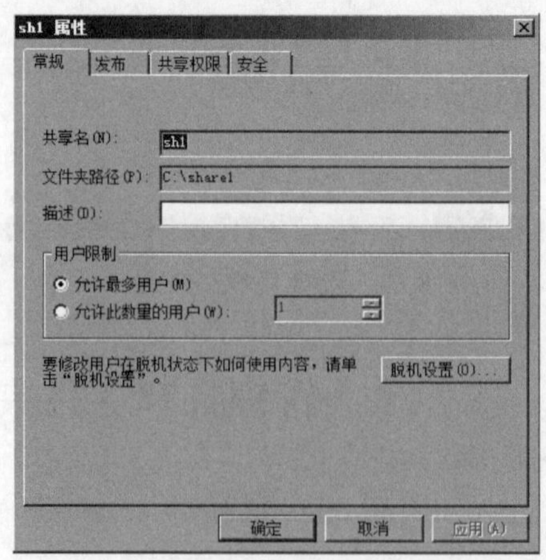

图 8.20　查看和修改共享属性

(1) “常规”选项卡：在“用户限制”选项域中，选择“允许此数量的用户”，可以调整其后列表框的值；单击“脱机设置”按钮，可以在打开的对话框中设置脱机用户可用的文件和程序，如图 8.21 所示。

(2)“共享权限”选项卡：可以添加或删除对共享文件夹拥有访问权限的组或用户，并为相应的组或用户设置访问权限，如图 8.22 所示。

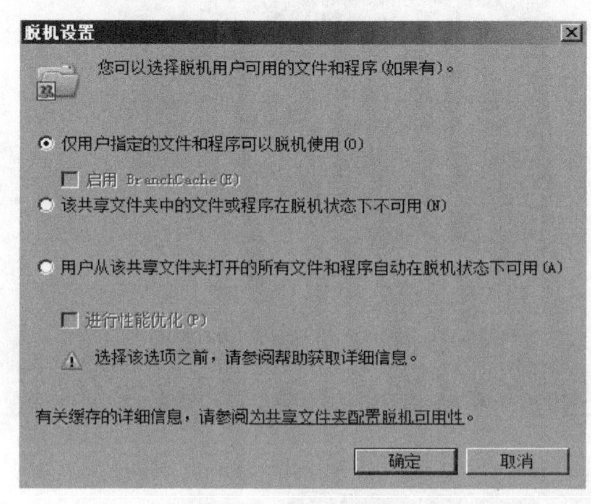

图 8.21　脱机设置

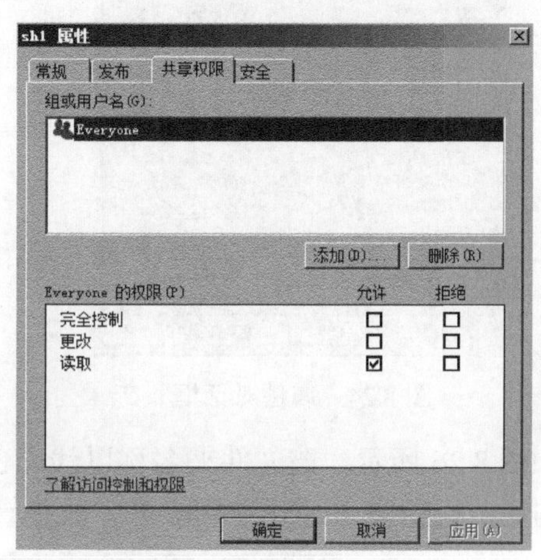

图 8.22　设置共享权限

(3)“安全”选项卡：用户可以设置共享文件的安全属性，如图 8.23 所示。这里，需要指出的是，共享权限只针对网络用户，而安全设置不仅针对网络用户，还针对本机登录用户。

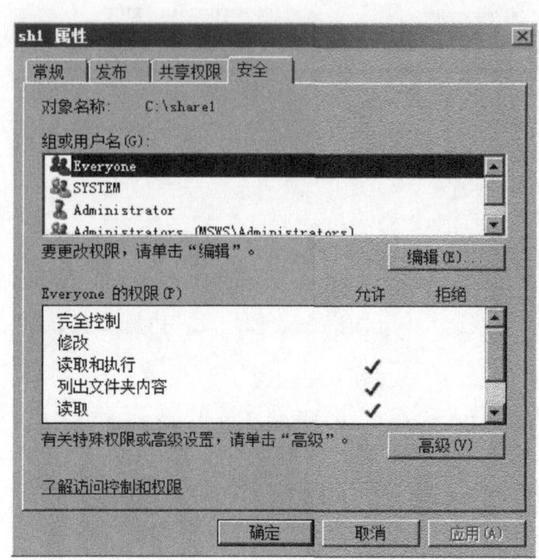

图 8.23　设置安全属性

8.3.3　加密共享文件夹

【步骤 1】选择需加密的共享文件夹，右击该文件夹，从弹出的快捷菜单中选择“属性”命令，打开如图 8.24 所示该文件夹的属性对话框。

【步骤 2】选择“常规”标签，单击“高级”按钮，打开如图 8.25 所示的“高级属性”窗口。在该窗口中勾选“加密内容以便保护数据”选项，单击“确定”返回“常规”选项卡页面，再次单击“确定”按钮。

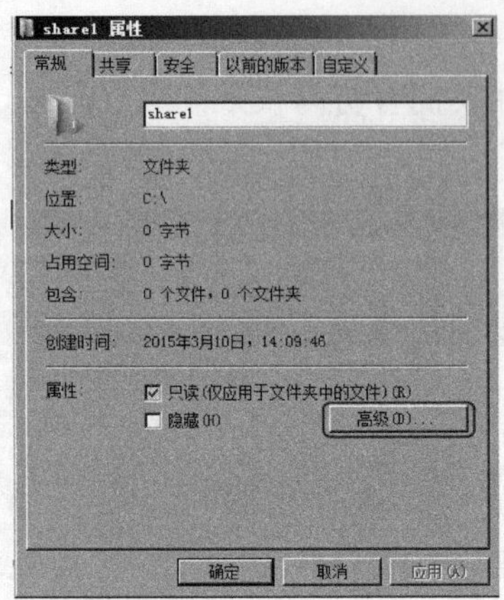

图 8.24 属性对话框

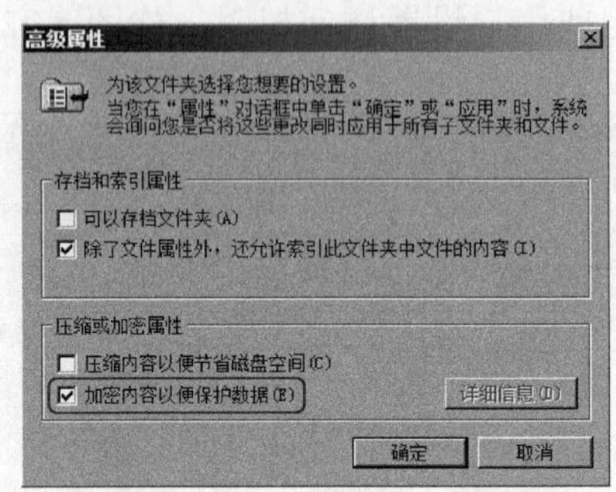

图 8.25 “高级属性”对话框

如图 8.26 所示，该文件夹名称以浅绿色显示。这时，系统将对文件夹或文件的加密方式进行询问，根据需求进行选择即可完成设置。

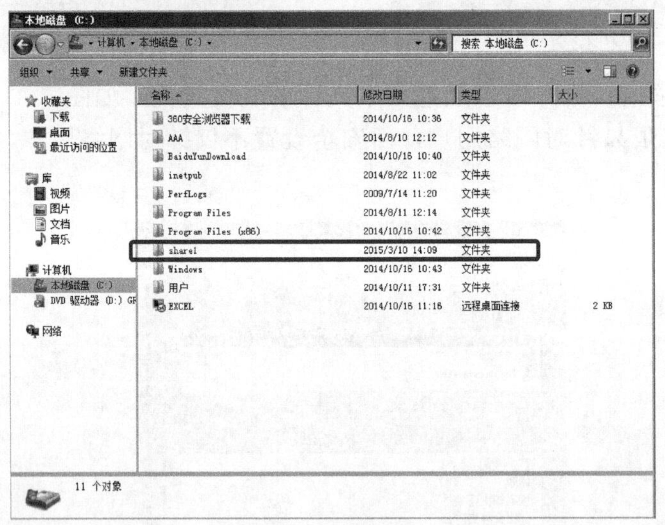

图 8.26 “本地磁盘”窗口

注意：对共享文件夹进行加密只能在 NTFS 格式的磁盘中进行，而且文件夹加密操作和文件夹压缩操作不能同时进行。

8.4 任务三：访问共享文件夹

8.4.1 搜索共享文件夹

我们将通过一个实例来说明如何访问共享文件夹。首先，假设在一个局域网中有两台 Windows Server 2008 R2 服务器，其 IP 地址分别为 192.168.95.1 和 192.168.95.2，对应的计算机名分别为 WSDC1 和 WSDC2。

【步骤 1】按照 8.2.1 节介绍的步骤，我们在 WSDC1 服务器上创建了一个共享名为 sh1 的共享文件夹，其路径为 C:\share1，如图 8.27 所示。

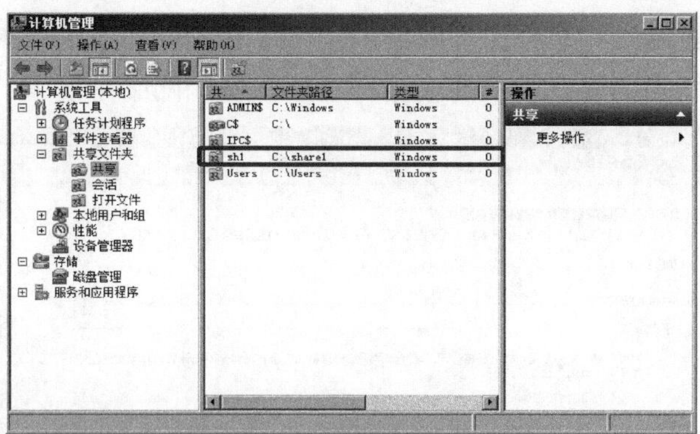

图 8.27　创建共享文件夹

【步骤 2】在 WSDC1 计算机上，选择“开始”命令中的“网络”命令，打开如图 8.28 所示的“网络”窗口。在该窗口中，显示网络中没有发现任何计算机。在这种情况下，WSDC2 计算机显然也无法找到 WSDC1 计算机上的共享文件夹 sh1。

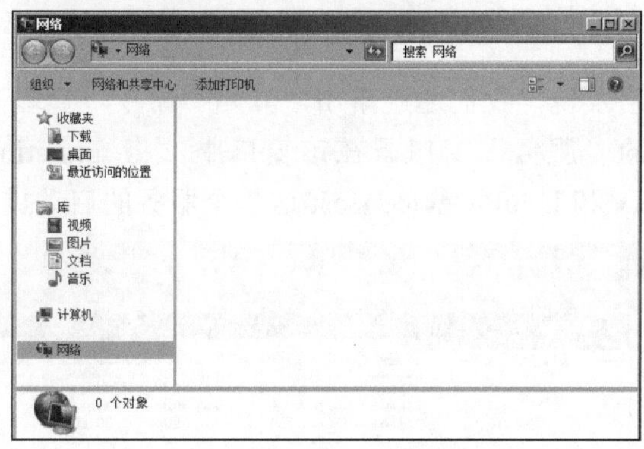

图 8.28　“网络”窗口

【步骤 3】在网络窗口中选择“网络和共享中心”菜单项，打开如图 8.29 所示的“网络和共享中心”窗口。它是网络管理的入口，在 Windows Server 2008 R2 系统中绝大多数与网络设置相关的操作都集中在该窗口中。

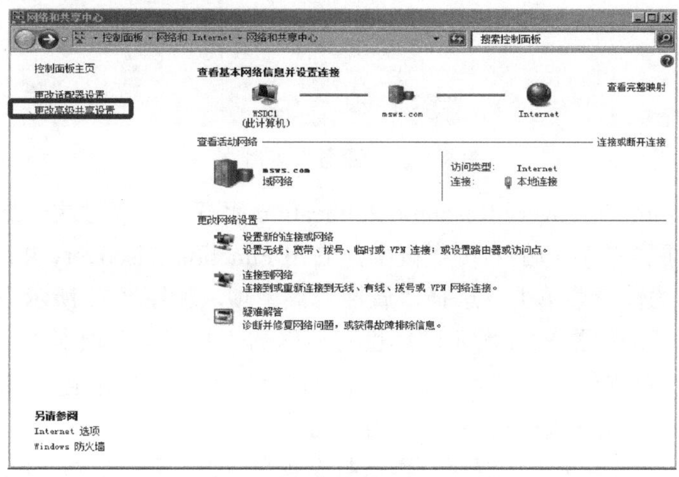

图 8.29　“网络和共享中心”窗口

【步骤 4】单击“更改高级共享设置”命令，打开如图 8.30 所示的“高级共享设置”窗口，显示“网络发现”是关闭的。这就是我们刚才在窗口中看到网络中没有计算机的原因。

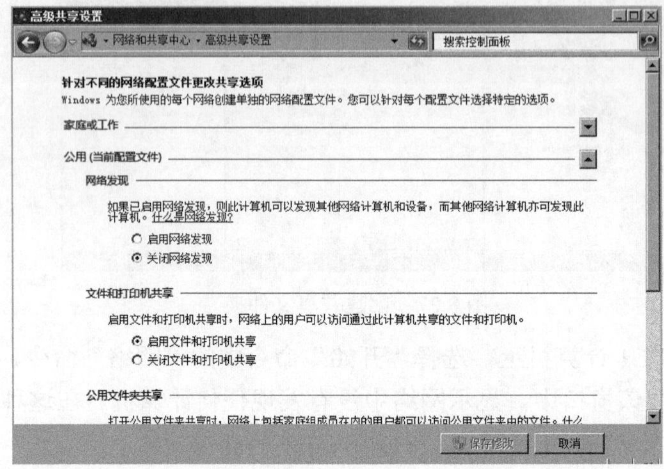

图 8.30　网络发现关闭

【步骤 5】为了启用网络发现，我们通过单击“开始”命令“管理工具”中的“服务”命令，打开如图 8.31 所示的“服务”窗口。在该窗口中，将 Function Discovery Resource Publication、SSDP Discovery 和 UPnP Device Host 这 3 个服务的启动类型设置为“自动”。

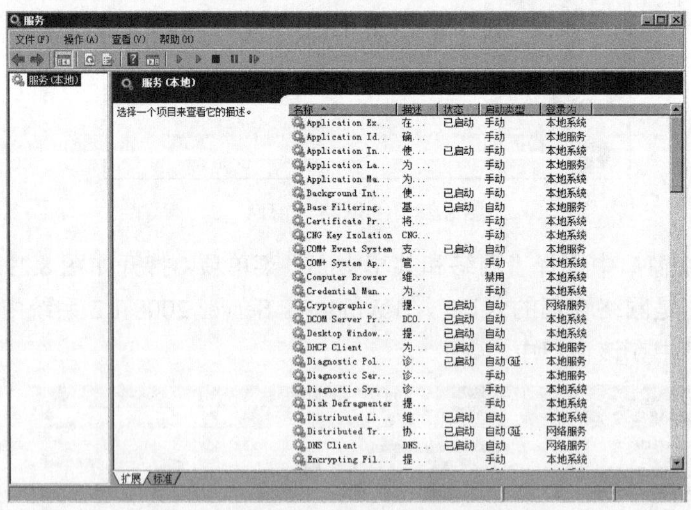

图 8.31　“服务”窗口

下面以设置 Function Discovery Resource Publication 服务为例，对这一操作进行介绍。

【步骤 5.1】在“服务”窗口的右侧栏框中，右击 Function Discovery Resource Publication 这一列表项，在弹出的快捷菜单中，选择“属性”菜单项，如图 8.32 所示。

【步骤 5.2】在打开的如图 8.33 所示的属性对话框的“常规”选项卡中，单击启动类型文本框旁的向下箭头，在弹出的下拉列表中选择“自动”。然后，单击“确定”按钮即可将 Function Discovery Resource Publication 服务设置为自动启动。

【步骤 6】在对 3 个服务完成设置后，再次打开如图 8.30 所示的“高级共享设置”窗口，选择“启用网络发现”单选项，并单击“保存修改”按钮对所作的修改进行保存。然后，在

WSDC2 计算机上，运行“开始→网络”命令，打开如图 8.34 所示的“网络”窗口，就可发现显示网络中存在一台计算机 WSDC1。

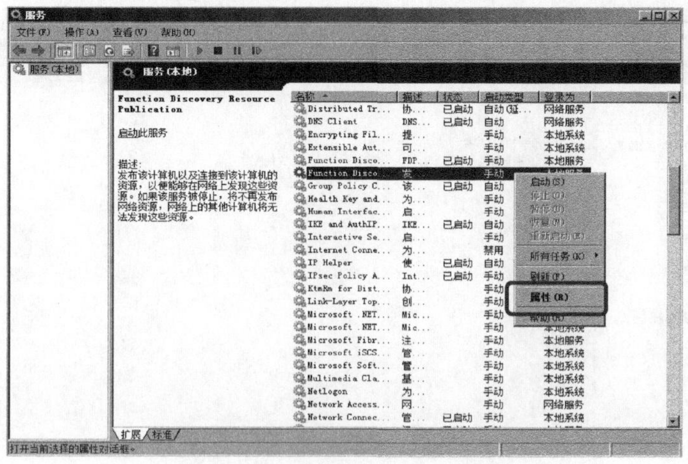

图 8.32　选择“属性”菜单项

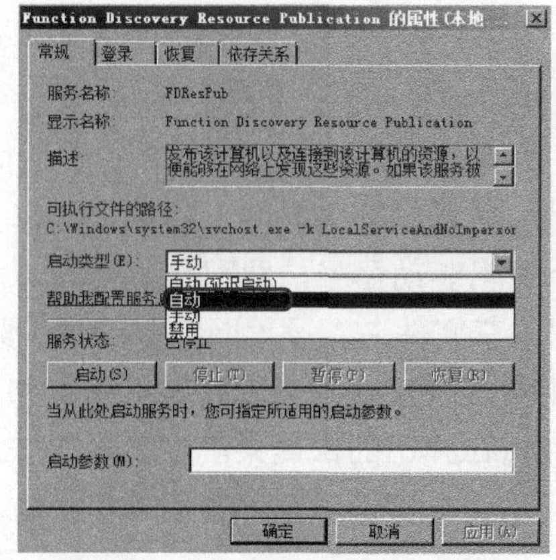

图 8.33　将服务设置为自动启动

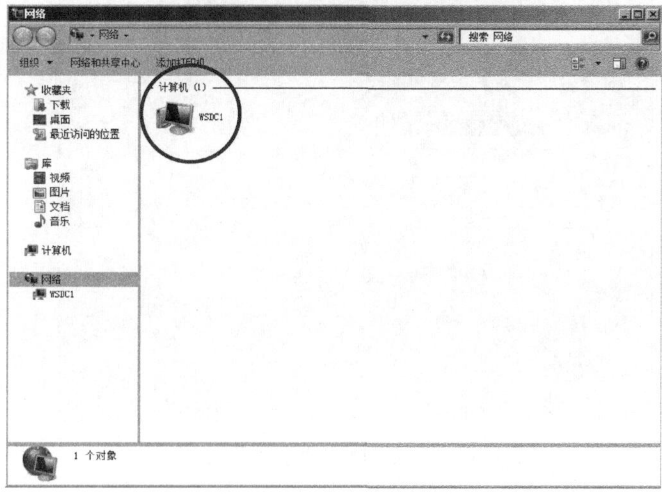

图 8.34　网络中存在计算机

【步骤 7】选择共享资源所在的计算机 WSDC1，并在“搜索”文本框中键入要搜索的关键字 sh1，然后单击“搜索”按钮，打开如图 8.35 所示窗口。

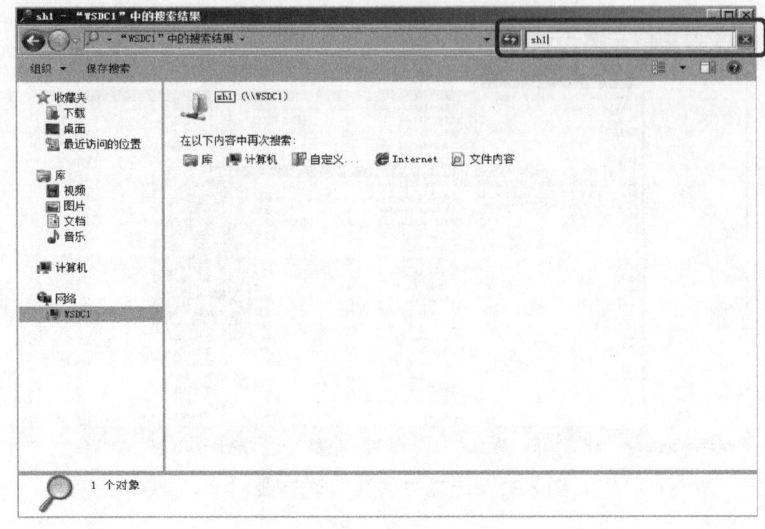

图 8.35　搜索文件或文件夹

8.4.2　映射网络驱动器

如果在网上访问共享资源时，需要频繁访问网上的某个共享文件夹，为了方便操作，我们可以为该共享文件夹设置一个逻辑驱动器号，即网络驱动器。之后，就可以同操作本机驱动器一样操作网络驱动器来访问共享文件夹。设置网络驱动器步骤描述如下。

【步骤 1】在“网络”窗口中通过搜索找到需要经常访问的共享文件夹 sh1。

【步骤 2】右击该共享文件夹，在弹出的快捷菜单中单击“映射网络驱动器”菜单项。打开如图 8.36 所示的“映射网络驱动器”窗口，在“驱动器”下拉列表框中选择一个可代表共享文件夹的驱动器盘符。

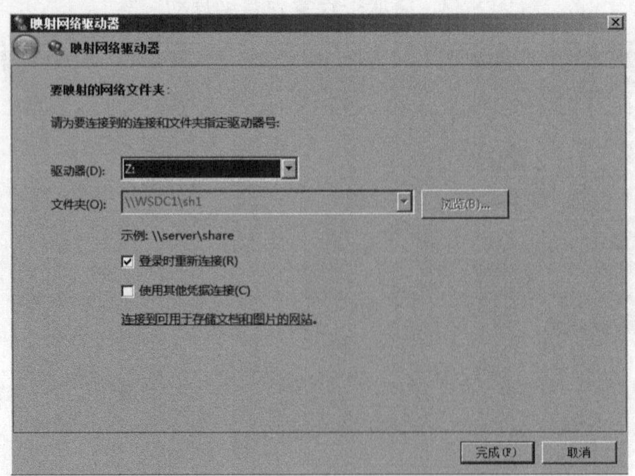

图 8.36　“映射网络驱动器”窗口

【步骤 3】单击“完成”按钮，完成映射网络驱动器设置。被映射的网络驱动器盘符将出现在“计算机”窗口中，如图 8.37 所示。

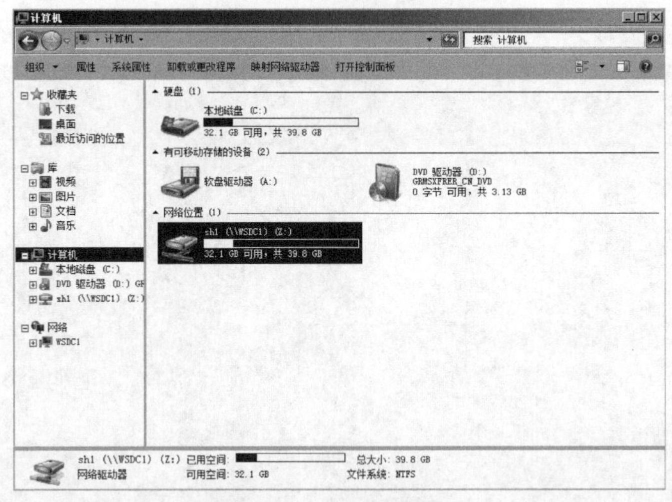

图 8.37　“计算机”窗口

【步骤 4】在“计算机”窗口中双击代表共享文件夹的网络驱动器图标，则可直接访问该驱动器目录下的文件和文件夹，即共享文件夹内的资源。

【步骤 5】如果要断开网络驱动器，只需在“计算机”窗口中右击该网络驱动器图标，在弹出的快捷菜单中选择“断开”菜单项，就会显示如图 8.38 所示的提示框，单击“是”按钮，就可断开网络驱动器。

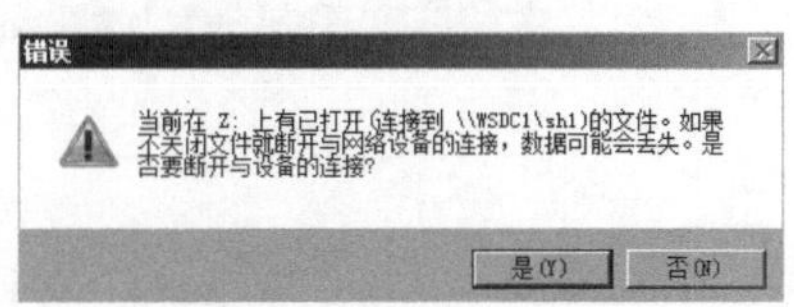

图 8.38　提示框

8.4.3　创建网络资源的快捷方式

在进行单机操作时，人们习惯通过在桌面创建快捷方式来快速访问程序和数据。同样的，在使用网络资源时，我们也可为某一需要频繁访问的共享资源在桌面上创建快捷方式，以便在本机上快速访问该网络资源。在“网络”窗口中，右击需要创建快捷方式的文件夹，在弹出的快捷菜单中，选择“创建快捷方式”菜单项，如图 8.39 所示。

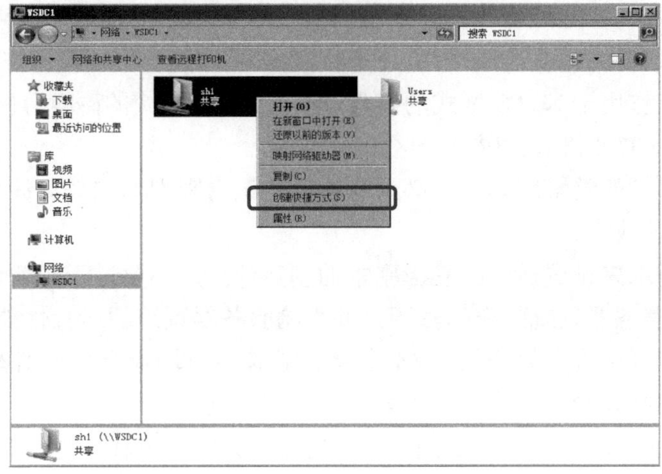

图 8.39　创建快捷方式

这样，就在桌面上为该共享文件夹创建了一个快捷方式，如图 8.40 所示。

图 8.40　创建成功

8.5　任务四：设置卷影副本

8.5.1　创建卷影副本

当网络上一个共享文件夹被用户不小心删除或覆盖时，想要还原该共享文件夹可以通过 Windows Server 2008 R2 系统提供的卷影副本服务来实现。卷影副本服务可以为共享文件夹按计划的时间间隔创建多个备份副本，即卷影副本。通过共享文件夹的卷影副本，用户可以查看过去某个时间点存在的共享文件和文件夹，也可以将文件恢复成任意一次备份时的版本。但需要注意的是，卷影副本是不能替代常规备份的，因为如果存储数据的硬件设备损坏了，那么卷影副本也就不复存在了，从而无法进行数据恢复。此外，卷影副本的恢复行为可以在客户端进行操作，而不需要通过管理员，这能够大大地提高数据还原的效率，同时这也便于用户随时进行与自己数据相关的还原操作。在使用卷影副本过程中，我们需要注意以下事项：

(1) 卷影副本只能作用于 NTFS 格式的磁盘分区上，其他格式的磁盘分区不能使用。因此，需将共享资源保存在 NTFS 格式的磁盘分区上。

(2) 在删除某一过期的卷影副本时，必须先将创建该卷影副本的任务计划删除掉，否则，会造成任务计划失败的故障。

(3) 应根据实际需求来设置适宜的卷影副本的创建计划，不要过于频繁地创建卷影副本，否则，将会大大消耗服务器系统的空间资源，并影响服务器系统的运行性能。

(4) 每一个磁盘分区中最多只能保存 64 个卷影副本，超过 64 个卷影副本后继续添加的卷影副本将覆盖最早的卷影副本。

下面，通过一个例子对卷影副本的创建和设置进行介绍，具体操作步骤描述如下。

【步骤 1】单击“开始”命令“管理工具”中的“计算机管理”，打开“计算机管理”窗口。在左侧栏框中，右击“共享文件夹”，在弹出的快捷菜单中选择“所有任务”命令中的“配置卷影副本…”菜单项，如图 8.41 所示。

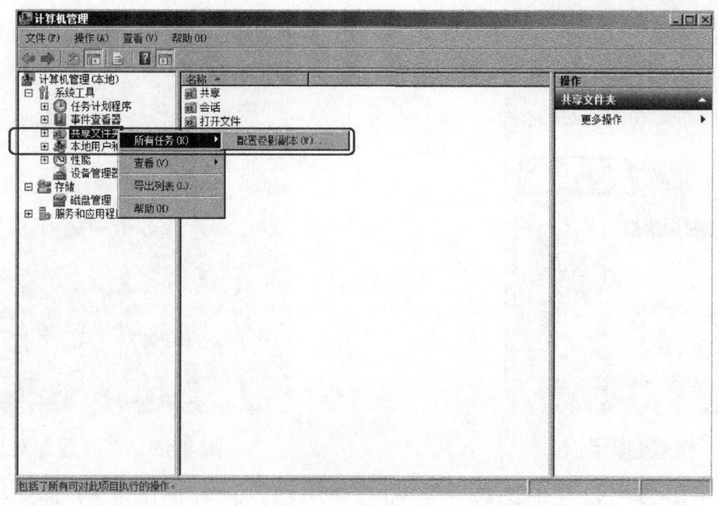

图 8.41　“计算机管理”窗口

【步骤 2】在打开的如图 8.42 所示的“卷影副本”对话框中，选择要启用共享文件夹的卷影副本的卷，并单击“启用”按钮。

【步骤 3】启动卷影副本时，弹出如图 8.43 所示的提示框，单击“是”按钮，系统就可按照默认设置启用卷影副本项，如图 8.44 所示。

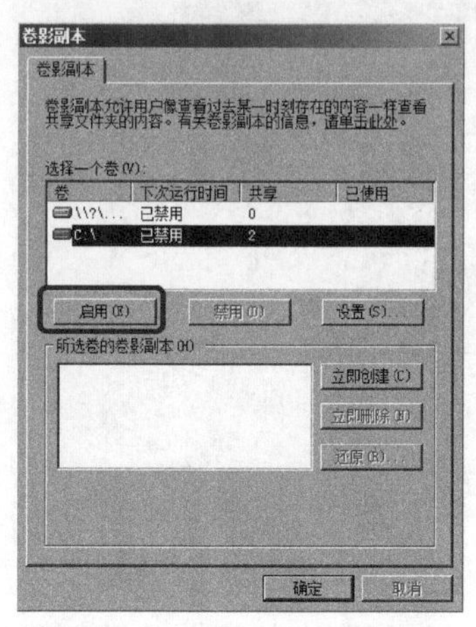

图 8.42　“卷影副本”对话框

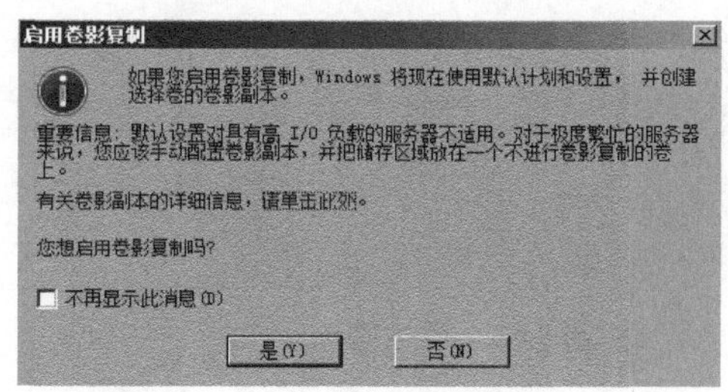

图 8.43　“启动卷影复制”提示框

【步骤 4】也可对卷影副本进行配置，单击“设置”按钮，打开如图 8.45 所示的“设置”对话框，可以对添加卷影副本的周期和时间以及卷影副本存储区域限制做进一步的设置。在“最大值”位置处，可对目标磁盘卷上用来保存卷影副本的存储空间的最大量进行设置，系统默认将该值设为目标共享资源所在磁盘卷大小的 10%。

【步骤 5】单击“详细信息…”按钮，打开如图 8.46 所示的信息框。在该信息框中，对保存卷影副本的目标磁盘卷进行设置。默认情况下，Windows Server 2008 R2 系统将包含源文件的磁盘卷设置为目标磁盘卷。

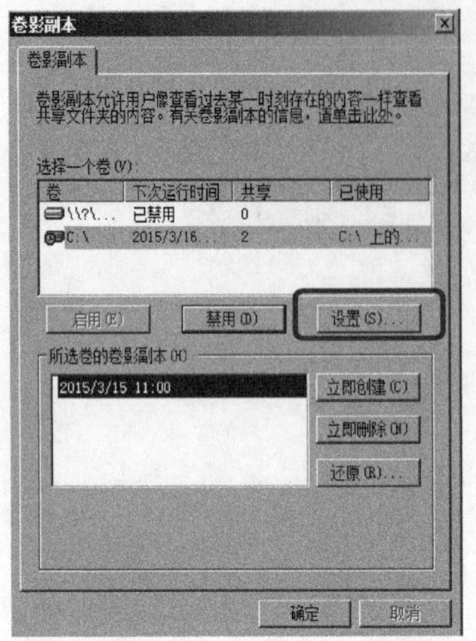

图 8.44 设置卷影副本

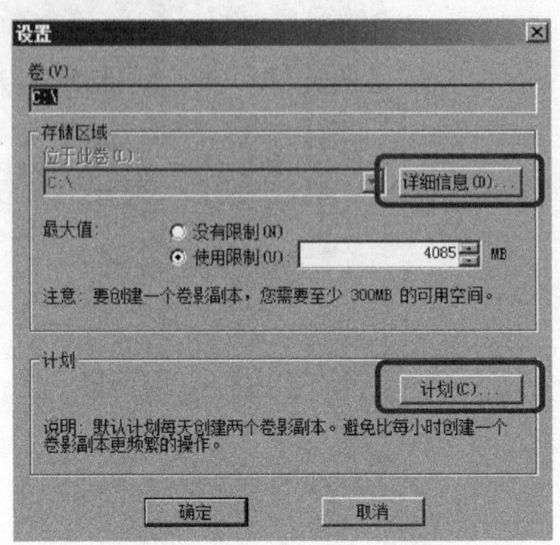

图 8.45 “设置”对话框

【步骤 6】单击“设置”对话框中的“计划...”按钮，打开如图 8.47 所示对话框。在该对话框中，可以根据实际需要制定创建共享资源卷影副本的任务计划。默认情况下，Windows Server 2008 R2 系统将会在每周的星期一到星期五这 5 天的上午 7:00 以及中午 12:00 执行卷影副本创建操作，即一周创建 10 个卷影副本。

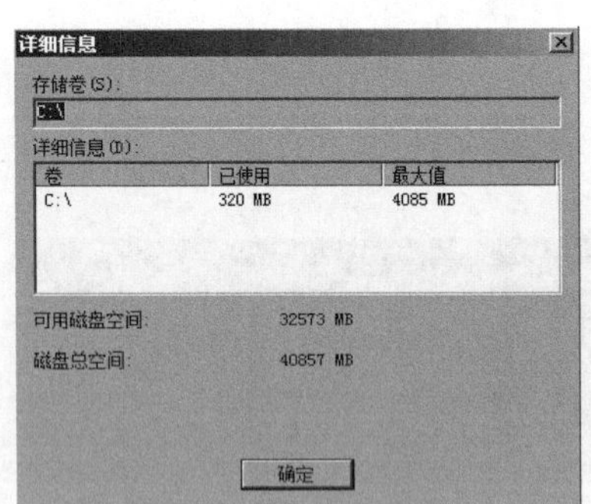

图 8.46 详细信息

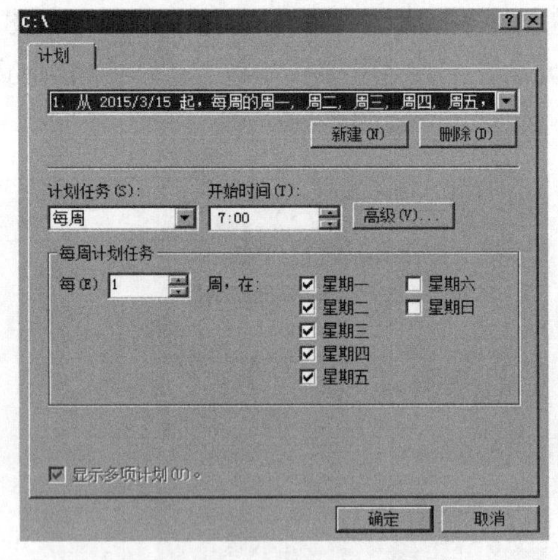

图 8.47 设置卷影副本计划

【步骤 7】在“卷影副本”窗口单击“确定”按钮，完成对卷影副本的设置，并创建该共享文件夹的卷影副本。

8.5.2 使用卷影副本恢复文件和文件夹

为了使局域网中的计算机能访问卷影副本，必须在该计算机上安装位于 c:\system32\clients\twclient\x86 目录中名为 twcli32.msi 的软件。安装完成后，用户就可以在该计算机上对卷影副本进行访问。但是，如果该计算机已经安装了 Windows XP SP2 以上版本的系统，那么就不需要安装 twcli32.msi 来控制程序，因为这些操作系统已经集成了卷影副本客户端控制程序。

这里，我们在客户端计算机 PC1 上对 WSDC1 服务器上的共享文件夹 sh1 执行卷影副本恢复操作。具体操作步骤描述如下：

【步骤 1】在计算机 PC1 上，单击“开始”命令中的“网络”选项，打开“网络”窗口，并在该窗口中找到 sh1 共享文件夹，右击该文件夹，如图 8.48 所示。

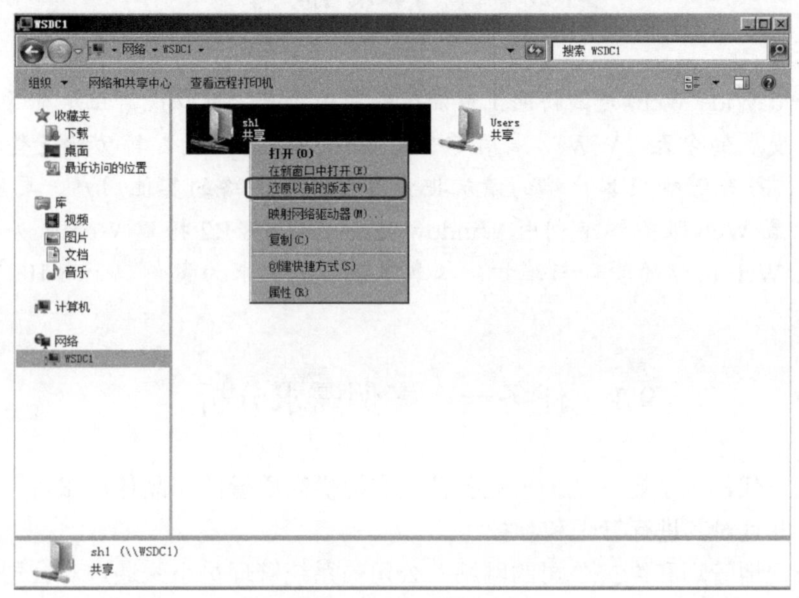

图 8.48　“网络”窗口

【步骤 2】在弹出的快捷菜单中，选择“还原以前的版本”菜单项，显示如图 8.49 所示的对话框。

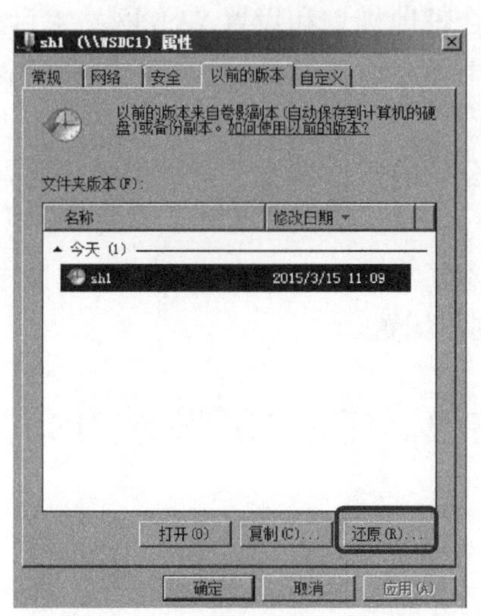

图 8.49　“以前的版本”选项卡

【步骤 3】在“以前的版本”标签页面的“文件夹版本”列表框中选择一个合适的时间点选项。然后，单击“还原”按钮，就能完成该共享文件夹的数据恢复操作。

第 9 章　Web 服务

WWW(World Wide Web)是因特网上最流行的应用之一。可以说，正是有了 WWW，才有了因特网快速发展的今天。WWW 采用 C/S(Client/Server)结构，其功能是整理和存储各种 WWW 资源，并能够响应客户端的请求把资源发送给网络的其他用户。要实现 WWW 服务，首先要配置 Web 服务器。利用 Windows Server 2008 R2 搭建 Web 服务器，可以快速、有效地实现 Web 网站的管理与维护。本章以某公司需求为案例，介绍 IIS 7.5 的安装、配置等内容。

9.1　任务一：案例需求分析

身处互联网时代，为了更好地扩大业务范围和提供高质量的产品售后服务，某公司决定制作公司网站，并且对其进行管理和维护。

如何能够方便地管理和维护公司的网站？公司的系统管理员小张通过对公司需求的分析和规划，将该任务分解为以下若干子任务：

(1) IIS 的安装。由于公司采用 Windows Server 2008 R2，因此可以使用系统自带的 IIS 管理网站。

(2) Web 网站目录的配置。合理地规划和设置 Web 网站主目录关系到网站管理的便捷性。

(3) Web 网站主页的配置。由于公司网站存储许多网页和素材信息，如何配置网站主页也是任务能否顺利完成的关键。

(4) Web 网站的安全配置。公司的网站涉及公司的资料信息，因此网站的安全性也应该是任务设计中的重要一环。

(5) Web 网站的其他配置。除了上述主要任务外，网站的日志维护、运行维护也是重要内容，因此也需要进行合理的规划与配置。

9.2　任务二：安装 IIS

9.2.1　IIS 简介

为了方便、高效地管理公司网站，首先需要安装网站管理与维护系统。由于公司系统采用 Windows Server 2008 R2，因此决定使用系统自带的 Internet Information Services(IIS，互联网信息服务)。

IIS 是由微软公司提供的、基于 Microsoft Windows 的 World Wide Web(WWW)服务程序。通过 IIS，可以搭建 Web 服务平台，在该平台上能实现网页发布、文件传输、新闻服务和电子邮件服务等 Internet 服务功能。

在 Windows Server 2008 R2 系统中，IIS 已更新至 7.5 版本。该版本在 Windows Server 2008

的 IIS 7.0 的基础上进行了改进并增加了许多新功能。IIS 7.5 主要的新功能如下。

(1) WebDAV Publishing：允许用户交互式和安全地发布内容到 IIS Web 站点。

(2) FTP Server：提供用户与 IIS 服务器的双向文件传输和基本文件管理功能。

(3) IIS Hostable Web Core：允许开发者将 IIS 请求处理功能整合到所开发的应用中。

WebDAV Publishing 和 FTP Server 在 IIS 7.0 中作为附加功能，使用前需要单独下载和安装。而在 Windows Server 2008 R2 中，这两项服务作为 Web 服务器功能整合在 IIS 7.5 中。

9.2.2　安装步骤

通过添加 Web 服务器角色的方式在 Windows Server 2008 R2 上安装 IIS。

【步骤 1】单击“服务器管理器”图标，接着单击“角色”界面右边的添加角色，如图 9.1 所示。

图 9.1　服务器管理器角色界面

【步骤 2】选择 Web 服务器(IIS)，单击“下一步”按钮，如图 9.2 所示。

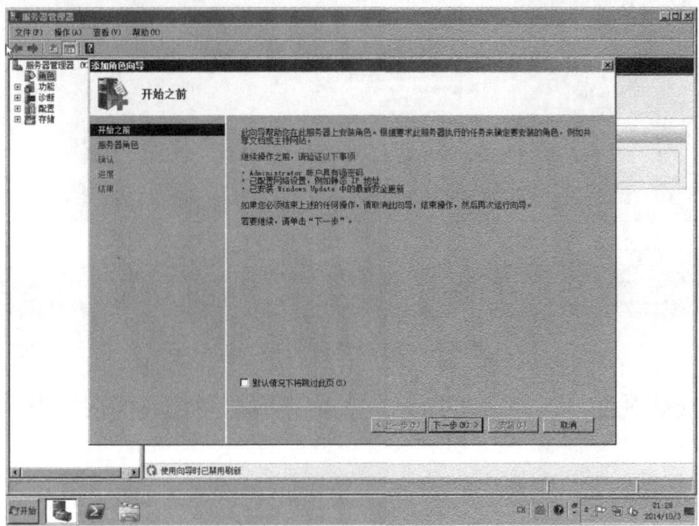

图 9.2　添加角色

【步骤 3】选择角色服务，根据搭建 Web 网站的需求选择为 Web 服务器(IIS)安装的角色服务，单击“下一步”按钮，如图 9.3 和图 9.4 所示。

图 9.3　选择 Web 服务器(IIS)

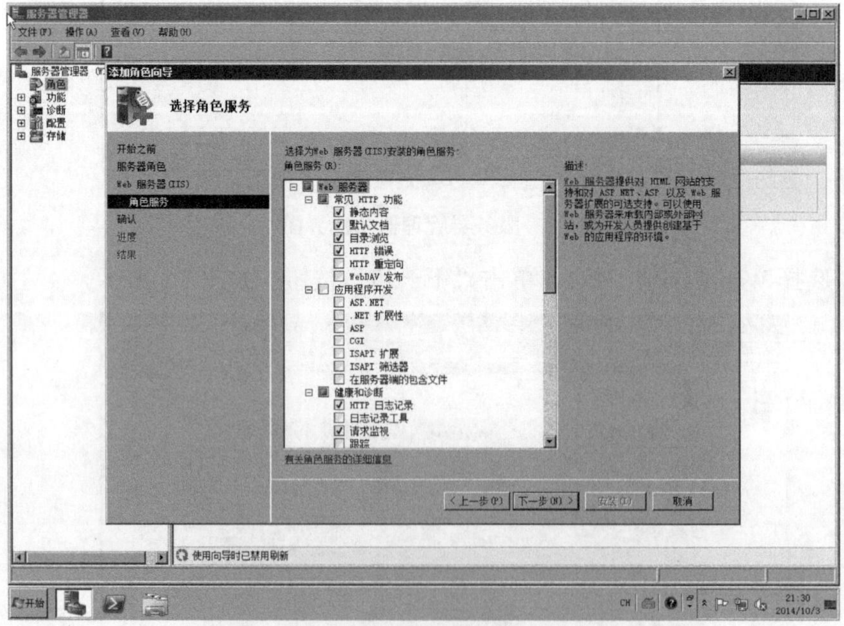

图 9.4　选择角色服务

【步骤 4】进入安装进度，如图 9.5 所示。安装完成后角色界面内容发生变化，如图 9.6 所示。

图 9.5　安装进度

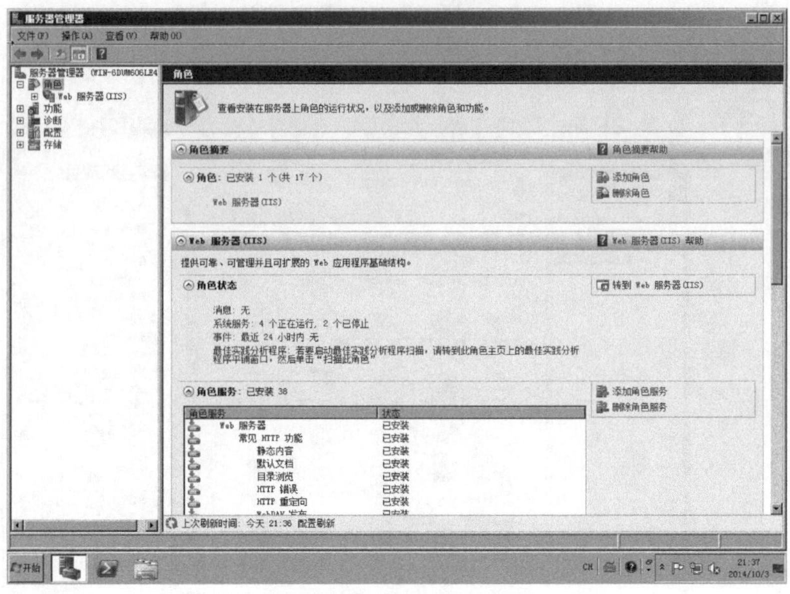

图 9.6　安装后角色界面

9.2.3　IIS 的测试

IIS 安装后可以通过服务器管理器的“角色”界面中的 Web 服务器(IIS)对 IIS 网站进行管理，如图 9.7 所示。该 Web 服务器中已经内置一个网站 Default Web Site，如图 9.8 所示。

IIS 安装是否正确，可以通过以下方式之一来测试。

(1)利用网址：打开浏览器，在地址栏输入网址 http://www.test.com，这里假设该 Web 服务器已分配了域名www.test.com。

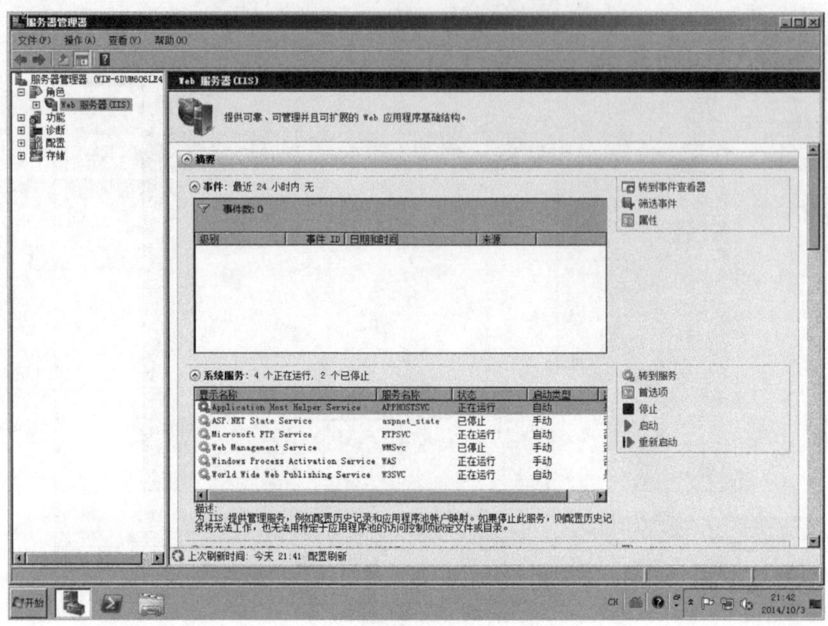

图 9.7　Web 服务器(IIS)管理界面

图 9.8　Internet 信息服务(IIS)管理器界面

(2)利用 IP 地址：在浏览器的地址栏中输入 Web 服务器的 IP 地址，这里假设该 Web 服务器已分配的 IP 地址为 192.168.58.136。

(3)利用计算机名称：在浏览器的地址栏中输入 http://MyWebServer，即该 Web 服务器所在计算机的名称，这里假设为 MyWebServer。

如果 IIS 安装正确，则通过上述 3 种方式之一即可打开默认网页，如图 9.9 所示。

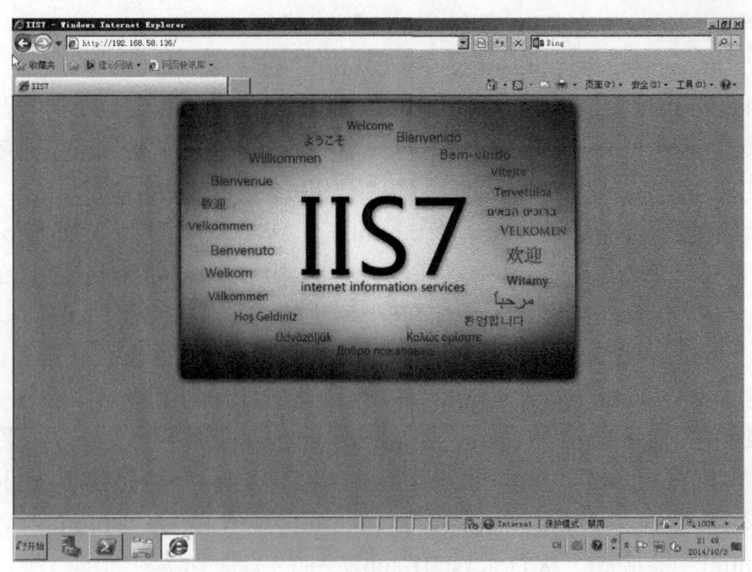

图 9.9　默认网页

9.3　任务三：Web 网站目录的配置

9.3.1　几个概念

网站的运行首先需要设置网页内容存储的位置。网站建设的第一步是认识和配置网站目录。当网站接收到用户的访问请求后，将网站的首页返回给用户。存放这个首页的目录称为主目录(home directory)。设置主目录需要了解物理路径、绝对路径、相对路径、物理目录和虚拟目录几个概念。这里假设网站 DNS 域名为 http://www.test.com，指向硬盘中文件夹 d:\wwwroot\mysite。

物理路径(Physical Path)：是指硬盘上文件的路径，比如有以下的文件位置。

- d:\wwwroot\mysite\a.html
- d:\wwwroot\mysite\sub1\b. html
- d:\wwwroot\mysite\sub1\c. html
- d:\wwwroot\mysite\sub1\sub2\d.html

虚拟路径(Virtual Path)：是指网站文件在网站上的路径，如上述网站的虚拟目录为根“/”(指向 d:\wwwroot\mysite\)，则文件 index.html 和 logo.jpg 的虚拟路径为如下。

- /a.html
- /sub1/b.html
- /sub1/c.html
- /sub1/sub2/d.html

绝对路径(Absolute Path)：是指网页文件在虚拟路径中的位置，如上述文件在网页中可如下表示。

- <a href="http://www.test.com/a.html">链接到 a.html</a>
- <a href="http://www.test.com/sub1/b. html ">链接到 b.html </a>

- <a href="http://www.test.com/sub1/c. html ">链接到 c.html </a>
- <a href="http://www.test.com/sub1/sub2/c. html ">链接到 d.html </a>

相对路径(Relative Path)：是指文件处于网站的不同位置，如下面 3 种情况。

- 同级目录的情况：b.html 和 c.html 在同一个文件夹下，如果 b.html 需要链接到 c.html，可以在 b.html 中这样写：<a href="c.html">同目录下文件间互相链接</a>。
- 上级目录的情况：a.html 是 b.html 和 c.html 的上级目录中的文件，如果 b.html 或 c.html 链接到 a.html，可以在 b.html 或 c.html 中这样写： <a href="../a.html">链接到上级目录中的文件</a>。代码中的 "../" 代表一级上级目录(间隔一个目录)。需要注意的是："../../" 代表二级上级目录(间隔两个目录)，比如 a.html 是 d.html 的前两级目录，同时 d.html 需要链接到 a.html，可以在 d.html 中这样写：<a href="../../a.html">链接到上级目录的上级目录中的文件</a>。
- 下级目录的情况：b.html 和 c.html 是 a.html 的下级目录中的文件，如果需要在 a.html 中链接到 b.html，可以在 a.html 中这样写：<a href="sub1/b.html">链接到下级目录(sub1)中的文件</a>。如果需要在 a.html 中链接到 d.html，可以在 a.html 中这样写：<a href="sub1/sub2/d.html">链接到下级目录(sub1/sub2/)中的文件</a>。

物理目录(Physical Directory)：是指在主目录下创建的子文件夹，网站内容存储在这些文件夹中。

虚拟目录(Virtual Directory)：是指在主目录下创建子文件夹，而网站文件存储在磁盘的其他位置，将存储文件的文件夹映射到子文件夹的方法，该子文件夹称为虚拟目录。虚拟目录都有一个别名(alias)，用户可以通过别名来访问网页，而网页的实际存储位置的改变不会影响访问操作。

9.3.2 主目录的配置

配置网站主目录可以通过“服务器管理器” IIS 管理器“基本设置”命令进行查看与配置，如图 9.10 所示。图中网站名称为 Default Web Site；应用程序池为 DefaultAppPool；物理路径为%SystemDrive%\inetpub\wwwroot，其中%SystemDrive%就是 Windows Server 2008 R2 系统所在的磁盘分区，这里为“C:”。

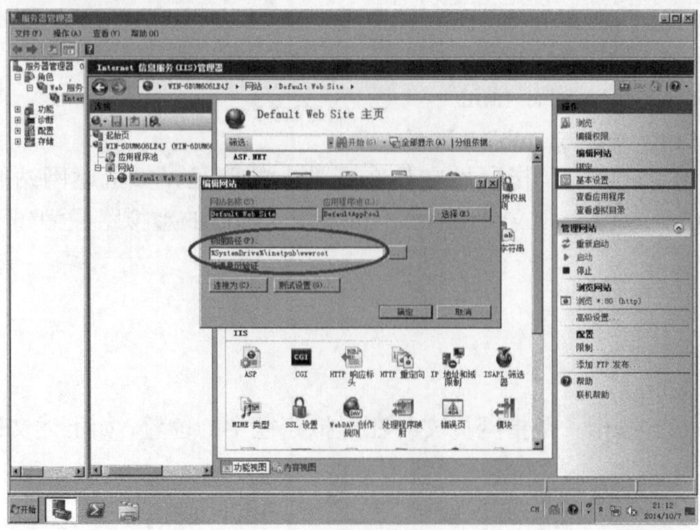

图 9.10　网站主目录的配置

网站名称可以通过右键单击 Default Web Site 进行重命名，如图 9.11 所示。应用程序池可以通过“选择”进行更改，物理路径也可以通过按钮“…”进行重新设置，如图 9.12 所示。当用户访问网站时，如果有权限限制，可以单击按钮“连接为(C)…”，设置访问的权限，如图 9.13 所示。

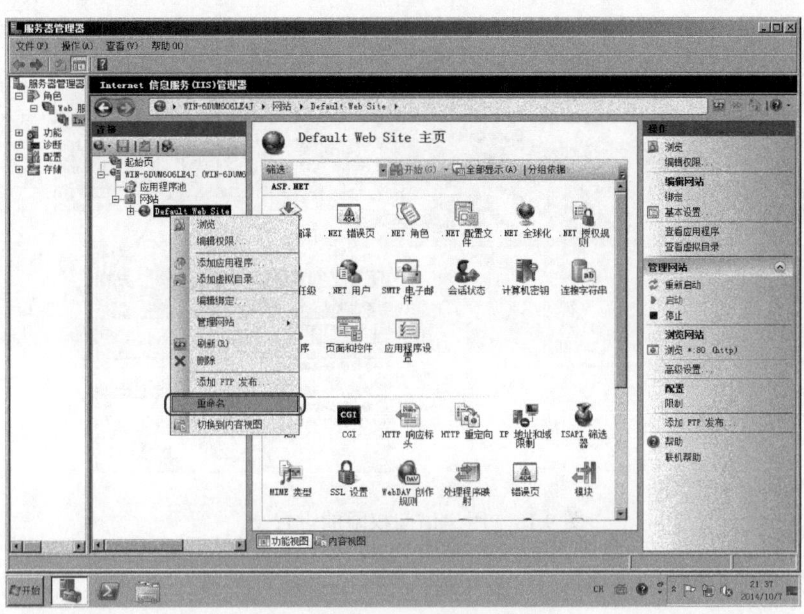

图 9.11　网站主页名称的修改

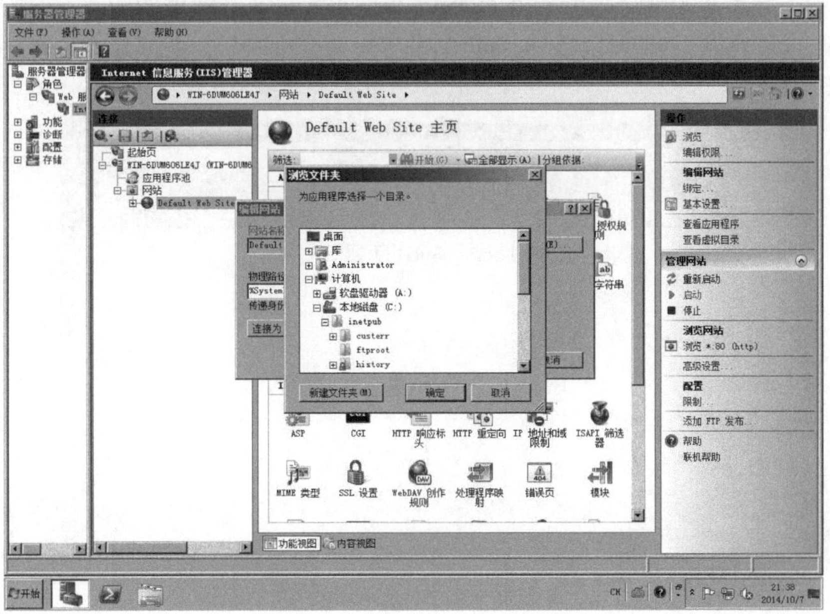

图 9.12　应用程序池的修改

应用程序池(Application Pools)是一组 URL，这些 URL 链接一个或多个工作进程。通过这些链接实现不同工作进程的隔离，从而使得这些工作进程不会相互干扰，即当某个进程出现问题时不会导致其他进程的崩溃。使用应用程序池能显著地提高网站架构的可靠性和可管理性。

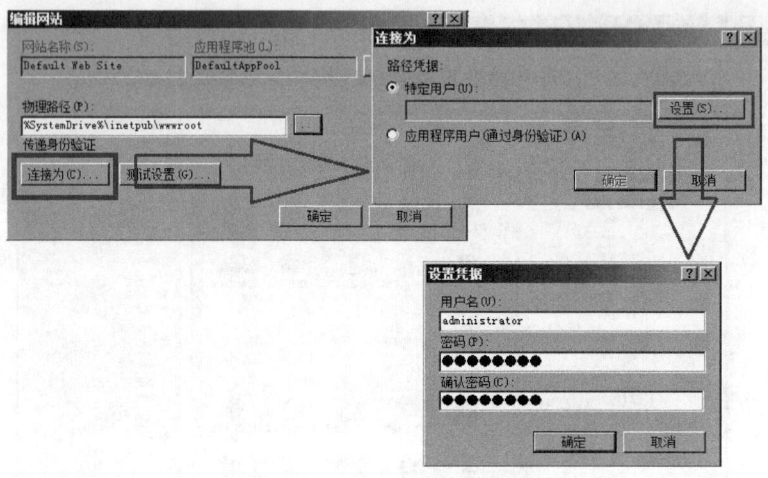

图 9.13 用户访问权限的设置

9.3.3 物理与虚拟目录的配置

在主目录 C:\inetpub\wwwroot 下创建文件夹 sub1，然后在该文件夹里创建 index.htm 文件。接着打开浏览器，在地址栏输入 http://localhost/sub1 进行测试，结果如图 9.14 所示。我们也可以通过“服务器管理器”IIS 管理器 Default Web Site 中的 sub1 命令打开内容视图进行操作，如图 9.15 所示。

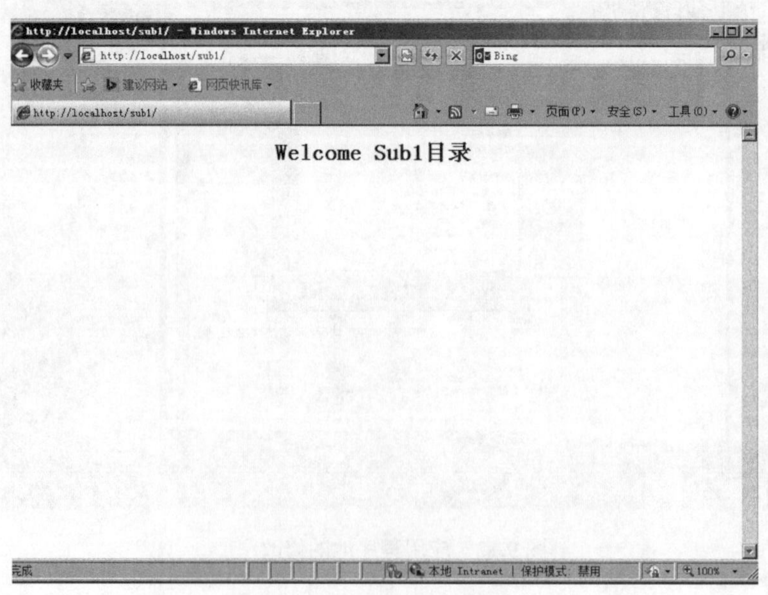

图 9.14 子目录的设置

图 9.15　打开内容视图

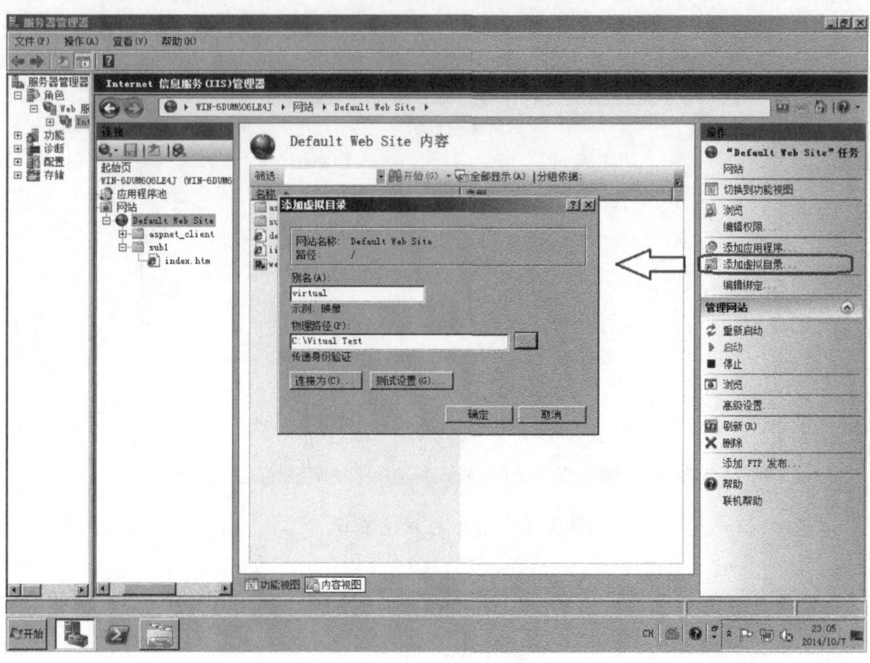

图 9.16　创建虚拟目录

为了测试虚拟目录，我们在 C:下创建文件夹 Virtual Test，并在其下创建默认文件 index.htm。接着在 Default Web Site 界面右侧单击“添加虚拟目录”，在弹出的对话框中进行设置，如图 9.16 所示。接着可以看到在 Default Web Site 目录中增加了 virtual 目录(Virtual 为别名)。打开内容视图可以看到 index.htm 文件，如图 9.17 所示。接着我们打开浏览器，在地址栏输入网址http://localhost/virtual/，结果如图 9.18所示。

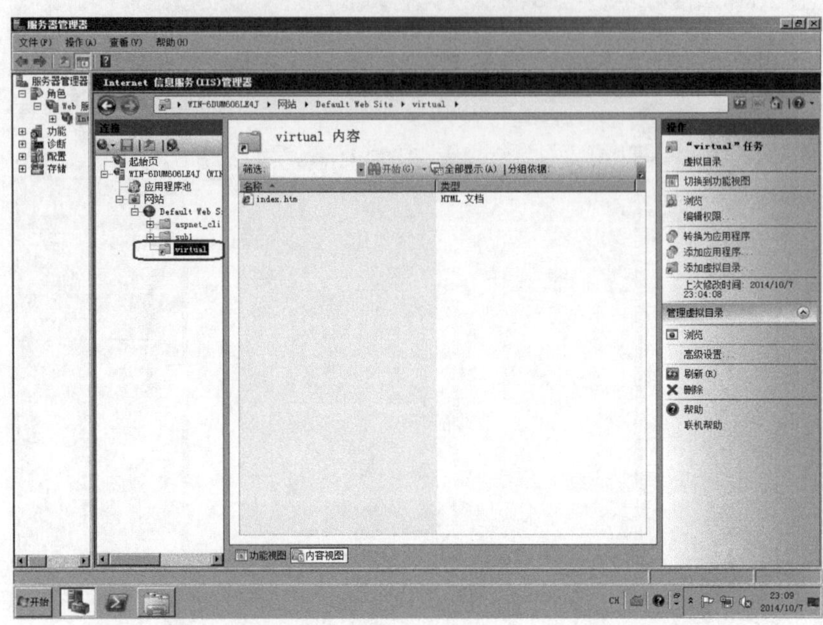

图 9.17　在虚拟目录中添加文档

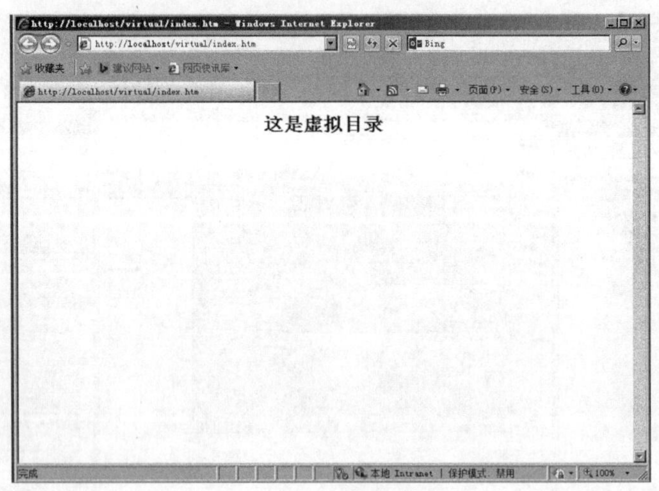

图 9.18　虚拟目录的测试

9.4　Web 网站主页的配置

当用户访问网站时，网站都会将一个默认页面返回给用户，这个默认页面通常称为首页(default page)。通过“服务器管理器”IIS 管理器中的 Default Web Site 主页命令打开“默认文档”，如图 9.19 所示。

进入默认文档后，看到几个文件名称按优先级从高到低的顺序排列，如图 9.20 所示。例如，初次进入操作系统，由于在当前主目录%SystemDrive%\inetpub\wwwroot 中仅有文件 iisstart.htm，因此用户访问该网站时返回 iisstart.htm 的内容，如图 9.20 所示。默认文件的顺序可以通过右侧的上下移动操作进行调整。当然如果不需要某个默认文件，也可以删除。

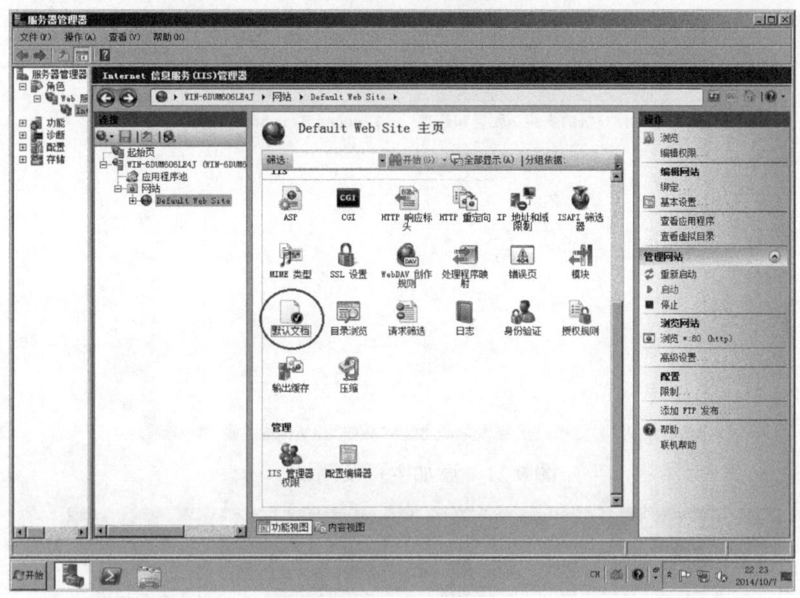

图 9.19　默认页面

图 9.20　文件名称按优先级排列

在主目录中添加 default.htm 文件，添加代码：<h2 align="center">网络操作系统的安装、配置和管理——Windows Server 2008 R2</h2>。然后打开浏览器访问网站，可以看到网站的默认主页已变为 Localhost，如图 9.21 所示。

如果网站正在升级或者维护中的话，可以暂时将用户请求链接到另一个网站，而不需要停止当前网站。要实现这个功能需要启用 HTTP 重定向功能，如图 9.22 所示。在图 9.23 中，我们把所有到 www.test.com 的请求重新定向到 www.temp.com。

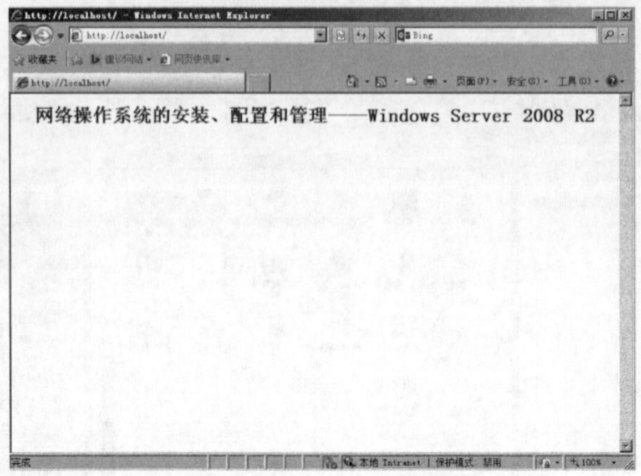

图 9.21　添加主页及测试

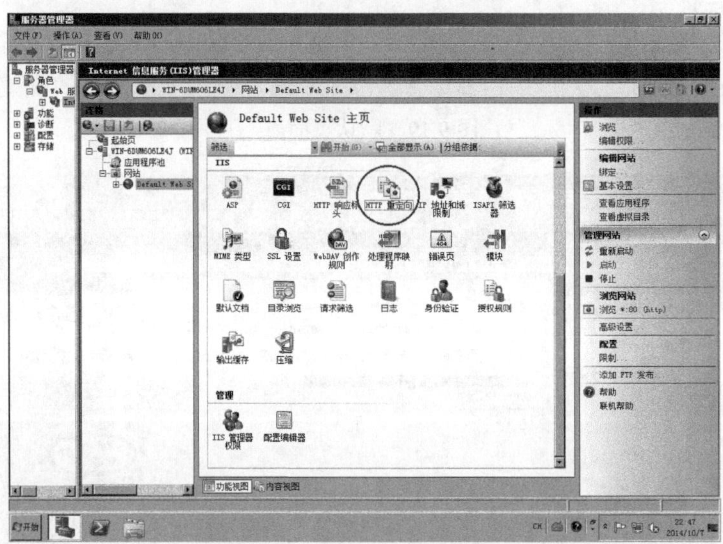

图 9.22　启用 HTTP 重定向

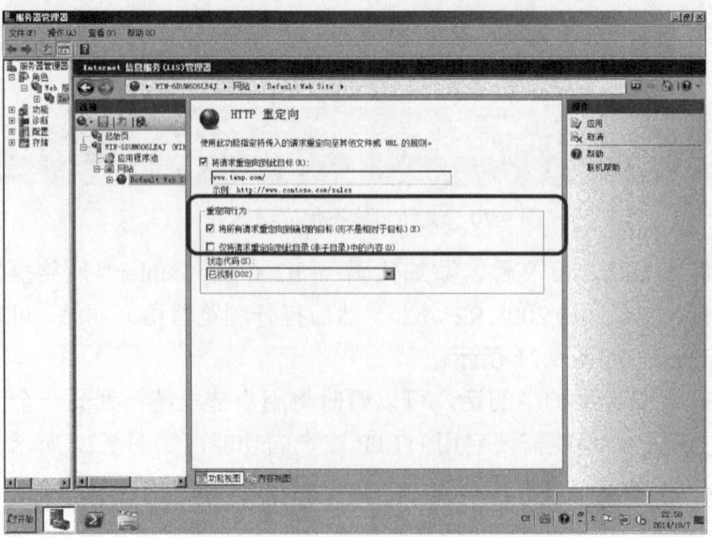

图 9.23　HTTP 重定向设置

9.5　任务四：Web 网站的安全配置

Windows Server 2008 R2 的 IIS 采用模块化设计，默认只会安装少数功能与组件，其他功能可以自行添加或删除，这样是为了减少网站被攻击的可能。

网站需要添加或删除组件，可通过“服务器管理器”角色中的“Web 服务器”命令来添加角色服务或删除角色服务。比如要使用日志记录则需要选择日志记录工具，如图 9.24 所示。

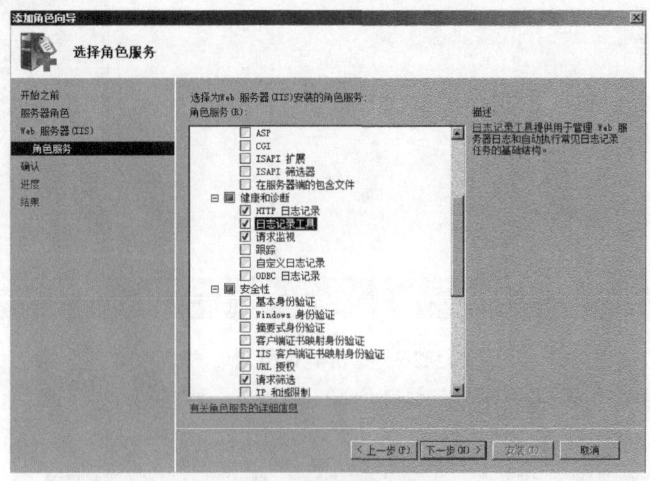

图 9.24　选择角色服务

IIS 网站默认允许所有用户连接，如果要限定访问用户的话，则需要用户输入用户名和密码来验证用户身份。在 IIS 中有 4 种验证方法：匿名身份验证、基本身份验证、摘要式身份验证和 Windows 身份验证。其中匿名身份验证是系统默认的验证方式，其他 3 种需要通过添加角色服务的方式来安装。

在服务器管理器中打开 Web 服务器中的身份验证，如图 9.25 和图 9.26 所示。

图 9.25　身份验证

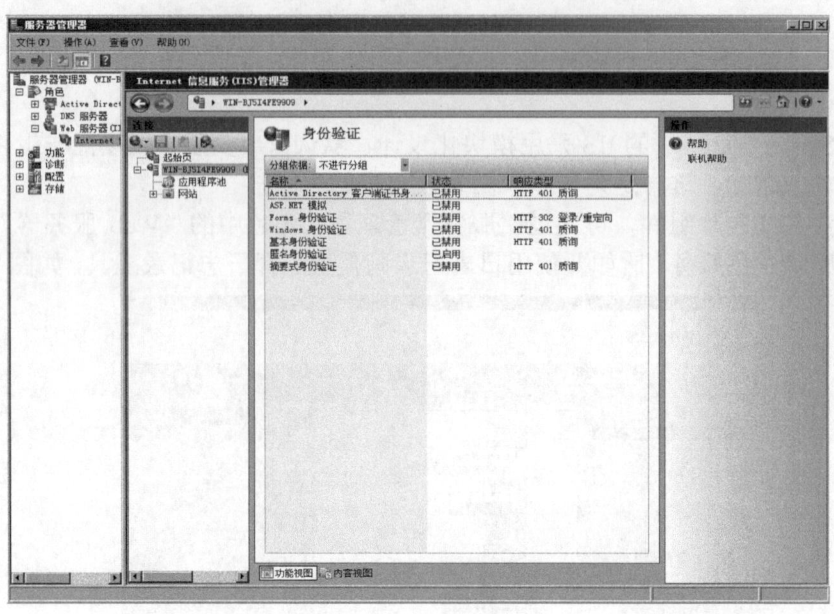

图 9.26　身份验证管理

在身份验证页面中，如果要应用基本身份验证功能，则右击选择该项，在右键弹出菜单中选择“启用”，如图 9.27 所示。

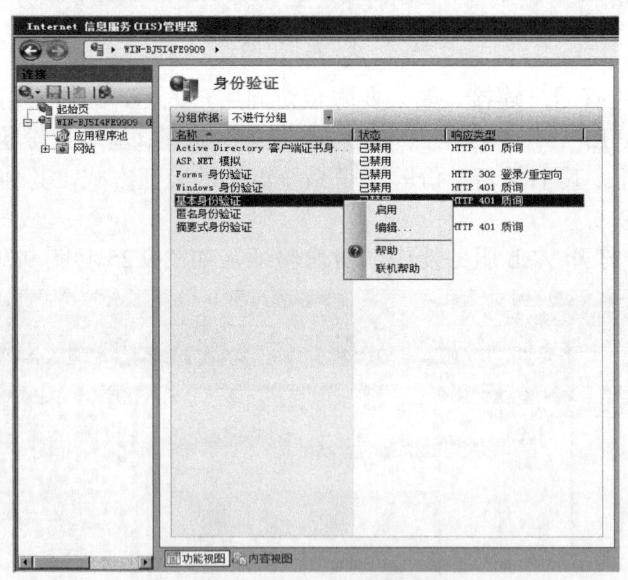

图 9.27　启用身份验证

上述的 4 种验证方法都启用的话，则客户端会按照匿名身份验证->Windows 验证->摘要式验证->基本身份验证的顺序连接网站。即客户端先使用匿名验证的方式连接网站，若失败的话，网站会将验证顺序通知客户端，让客户端按该顺序尝试连接网站。

1. 匿名身份验证

启用匿名身份验证，则用户访问网站不需要输入账号和密码，所有浏览器都支持该验证方式。编辑匿名身份验证，会看到一个特定用户 IUSR，如图 9.28 所示。这是 Windows Server

2008 R2 内置一个特殊组账号，当用户利用匿名连接网站时，网站默认该用户是 IUSR 用户。

如果要修改代表匿名用户的账号，需要先在本地安全数据库或活动目录数据内创建该账号，然后单击“设置”按钮，转到设置凭据窗口，如图 9.29 所示。

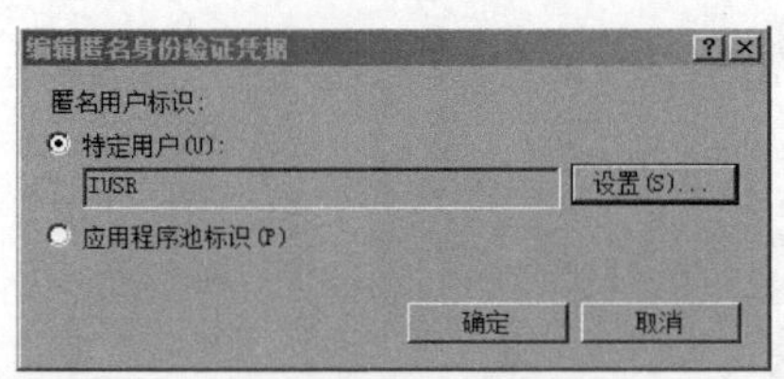

图 9.28　编辑匿名身份验证凭据

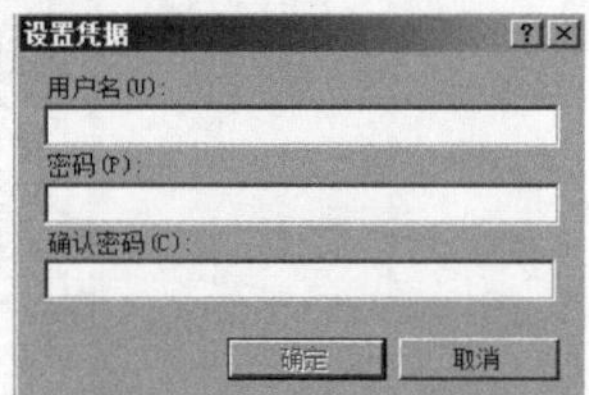

图 9.29　设置凭据

2. Windows 身份验证

该验证方式要求用户输入账号和密码。注意，在发送账号和密码前，系统会将账号和密码进行哈希处理(hashed)以确保安全性。

Windows 身份验证支持如下方法。

(1) Kerberos v5 验证：如果 IIS 计算机是域成员，而且客户端也支持该验证的话，则 IIS 网站会采用此种验证方法。一般地，Kerberos 会被防火墙阻挡。

(2) NTLM(NT LAN Manager)：这是 Windows 系统早期的安全协议标准。如果 IIS 计算机不是域成员或客户端不支持 Kerberos v5 验证的话，则 IIS 网站会采用 NTLM 验证方法。一般来说代理服务器不支持 NTLM。

由于 Kerberos 会被防火墙阻挡，且代理服务器不支持 NTLM，因此 Windows 身份验证比较适合于用来连接内部网络的网站。

3. 摘要式身份验证

该验证方式中用户的账号和密码会经过 MD5 算法进行加密，然后将处理后所产生的哈希值(hash)发送到网站，其安全性较高。要使用摘要式身份验证，需要满足以下要求：

(1) 浏览器必须支持 HTTP1.1。

(2) IIS 计算机必须是域成员服务器或域控制器。

(3) 用户账户必须是域用户，而且此账户必须与 IIS 计算机位于同一个域或是信任域。

为了测试摘要式验证功能，需要先将匿名身份验证方式禁用，因为客户端是先利用匿名身份验证来连接网站，同时也要将 Windows 验证方法设为禁用，因为它的优先级比摘要式身份验证高。

4. 基本身份验证

使用该身份验证时，输入的账号和密码是以明文的形式发送给网站的，因此如果被截获将会造成安全风险。因此，使用该验证方式时建议配合其他数据发送安全措施，比如使用 SSL 连接。绝大部分浏览器都支持该方法。

为了要测试基本身份验证功能，需要先将其他 3 种方式禁用，因为它们的优先级都比基本身份验证高。

还可以通过 IP 地址来限制连接，在 IIS 管理器界面中双击 IP 地址和域限制，如图 9.30 所示。在 IP 地址和域限制页面中，通过添加允许条目或添加拒绝条目来设置，如图 9.31 所示。

图 9.30　IP 地址和域限制

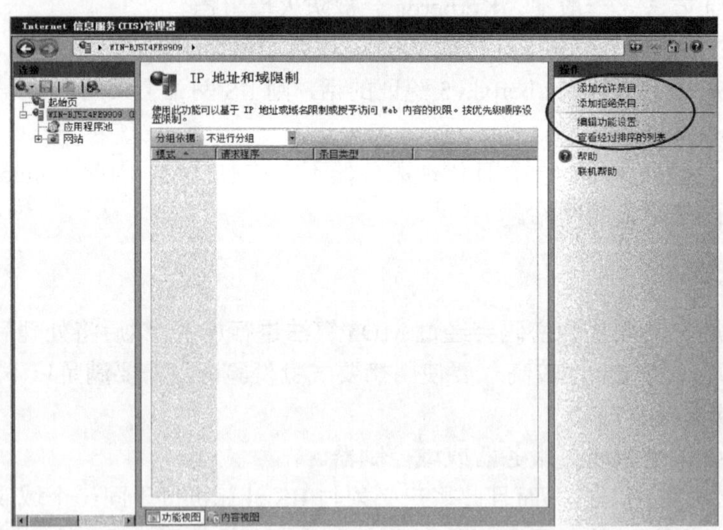

图 9.31　设置 IP 地址和域限制

打开添加拒绝条目，如图 9.32 所示。可以指定特定 IP 地址以拒绝其连接，或者输入网络地址和子网掩码来指定某个网段都不能访问该网站。没有被指定的 IP，系统均默认可以连接网站。

如果要改变该默认设置，则单击编辑功能设置来编辑未指定的客户端的访问权，如图 9.33 和图 9.34 所示。

如果在图 9.33 中选择“启用域名限制”，则会弹出如图 9.35 所示的警告。选择“是(Y)”则会在添加拒绝条目窗口中增加可以通过域名来限制连接的设置，如图 9.36 所示。

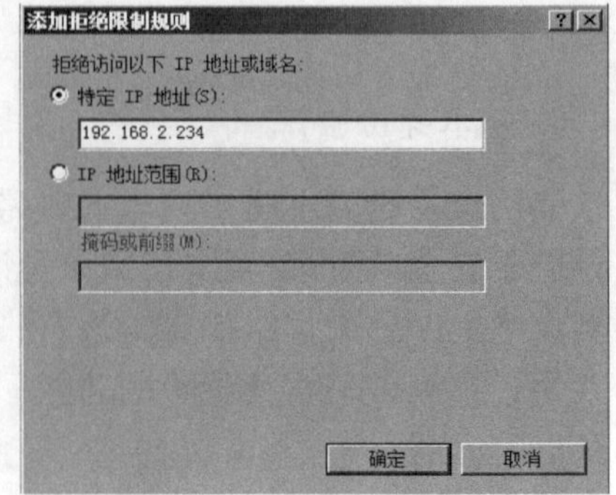

图 9.32　添加拒绝限制规则

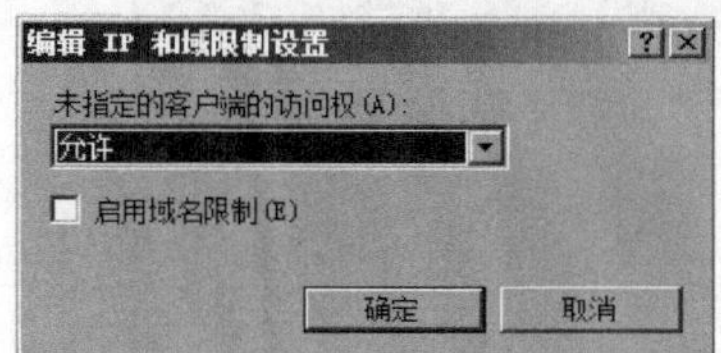

图 9.33　编辑 IP 和域限制设置

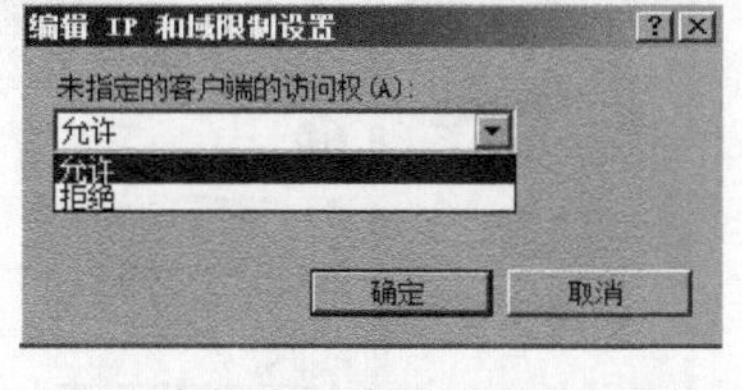

图 9.34　未指定的客户端的访问权选择

图 9.35　启动基于域的限制

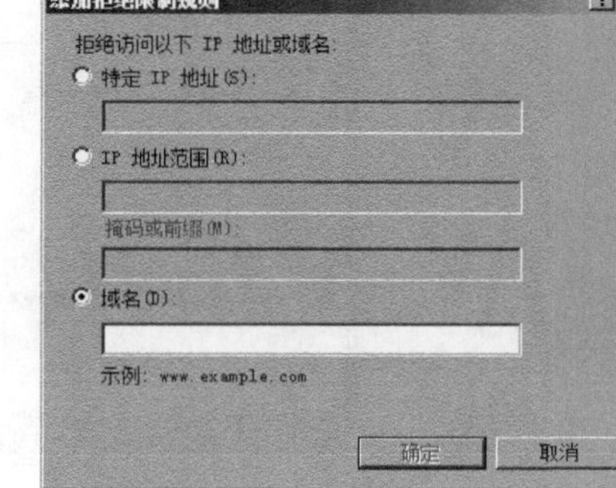

图 9.36　限制连接设置

9.6　任务五：其他配置

Windows Server 2008 R2 的 IIS 配置功能丰富，在本节中将介绍日志管理、权限管理及性能设置等几个功能。

在服务器管理中，日志是比较常用的管理功能，如图 9.37 所示在 Windows Server 2008 R2 的 IIS 中，可以通过单击 Default Web Site 管理界面的日志进行管理，如图 9.38 所示。

图 9.37　日志

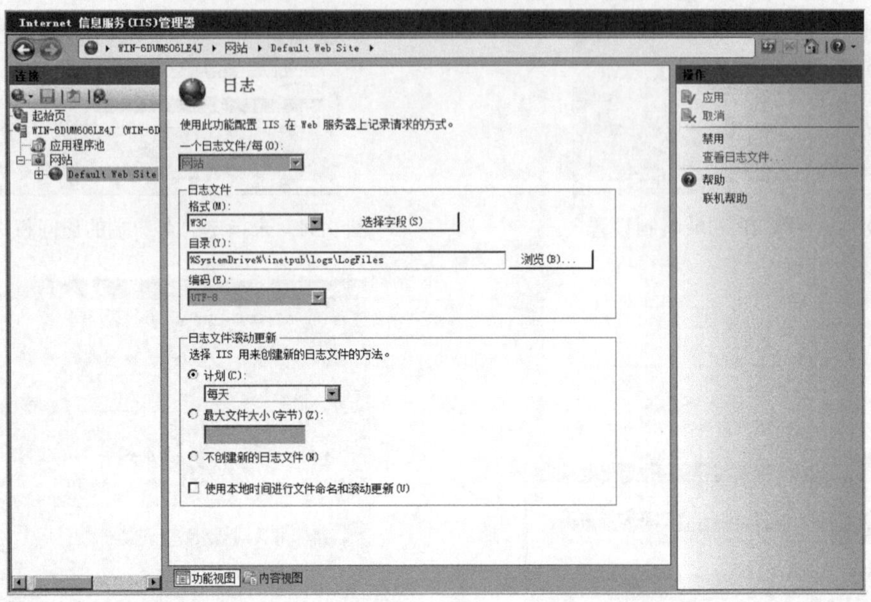

图 9.38　日志管理

IIS 管理器权限可以管理允许连接到网站或应用程序的 IIS 管理器用户、Windows 用户或 Windows 组的成员，如图 9.39 和图 9.40 所示。用户可以配置从“IIS 管理器权限”页中授予其权限的任何网站和应用程序中的委派功能。此功能仅可用于服务器连接。如果在 IIS 管理器中的服务器级别打开此功能，可以查看被授予了 Web 服务器上所有网站和应用程序权限的用户，并且可以选择用户以删除该用户的网站或应用程序权限。若要授予用户网站或应用程序权限，则必须选择网站或应用程序，然后打开“IIS 管理器权限”功能以配置允许连接到该网站或应用程序的用户。

图 9.39　IIS 管理器权限

图 9.40　对用户的权限进行管理

由于网站的负载能力有限，因此有时需要通过限制带宽来调整网站可占用的网络带宽，即该网站最多可以收发的数据包流量；此外，一个用户连接如果超过 120 秒没有数据交互，系统默认将中断该连接；通过最大的网站连接数的设置，以维护网站的运行效率，这些都可以通过“编辑网站限制”对话框来设置，如图 9.41 所示。

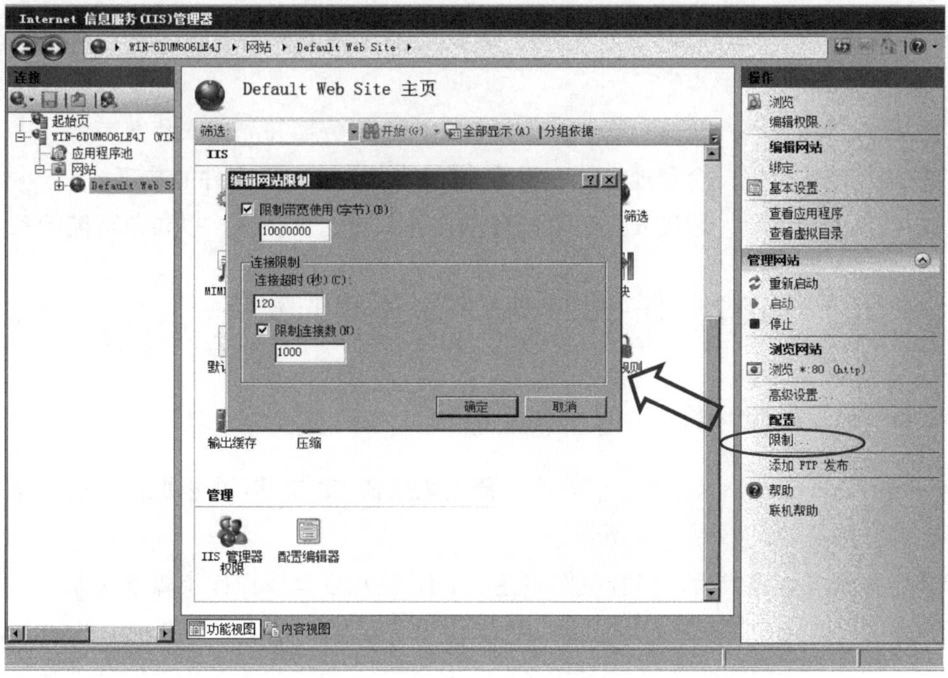

图 9.41　编辑网站限制

第 10 章　FTP 服务

文件传输协议 FTP(File Transfer Protocol)是 TCP/IP 协议族中最典型的应用之一，其设计的目的是使网络上不同平台上的文件能够实现共享，且易于实现。FTP 提供文件的上传、下载，文件目录的访问、创建和删除等功能。管理员可以通过架设 FTP 服务器，为用户提供文件共享等功能。本章以某公司需求为具体案例，介绍 Windows Server 2008 R2 系统中 FTP 服务器的安装、配置和管理等方面内容。

10.1　任务一：案例需求分析

为了更好地分发与共享内部文件，某公司决定在公司内部网络中设置文件共享服务器。当前，网络中文件共享主要有 http、ftp 和云共享等方式，系统管理员小张通过对这几种方式的对比以及对公司需求的分析，决定采用 ftp 方式。理由如下：http 方式中，需要设计文件共享页面，从而加大了网站设计的工作量；云共享方式需要公司再添加若干台服务器组成云网络，无疑大大地增加了公司的运营成本；而现有服务器使用 IIS 管理系统，其自带 FTP 站点建立与维护功能，因此使用 ftp 方式更加方便快捷。

如何实现通过 ftp 管理文件共享的任务？通过对 ftp 工作原理的了解，小张将任务进行分解为以下若干子任务。

(1) FTP 服务器的安装：在 IIS 管理系统中安装 FTP 服务器并测试安装效果。

(2) FTP 站点基本配置：合理地规划和设置 FTP 站点，以实现文件的共享。

(3) FTP 站点安全配置：通过安全配置能加强文件共享的安全性，以防范可能的攻击。

10.2　任务二：FTP 服务器的安装

10.2.1　FTP 服务器的安装

在 Windows Server 2008 R2 中的 FTP 服务器是集成在 IIS 中的，可以通过 IIS 的角色服务安装来安装 FTP 服务器，如图 10.1 所示。

在 FTP 服务器安装完成后，接着我们将建立 FTP 站点。具体操作步骤描述如下：

【步骤 1】创建或者安排一个已存在的文件夹作为 FTP 站点的主目录(home directory)，如图 10.2 所示。这里，我们创建 FTP 站点的名称为 myFTP，内容目录的物理路径选择 IIS 中默认的文件夹 C:\intepub\ftproot 文件夹作为站点的主目录。

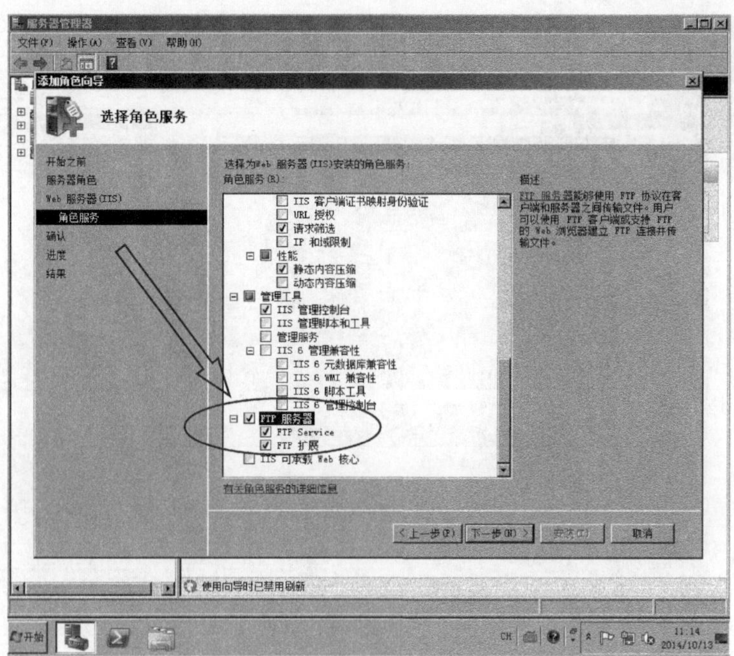

图 10.1　安装 FTP 服务器

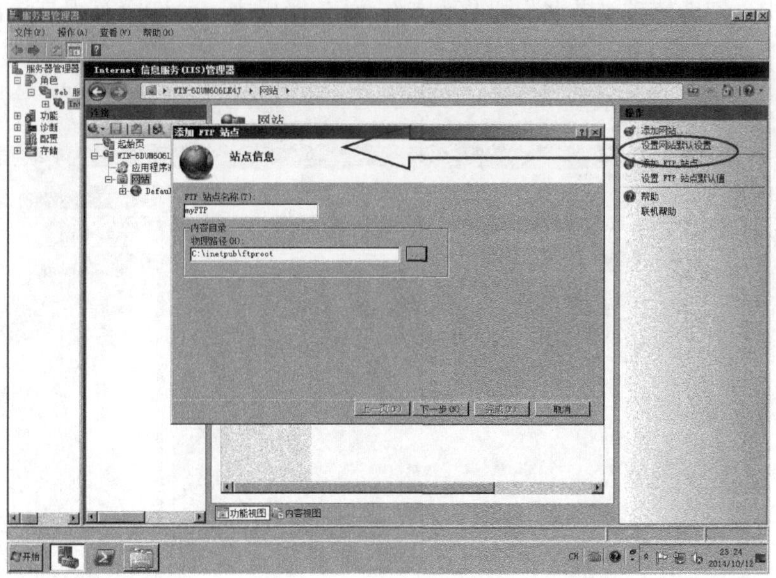

图 10.2　添加 FTP 站点

【步骤 2】单击“下一步”按钮，显示如图 10.3 所示的对话框。图中未配置 IP 地址和端口号，如果服务器已申请公有 IP 地址，可以在此处填入该 IP。同时，为了安全起见，一般不采用 FTP 协议的默认端口号 21，可以使用其他的编号，比如 8080 等。相应的，如果已申请了 FTP 站点的域名，则可以在虚拟主机一栏中填入该域名。作为 FTP 服务器，需要勾选“自动启动 FTP 站点”选项，如果 FTP 站点并未拥有 SSL 证书，则 SSL 选项中选择“无”。

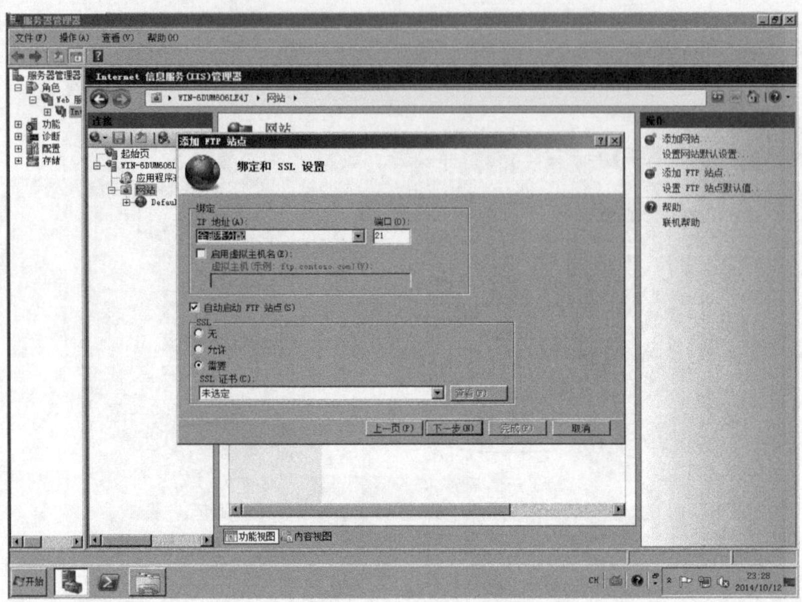

图 10.3　绑定和 SSL 设置

【步骤 3】单击“下一步”按钮，进入“身份验证和授权信息”的配置界面，如图 10.4 所示。在身份验证中，勾选选项“匿名”和“基本”；而在授权中，允许所有用户访问 FTP 站点，同时拥有“读取”的权限，但不具有“写入”的权限。

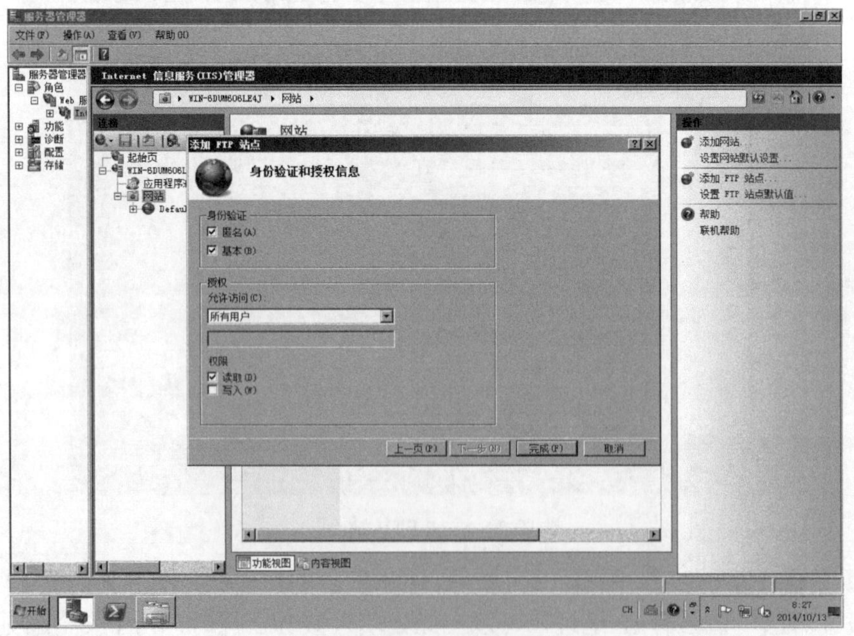

图 10.4　身份验证和授权信息

【步骤 4】单击“完成”按钮后，myFTP 站点创建成功并已处于启动状态，如图 10.5 所示。我们可以通过右侧操作栏中的重新启动、停止等操作改变站点的运行状态。

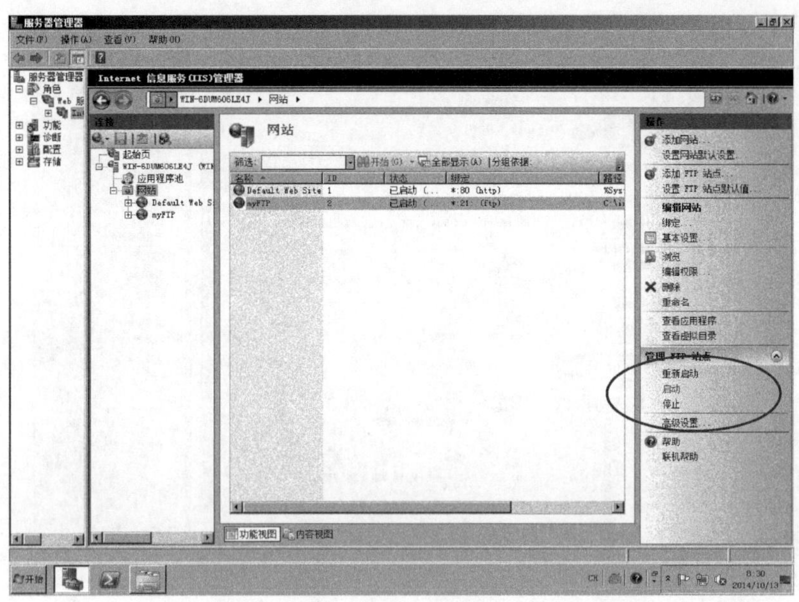

图 10.5　FTP 站点启动

在“连接”页面中，选择 myFTP，可以进入 myFTP 站点的管理界面，如图 10.6 所示。在此界面中，可以对访问 FTP 站点的 IPv4 地址进行限制；可以通过“FTP SSL 设置”增强站点的访问安全性；可以通过“FTP 当前会话”对已登录的用户进行管理。除此之外，IIS 还为我们提供了“FTP 防火墙支持”“FTP 请求筛选”和“FTP 日志”等管理功能。

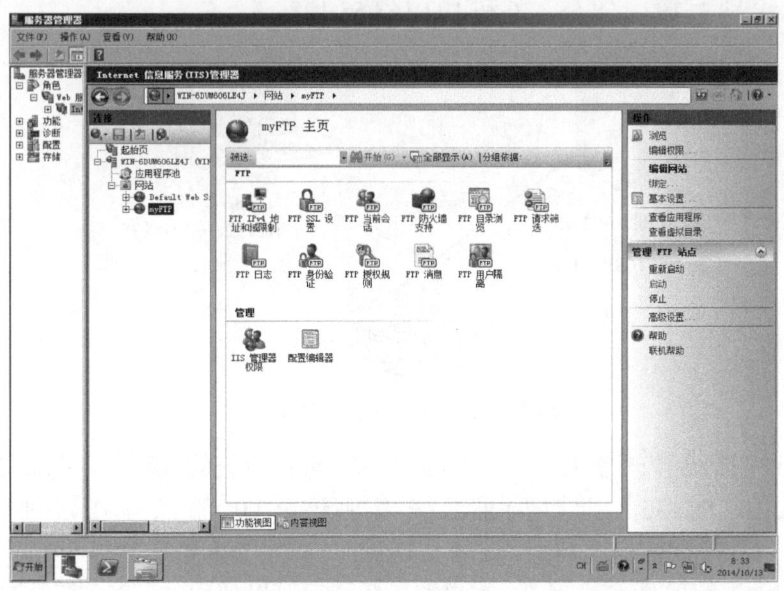

图 10.6　FTP 站点管理主页

IIS 允许网站与 FTP 站点实现集成管理，因此可以新建集成到网站的 FTP 站点。右击 Default Web Site，在弹出菜单中选择“添加 FTP 发布”来进行安装，如图 10.7 所示，其安装过程与上述步骤相同。这里要注意的是，该方式中 FTP 站点的主目录即是 Web 网站的主目录（如 c:\inetpub\wwwroot），因此安装中不需要指定站点的主目录。

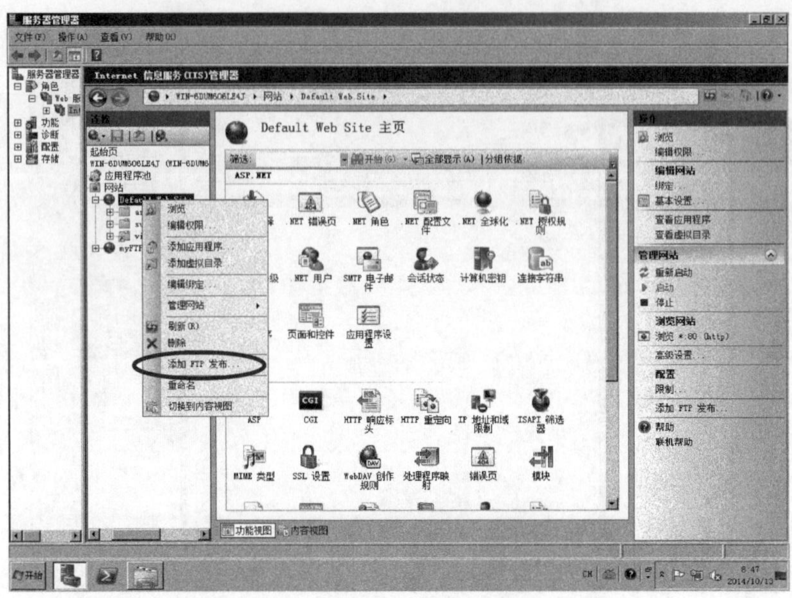

图 10.7　FTP 站点集成管理

10.2.2　FTP 站点的测试

FTP 站点安装完成后，可以通过其他计算机采用 3 种方式登录该站点，测试站点是否安装成功。首先介绍测试环境，如图 10.8 所示。图中 FTP 服务器与 PC 客户机同处于一个局域网中，其 IP 地址分别为 192.168.58.136 和 192.168.58.128。

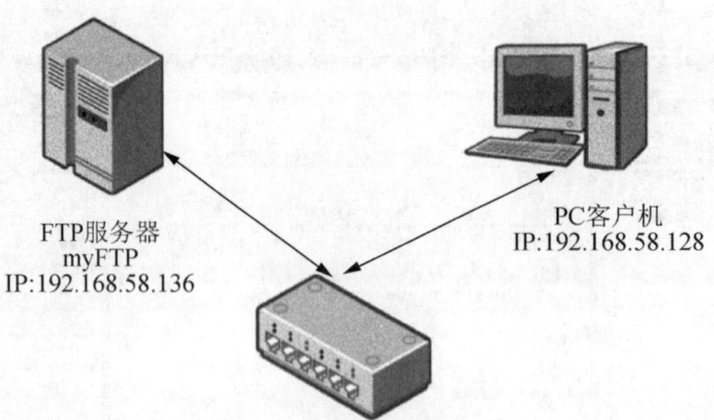

图 10.8　FTP 站点测试环境

方式 1：通过控制台模式登录，如图 10.9 所示。运行系统的控制台，在命令提示符后键入命令 ftp 192.168.58.136，此时如果系统发现该 FTP 站点存在，则返回提示符“User<192.168.58.136:<none>>:”，输入 anonymous 回车，在输入密码的提示符后直接回车(因为站点并未设置用户密码)即可进入 ftp 客户端。登录后可以使用 dir 命令查看 FTP 站点的共享文件。提示：如果该站点有申请 DNS 域名，则可以直接使用命令“ftp 域名”。

方式 2：打开 Windows 资源管理器，在地址栏中输入 ftp://192.168.58.136，管理器会自动用匿名方式连接 FTP 站点，如图 10.10 所示。

方式 3：与方式 2 类似，还可以通过浏览器连接站点，如图 10.11 所示。

```
C:\WINDOWS\system32\cmd.exe - ftp 192.168.58.136
Microsoft Windows XP [版本 5.1.2600]
(C) 版权所有 1985-2001 Microsoft Corp.

C:\Documents and Settings\Administrator>ftp 192.168.58.136
Connected to 192.168.58.136.
220 Microsoft FTP Service
User (192.168.58.136:(none)): anonymous
331 Anonymous access allowed, send identity (e-mail name) as password.
Password:
230 User logged in.
ftp> dir
200 PORT command successful.
125 Data connection already open; Transfer starting.
04-24-08  03:14AM                210255 Vista_1.jpg
04-24-08  03:13AM                180676 Vista_2.jpg
04-24-08  03:13AM                179586 Vista_3.jpg
04-24-08  03:13AM                164068 Vista_4.jpg
226 Transfer complete.
ftp: 收到 208 字节，用时 0.00Seconds 208000.00Kbytes/sec.
ftp> _
```

图 10.9　通过控制台模式登录 FTP 站点

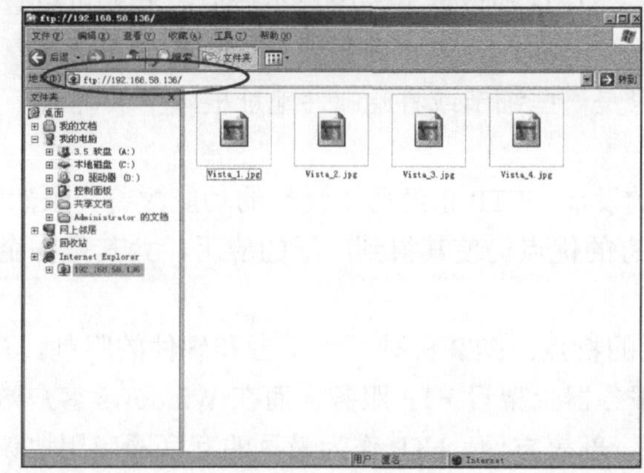

图 10.10　通过 Windows 资源管理器访问 FTP 站点

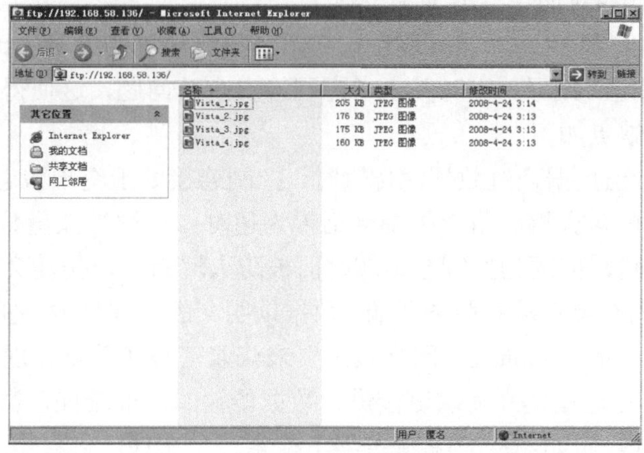

图 10.11　通过浏览器访问 FTP 站点

10.2.3　相关知识

FTP 于 1985 年 10 月发布，是在 TCP/IP 网络和 INTERNET 上最早使用的协议之一[RFC 959]。FTP 的主要功能是使文件能在不同平台上实现高速、可靠的传输。根据 FTP STD 9 定义，FTP 的目标包括[PR85]：

- 促进文件(程序或数据)的共享。

- 支持间接或隐式地使用远程计算机。
- 帮助用户避开不同类型的主机。
- 可靠并有效地传输数据。

FTP 是 TCP/IP 四层体系结构中应用层的协议，基于传输层 TCP 协议进行传输而不是 UDP，因此 FTP 客户端和服务器之间建立连接前需要进行“3 次握手”，从而保证了客户与服务器之间的连接是可靠的、面向连接的。FTP 是一个 8 位的客户端/服务器协议，能操作任何类型的文件，而不需要进一步处理，就像 MIME 或 Unicode 一样。然而 FTP 有着极高的延时，这意味着，从开始请求到第一次接收需求数据之间的时间会非常长，并且不时地必须执行一些冗长的登录进程。

使用 FTP 时需要登录，在获得权限后才可以对共享文件进行操作。然而，运行 FTP 服务的许多站点都开放匿名服务，在这种设置下，用户不需要账号就可以登录服务器。默认情况下，匿名用户的用户名是 anonymous，这个账号不需要密码。虽然通常要求输入用户的邮件地址作为认证密码，但这只是一些细节或者此邮件地址根本不被确认，而是依赖于 FTP 服务器的配置情况。

随着计算机网络技术的发展，FTP 也经历了漫长的功能改善，虽然 WWW 已能实现其大部分功能，但是 FTP 所具有的优点仍使其得到广泛的应用，尤其是在企业内部网中。FTP 的主要优点如下：

(1) FTP 具有跨平台性的特点。FTP 标准不受平台和硬件的限制。与大多数 TCP/IP 协议类似，可以在一台 Linux 服务器上架设 FTP 服务，而在 Windows 客户端上访问，反之亦然。

(2) FTP 简单易于实现，部署方便。FTP 作为最早的互联网应用协议，发展至今，有许多应用软件支持。

(3) 架设 FTP 服务器相对简单、方便和灵活。

(4) FTP 传输数据的效率相对于 http 等协议高，其搭建环境的效率也比较高。

然而，由于 FTP 制定时期早，当时并未考虑网络安全等问题，这使得 FTP 存在许多不尽如人意之处。FTP 主要缺点如下：

(1) 工作模式问题。当数据通过数据流传输时，控制连接处于空闲状态；而当控制连接空闲一定时间后，客户端的防火墙会将该控制会话置为超时。这样当大量数据通过防火墙时，虽然文件可以成功地传输，但因为控制会话超时而被防火墙断开，传输会产生错误提示。

(2) 安全问题。在 FTP 客户端和服务器端，数据以明文的形式传输，任何对通信路径上的路由具有控制能力的人，都可以通过“网络嗅探”来获取密码和数据。现在，可以使用 SSL 封装 FTP，但由于 FTP 是通过建立多次链接进行数据传输的，很难保证数据传输的安全性。

(3) FTP 工作效率低。比如，从 FTP 服务器上检索一个文件，包含烦琐的交换握手步骤；而传输一个文件，FTP 需要往复 10 次交换信息，而 HTTP 只需要 2 次。

10.3 任务三：FTP 站点基本配置

10.3.1 FTP 站点的目录配置

从上一节的描述可知，我们可以通过 3 种方式连接至某个 FTP 站点。当用户登录站点后，首先显示的是 FTP 站点的主目录。该主目录可以通过基本设置进行修改，当然这里使用 IIS 的默认设置 C:\inetpub\ftproot，如图 10.12 所示。还可以通过高级设置修改主目录，如图 10.13 所示。

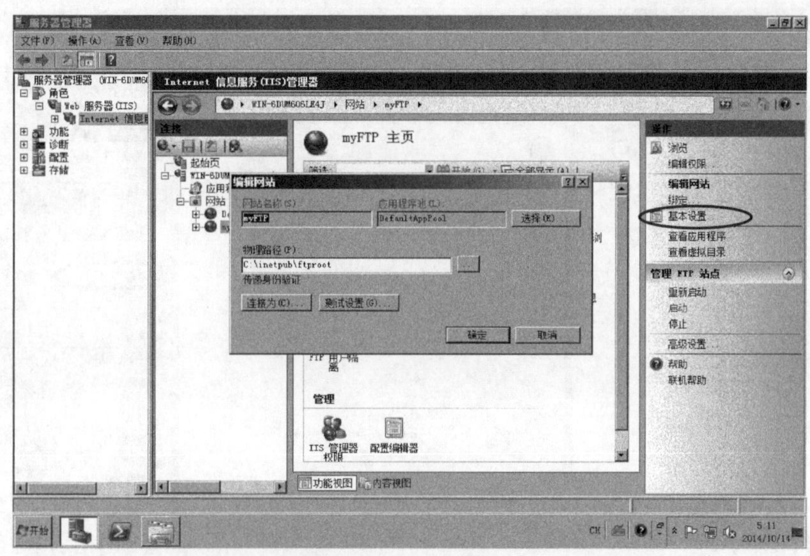

图 10.12　FTP 站点的基本设置

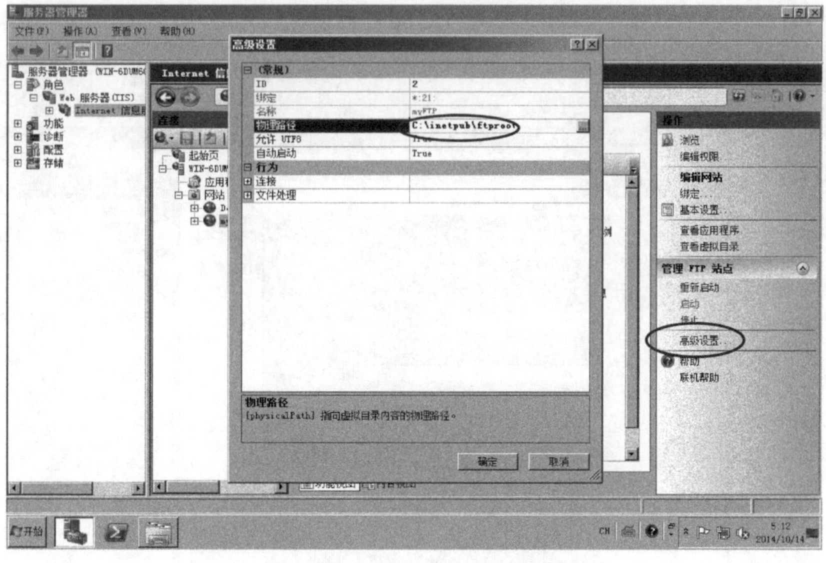

图 10.13　FTP 站点的高级设置

在主目录下创建的子文件夹被称为物理目录。而虚拟目录指的是将文件存储在磁盘中的某个文件夹(不包括主目录及其子文件夹)，然后通过虚拟目录与该文件夹建立起映射关系，用户通过虚拟目录的别名访问该文件夹的文件。这样的好处在于用户无须知道文件在磁盘中的具体位置，只要知道其别名即可访问该文件夹内的文件(别名无更改的情况下)。

在 IIS 管理器中，单击 FTP 站点管理界面右侧的“添加虚拟目录”操作项，如图 10.14 所示。在“添加虚拟目录”界面中，填写“别名”和“物理路径”，如图 10.15 所示。这里别名为 myShare，其物理路径为 C:\mydoc。

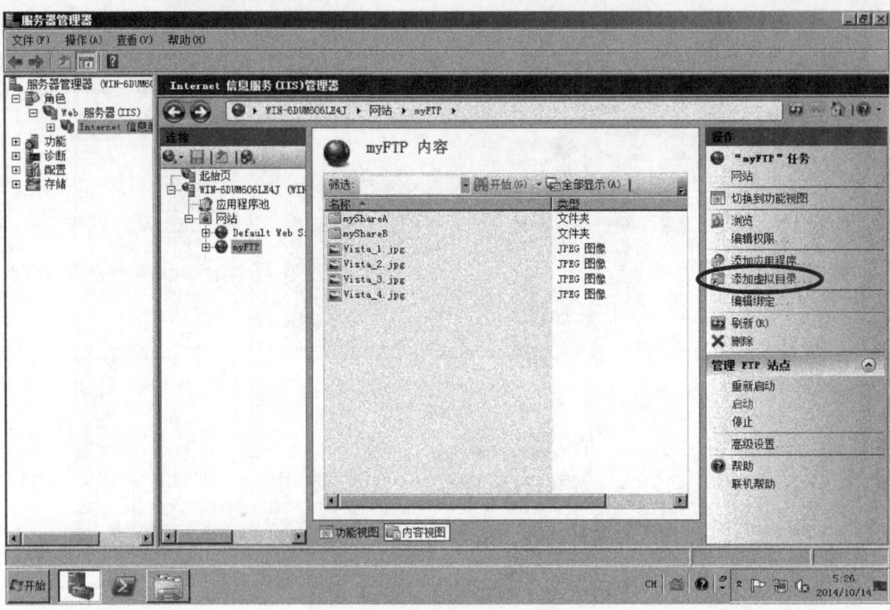

图 10.14　添加虚拟目录

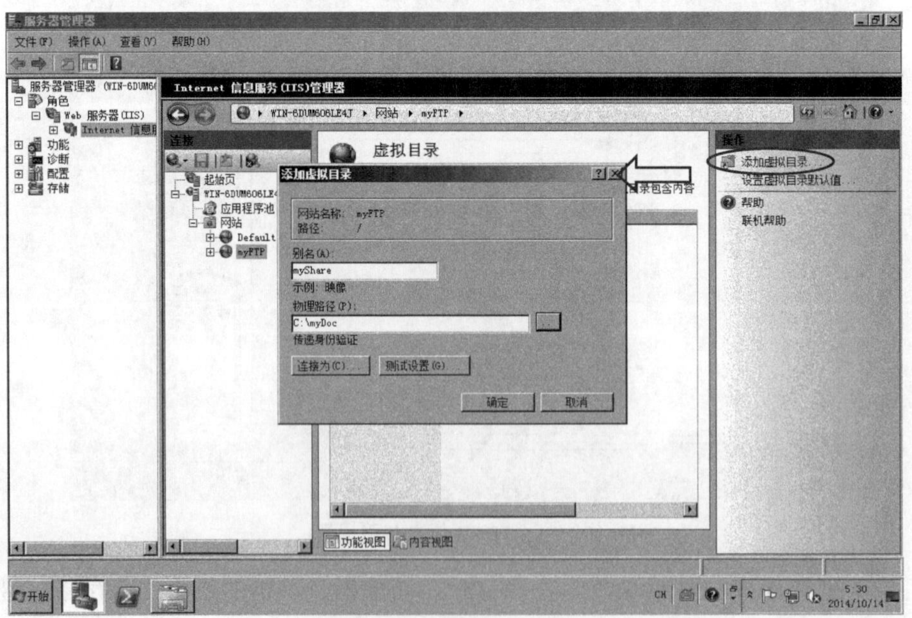

图 10.15　设置虚拟目录

设置完成虚拟目录后，在 myFTP 下可以看到多了一个 myShare 的文件夹的快捷方式，如图 10.16 所示。接着在客户机上打开浏览器，在地址栏输入ftp://192.168.58.136/myshare，如图 10.17所示。该图表明用户此时在访问别名为 myShare 的文件夹。

图 10.16　虚拟目录快捷方式

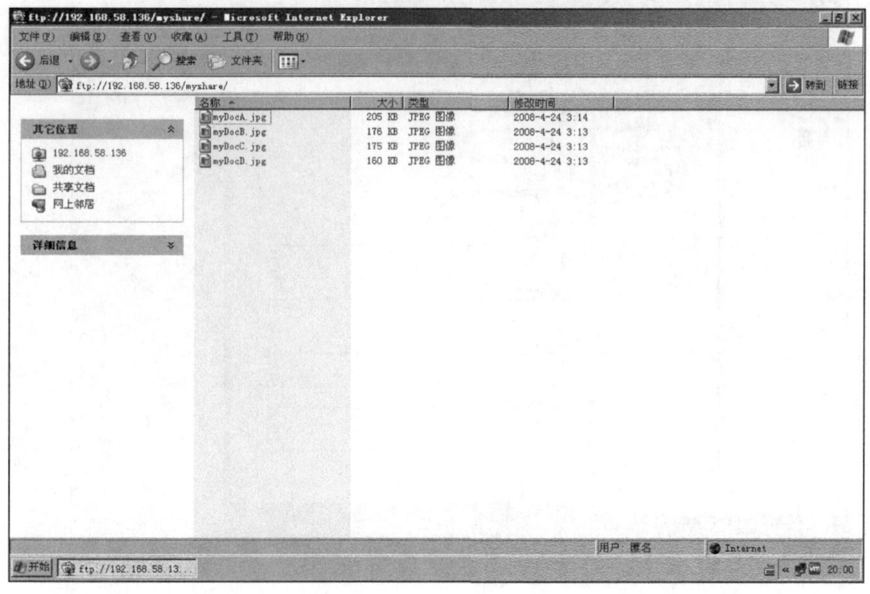

图 10.17　访问虚拟目录

10.3.2　FTP 站点的信息设置

当用户登录 FTP 站点时，可以设置 FTP 站点的信息，以便用户更好地了解该站点。在 FTP 站点 myFTP 主页中单击“FTP 消息”快捷方式，如图 10.18 所示。进入 FTP 消息后，显示“消息行为”和“消息文本”两项内容，如图 10.19 所示。

“消息行为”选项中，”取消显示默认横幅”指的是不显示图 10.20 中红圈所示的站点默认信息“220 Microsoft FTP Service”。

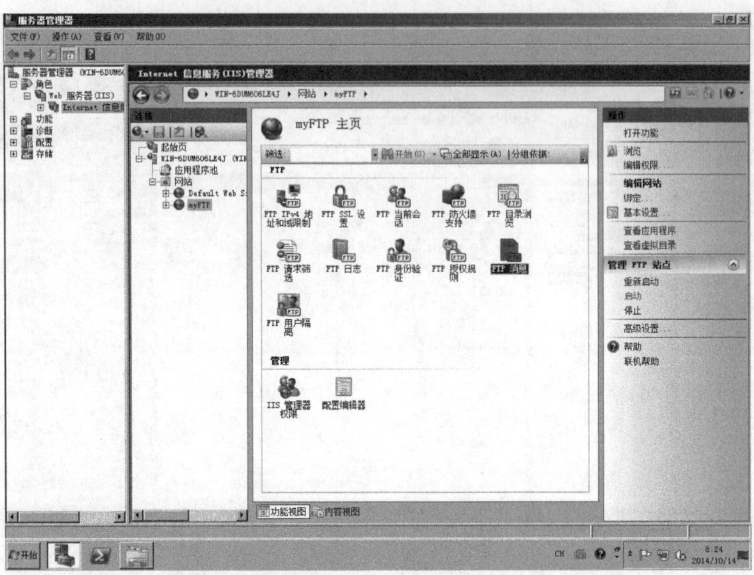

图 10.18　选择 FTP 消息

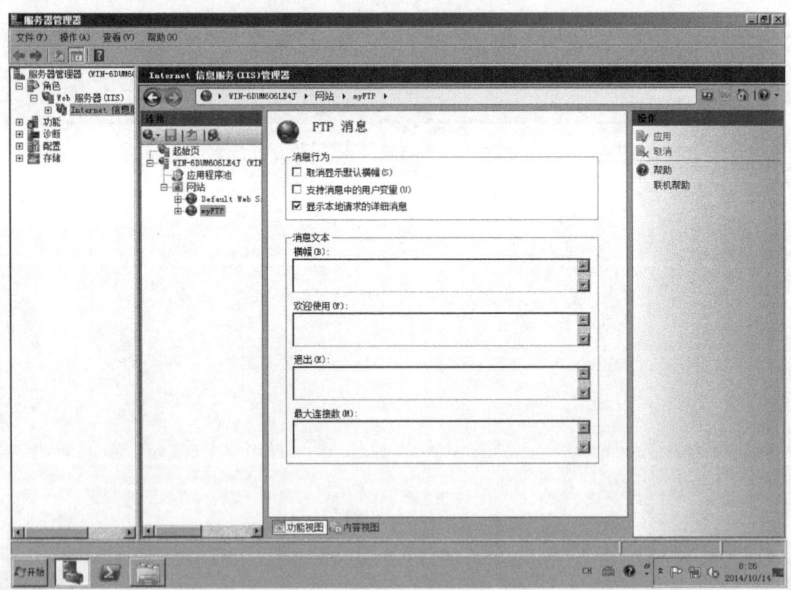

图 10.19　显示 FTP 消息

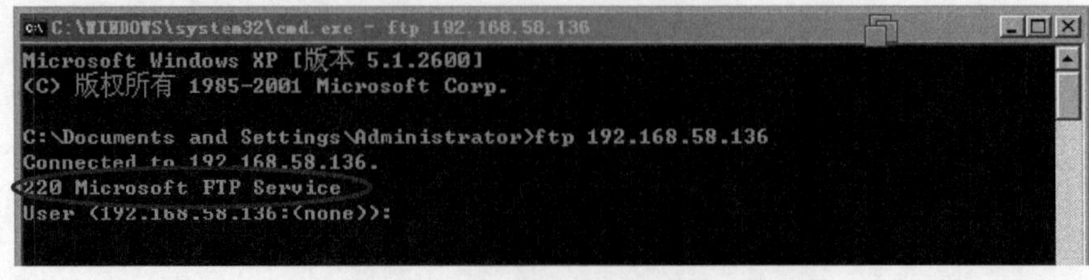

图 10.20　“取消显示默认横幅”选项

“支持消息中的用户变量”指的是支持在消息中使用 FTP 服务所提供的变量，如表 10.1 所示。

表 10.1　FTP 服务变量表

变量名	说　　明
%BytesReceived%	此次连接中从服务器传给客户端的字节数
%BytesSent%	此次连接中从客户端传给服务器的字节数
%SessionID%	此次连接的标识符
%SiteName%	FTP 站点的名称
%UserName%	用户名称

“显示本地请求的详细信息”指的是当 FTP 站点所在的计算机连接该站点出现错误时，是否要显示详细的错误信息。例如，当用户登录后，试图访问在主目录下不存在的或者被删除的目录 myShareC，则系统会显示相关错误信息，如图 10.21 所示。注意，如果是客户端，则不会显示。

```
管理员: C:\Windows\system32\cmd.exe - ftp 192.168.58.136
Microsoft Windows [版本 6.1.7601]
版权所有 (c) 2009 Microsoft Corporation。保留所有权利。

C:\Users\Administrator>ftp 192.168.58.136
连接到 192.168.58.136。
220 Microsoft FTP Service
用户(192.168.58.136:(none)): anonymous
331 Anonymous access allowed, send identity (e-mail name) as password.
密码:
230 User logged in.
ftp> cd myShareC
550-The system cannot find the file specified.
 Win32 error:   The system cannot find the file specified.
 Error details: File system returned an error.
550 End
ftp>
```

图 10.21　“显示本地请求的详细信息”选项

在“消息文本”选项中的具体内容如下：

- “横幅”指的是用户连接 FTP 站点时最先看到的提示信息。
- “欢迎使用”指的是用户登录后显示的提示信息。
- “退出”指的是当用户退出 FTP 站点时显示的提示信息。
- “最大连接数”指的是当连接 FTP 站点的用户数超过设置的连接数量限制时所显示的提示信息。

这里的信息可以配合表 10.1 中的用户变量使用。在”消息文本”中输入信息，如图 10.22 所示，则当用户连接 FTP 站点的时候会显示相关信息，如图 10.23 和图 10.24 所示。

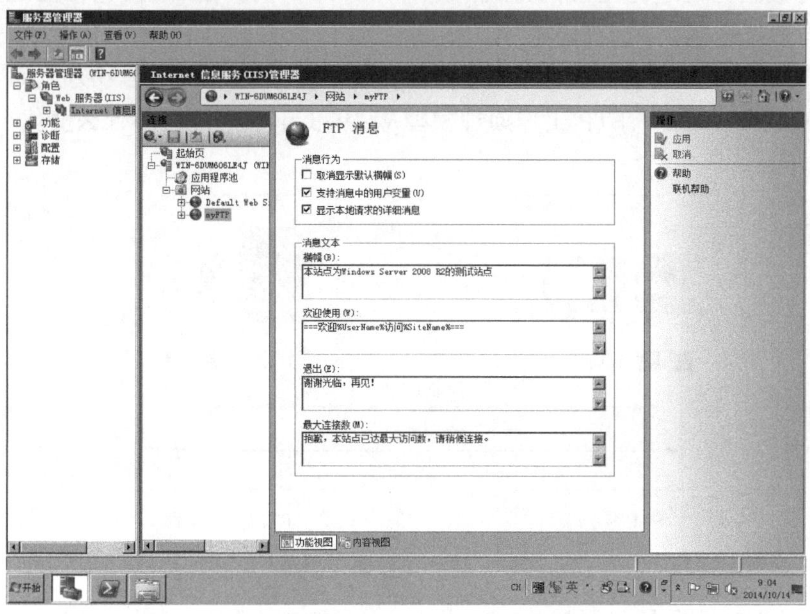

图 10.22　消息文本选项的配置

```
管理员: Windows PowerShell
Windows PowerShell
版权所有 (C) 2009 Microsoft Corporation。保留所有权利。

PS C:\Users\Administrator> ftp 192.168.58.136
连接到 192.168.58.136。
220-Microsoft FTP Service
220 本站点为Windows Server 2008 R2的测试站点
用户(192.168.58.136:(none)): anonymous
331 Anonymous access allowed, send identity (e-mail name) as password.
密码:
230-===欢迎anonymous访问myFTP===
230 User logged in.
ftp> bye
221 谢谢光临，再见!
PS C:\Users\Administrator>
```

图 10.23　消息文本选项的效果 1

```
管理员: Windows PowerShell
Windows PowerShell
版权所有 (C) 2009 Microsoft Corporation。保留所有权利。

PS C:\Users\Administrator> ftp 192.168.58.136
连接到 192.168.58.136。
421 抱歉，本站点已达最大访问数，请稍候连接。
远程主机关闭连接。
PS C:\Users\Administrator> _
```

图 10.24　消息文本选项的效果 2

10.3.3　相关知识

作为传统的客户端/服务器模式的应用，FTP 的工作通常需要用户使用一个支持 FTP 协议的客户端软件来连接远程主机上的 FTP 服务器。FTP 服务的基本过程是：建立连接、传输数据与释放连接。由于 FTP 服务的特点是数据量大、控制信息相对较少，因此在设计时采用对控制信息与数据分别进行处理的方式，这样用于通信的 TCP 连接也相应地分为两种类型：控制连接与数据连接。其中，控制连接用于在通信双方之间传输 FTP 命令与应答信息，完成连接建立、身份认证与异常处理等控制操作；数据连接用于在通信双方之间传输文件或目录信息。就工作原理而言，FTP 工作原理模型从 1973 年以来并没有什么变化，如图 10.25 所示。

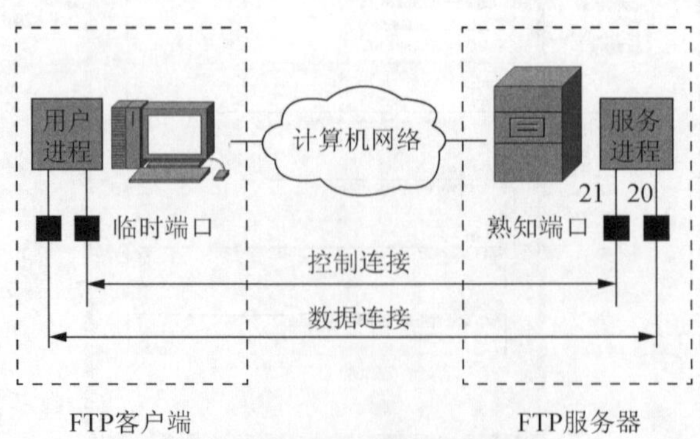

图 10.25　FTP 工作原理模型

图 10.25 中，FTP 服务器打开默认 FTP 端口：20 和 21(常称为熟知端口)。端口 20 用于在客户端和服务器之间传输数据，而端口 21 用于传输控制命令，并且是命令通向 FTP 服务器

的进口。FTP 客户端创建用户进程(生成临时端口)，并使用用户协议解释器(User-Protocol Interpreter，UPI)创建控制连接(遵从 Telnet 协议)。

控制连接：在用户初始化阶段，标准 FTP 命令被 UPI 生成并通过控制连接传到 FTP 服务器处理。而服务器创建的服务进程使用服务协议解释器(Server-Protocol Interpreter，SPI)将相应的标准 FTP 应答通过控制连接回传给 UPI。

数据连接：数据传输则由数据连接完成。数据连接有两种常用的工作模式：ASCII 模式和 BINARY 模式。其中，ASCII 模式适合传输文本文件，BINARY 模式适合传输二进制文件。注意，这里的数据连接是双向的，且不需要一直存在。数据连接就是 FTP 传输数据的过程，它有两种传输模式：主动模式(PORT)和被动模式(PASV)。

1. 主动模式

当 FTP 的控制连接建立，客户提出目录列表、传输文件时，客户端发出 PORT 命令与服务器进行协商，FTP 服务器使用一个标准端口 20 作为服务器端的数据连接端口，与客户建立数据连接。该模式下，FTP 的数据连接和控制连接方向相反，由服务器向客户端发起一个用于数据传输的连接；而客户端的连接端口由服务器端和客户端通过协商确定，且只处于接收状态。

2. 被动模式

当 FTP 的控制连接建立，客户提出目录列表、传输文件时，客户端发送 PASV 命令使服务器处于被动传输模式，FTP 服务器等待客户与其联系。FTP 服务器在非 20 端口的其他数据传输端口上监听客户请求。该模式下，FTP 的数据连接和控制连接方向一致，由客户端向服务器发起一个用于数据传输的连接，服务器处于被动接收状态。客户端的连接端口是发起该数据连接请求时使用的端口。当 FTP 客户在防火墙之外访问 FTP 服务器时，需要使用被动模式。

FTP 协议详细规定了 FTP 服务的工作流程，以及命令与响应的具体格式。FTP 命令由两部分组成：命令名与参数。其中，命令名是由 3 或 4 个大写字母组成的字符串，它是对该命令的英文描述的缩写，例如 USER 是用户名的缩写；参数是完成命令需要使用的附加信息，例如 USER 的参数为具体的用户名。FTP 命令的标准格式为：命令名 <参数>。FTP 命令中的命令名是必须要有的，而参数是由命令来决定是否需要的。例如，USER 命令必须有参数，LIST 命令可以没有参数。最基本的几个 FTP 命令是：USER、PASS、LIST、RETR、STOR、DELE 与 QUIT 等。

10.4　任务四：FTP 站点安全配置

由于 FTP 站点提供的是共享资源的服务，因此对登录的用户需要进行身份验证和权限设置。在前面的例子中，我们都是以匿名用户的身份登录站点的，同时具有读取的权限，这也是站点的默认设置。

首先，单击 myFTP 主页中的“FTP 身份验证”，如图 10.26 所示。

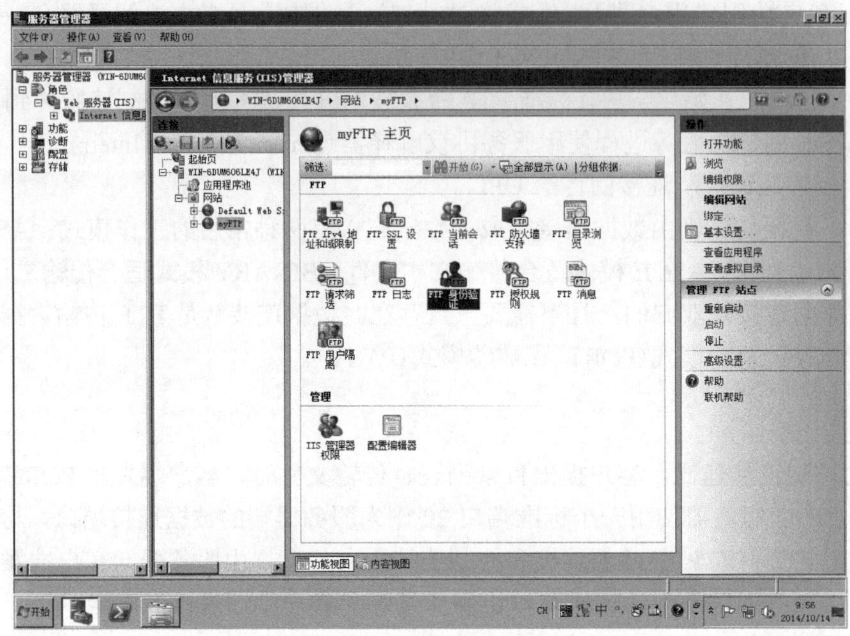

图 10.26 FTP 身份验证

进入“FTP 身份验证”界面，可以看到有匿名身份验证和基本身份验证两种模式，且都已启动。可以通过右侧的编辑对两种模式进行更改。在基本身份验证中，可以添加用户所在的默认域(请参考第 5 章内容)。在“编辑匿名身份凭据”中，用户名为系统为匿名用户创建的默认用户名 IUSR，可以为这个用户创建密码，如图 10.27 所示。

图 10.27 编辑匿名身份验证凭据

其次，我们对用户的权限进行设置。单击“FTP 授权规则”，如图 10.28 所示。

图 10.28　FTP 授权规则

进入“FTP 授权规则”界面后，可以单击“添加允许规则”和“添加拒绝规则”对用户权限进行管理。我们选择“添加允许规则”，如图 10.29 所示。可以指定不同的用户具有“读取”或“写入”的权限。“读取”权限只允许用户下载文件；而“写入”权限则允许用户上传文件至站点。

图 10.29　添加允许授权规则

IIS 还提供 FTP 用户隔离(FTP user isolation)功能，让用户在连接 FTP 站点时不是进入默认的 FTP 站点主目录，而是进入用户的专属主目录。同时还可以限制用户只能访问其专属主目录而不能访问其他用户主目录。FTP 用户隔离的设置如图 10.30 和图 10.31 所示。

图 10.30　FTP 用户隔离

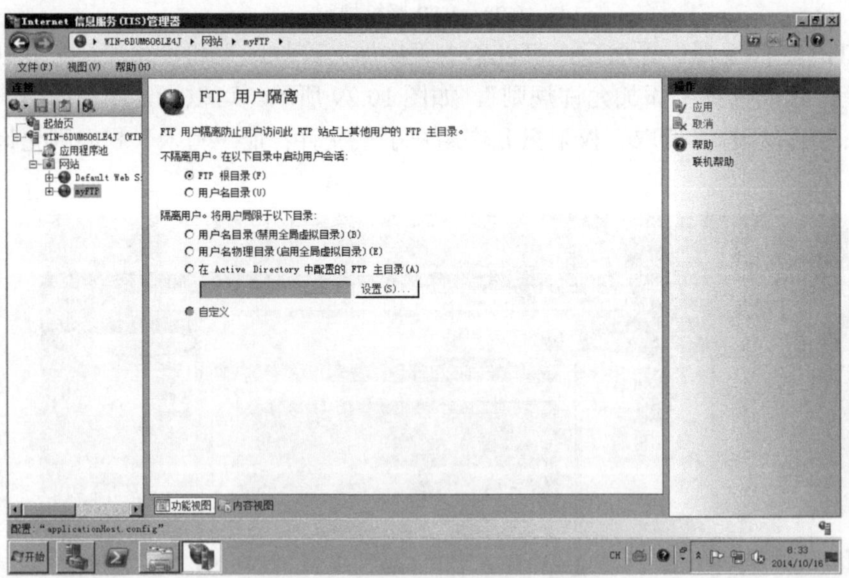

图 10.31　FTP 用户隔离设置

在“FTP 用户隔离”的选项中有“不隔离用户”和“隔离用户”两种。

(1) 不隔离用户。该选项不会隔离用户，仅使用户进入不同的主目录、FTP 根目录和用户名目录。

(2) 隔离用户。该选项将用户限制在相关目录中，包括用户名目录(禁用全局虚拟目录)、用户名物理目录(启用全局虚拟目录)和在 Active Directory 中配置的 FTP 主目录。

第 11 章　远程桌面服务

随着互联网的快速发展，人们在某些时候需要快速地使用家中的计算机或者访问远程的服务器。针对这一情况，远程桌面提供一个较好的解决方案。远程桌面功能使得人们可利用本地计算机来控制网络中另一台处于遥远地方的计算机，可对该计算机进行软件安装、程序运行等操作，而且这些操作就好像是直接在该远程计算机上做的一样。该功能为网络管理员提供了极大的便利，使其可利用任何一台安全的终端计算机来操作远程的服务器，进而实现对服务器的远程管理。

11.1　案例需求分析

某一销售公司有一台服务器托管在公共机房中，管理员小王希望可以通过办公室的计算机来远程管理这台服务器，包括修改服务器配置、重启服务器等。同时，该公司的某一专业软件需要小王提供维护，并要求能够实现销售人员远程使用该软件进行移动办公。利用 Windows Server 2008 R2 系统提供的远程桌面服务，就可以很好地满足该案例的需求。这里，我们可将任务分解成以下 4 个子任务。

(1) 部署远程桌面会话主机：通过服务器管理器工具，在服务器 WSDC1 (IP 地址为 192.168.95.1，采用 Windows Server 2008 R2 操作系统) 上安装远程桌面服务，使其成为 RD 会话主机。

(2) 远程桌面授权：为安装成功后的远程桌面会话主机进行授权，使其获得更长的使用期限。

(3) 远程管理：通过对客户端计算机 PC1 (采用 Windows XP Professional 操作系统) 的配置，使其能远程访问服务器 WSDC1 的操作界面，进而实现对该服务器的远程管理。

(4) RemoteApp 管理器的配置和管理：利用 RemoteApp 管理器，使用户通过远程桌面连接可以直接运行服务器 WSDC1 上的某一专业软件 (如 Excel 2003)。

11.2　任务一：安装远程桌面会话主机

远程桌面会话主机 (Remote Desktop Session Host) 是指某一服务器，其上安装了远程桌面服务，使该服务器可以委托其他远程计算机来管理基于 Windows 的应用程序或完整的 Windows 操作桌面。这样，用户就可以通过网络连接到远程桌面会话主机服务器，运行该服务器上的程序，并使用其上的网络资源。

11.2.1　安装步骤

远程桌面服务可安装在域中的服务器上，也可在非域环境下安装。但是，如果在域中的计算机上安装远程桌面服务，利用域的功能可简化对访问该服务器的用户的管理，并且减少用户的认证次数。因此，在下述例子中，我们将在域 msws.com 中的服务器 WSDC1 上安装远程桌面服务，具体安装过程描述如下：

【步骤 1】单击“开始”命令“管理工具”中的“服务器管理器”，打开“服务器管理器”窗口，如图 11.1 所示。

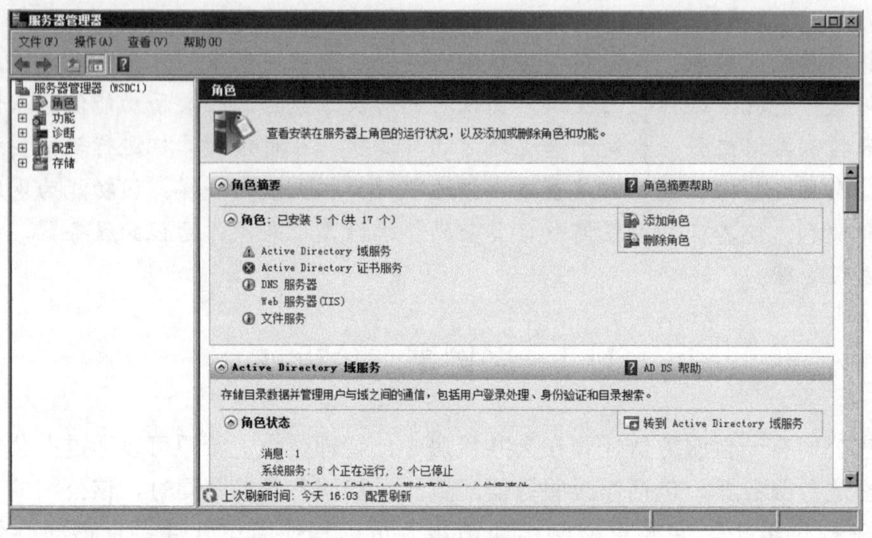

图 11.1　服务器管理器

【步骤 2】单击“添加角色”，在弹出的“添加角色向导”对话框中选择“远程桌面服务”复选项，如图 11.2 所示。

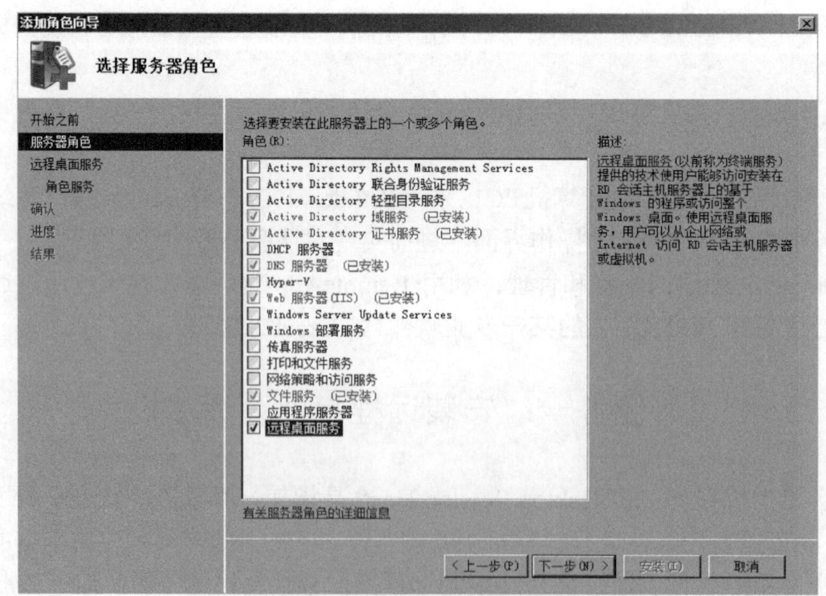

图 11.2　选择服务器角色

【步骤 3】单击“下一步”按钮，在如图 11.3 所示的对话框中，对远程桌面服务进行简要的介绍。

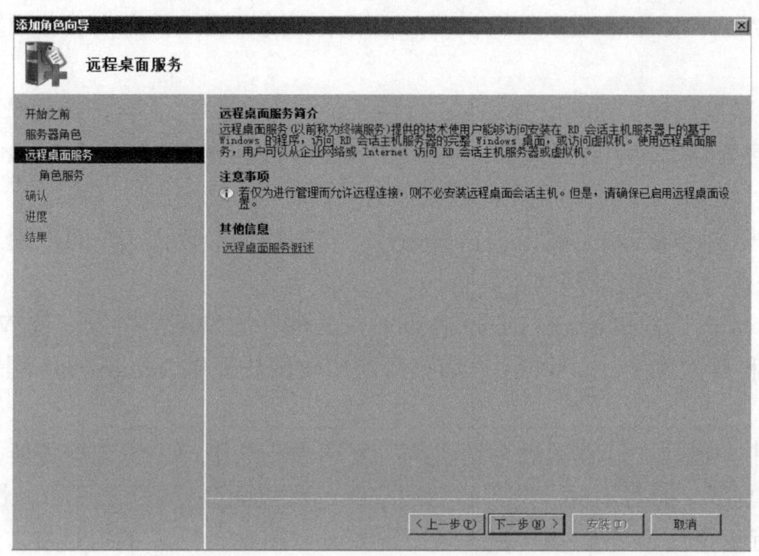

图 11.3　远程桌面服务简介

【步骤 4】单击“下一步”按钮，显示如图 11.4 所示的“选择角色服务”对话框。

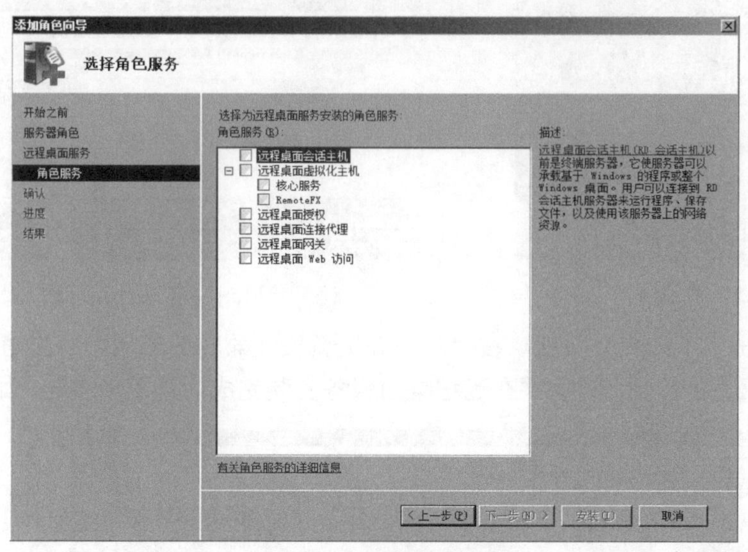

图 11.4　选择角色服务

这里，远程桌面服务提供了一些角色服务来实现远程桌面的功能。主要角色服务如下。

(1) 远程桌面会话主机(Remote Desktop Session Host)：它使服务器可以承载基于 Windows 的程序或完整的 Windows 桌面。用户可以通过连接到远程桌面会话主机服务器，来运行程序、保存文件以及使用该服务器上的网络资源。

(2) 远程桌面虚拟化主机(Remote Desktop Virtualization Host)：它集成了 Hyper-V 以托管虚拟机，并将这些虚拟机作为虚拟桌面提供给用户。RD 虚拟化主机还可以将唯一的虚拟机分配给组织中的每个用户，或为他们提供对虚拟机池的共享访问。

(3) 远程桌面授权(Remote Desktop Licensing)：它管理每台设备(或用户)与 RD 会话主机服务器连接所需的远程桌面服务客户端访问许可证(Remote Desktop Services Client Access

Licenses，RDS CAL)。使用远程桌面授权可在远程桌面授权服务器上安装、颁发 RDS CAL，并跟踪其可用性。

(4)远程桌面连接代理(Remote Desktop Connection Broker)：它支持负载平衡 RD 会话主机服务器中的会话负载平衡和会话重新连接。RD 连接代理还可用于通过 RemoteApp 和桌面连接为用户提供对 RemoteApp 程序和虚拟机的访问。

(5)远程桌面网关(Remote Desktop Gateway)：它使授权的远程用户可以通过任何连接到 Internet 的设备来访问企业内部网络上的资源。

(6)远程桌面 Web 访问(Remote Desktop Web Access)：它使用户可以通过 Web 浏览器来访问 RemoteApp 和桌面连接。RemoteApp 和桌面连接向用户提供 RemoteApp 程序和虚拟桌面的自定义视图。

在该对话框中，选择“远程桌面会话主机”复选项。这里，由于该服务器是域控制器，就会弹出如图 11.5 所示的对话框，选择“始终安装远程桌面会话机”。另外，若在图 11.4 对话框中，选择“远程桌面 Web 访问”复选项，则弹出如图 11.6 所示的对话框，单击“添加所需的角色服务”按钮，就可自动安装远程桌面 Web 访问所需的其他角色服务。

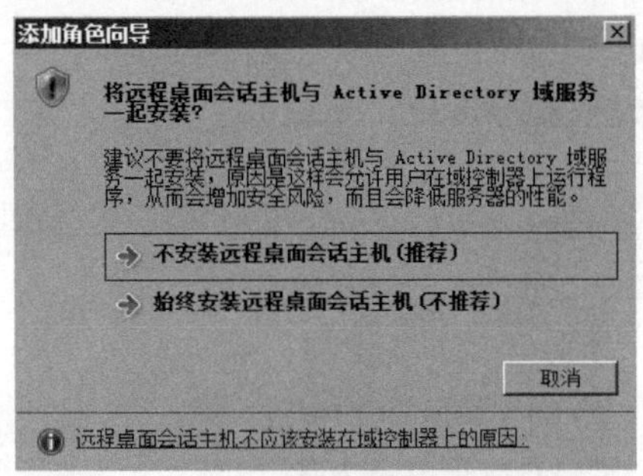

图 11.5　提示框

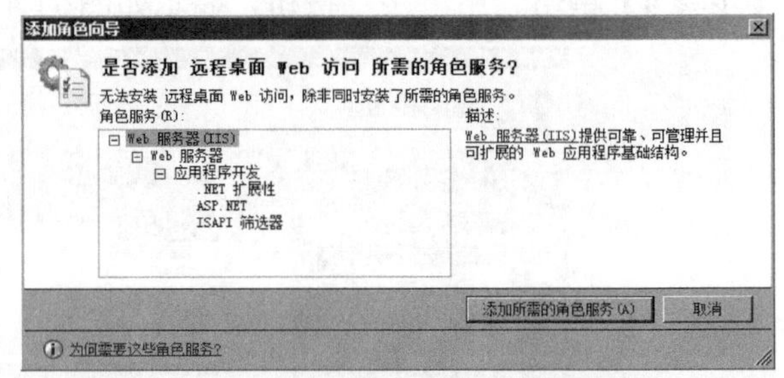

图 11.6　添加所需的角色服务

【步骤 5】单击“下一步”按钮，在“卸载并重新安装兼容的应用程序”对话框中提示卸载一些用于远程服务的应用程序，并在远程桌面服务安装完成后再重新安装，如图 11.7 所示。

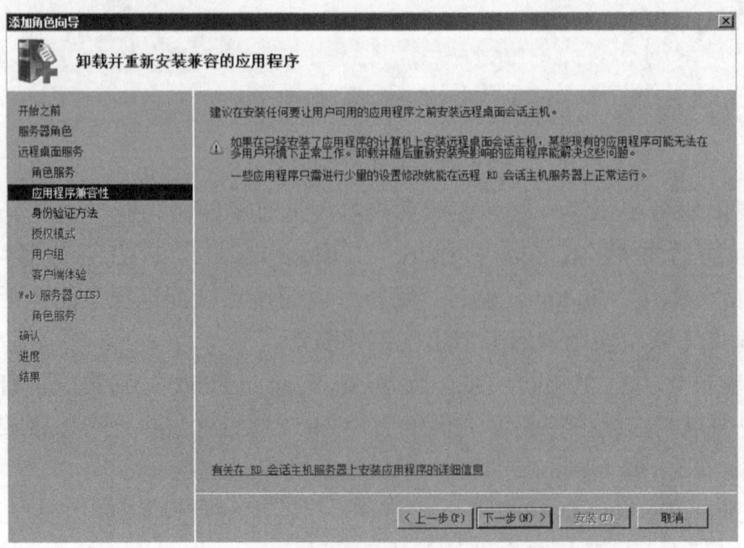

图 11.7　卸载并重新安装兼容的应用程序

【步骤 6】单击“下一步”按钮，显示“指定远程桌面会话主机的身份验证方法”对话框。这里，如果选中“需要使用网络级别身份验证”单选项，则操作系统为 Windoows XP 和 Windows 2003 的客户端计算机将无法运行 RemoteApp 程序。因此，为了兼容性，我们建议选择“不需要使用网络级别身份认证”单选项，如图 11.8 所示。

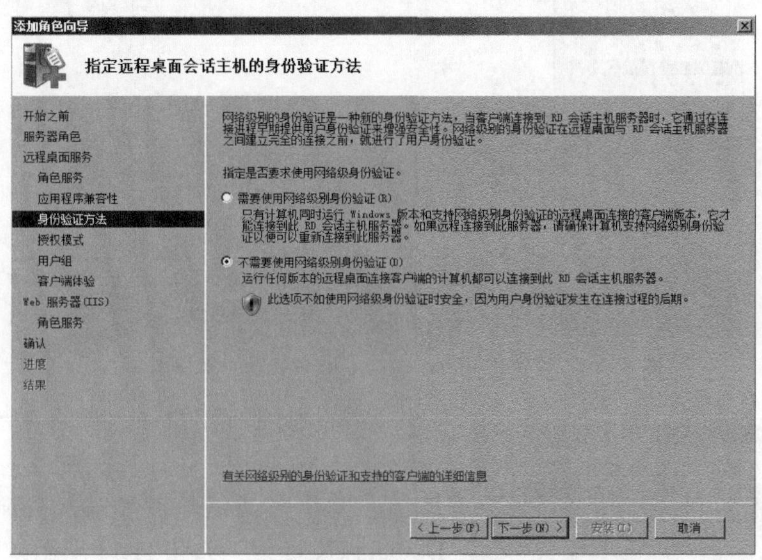

图 11.8　设置远程桌面会话主机的身份验证方法

【步骤 7】单击“下一步”按钮，出现如图 11.9 所示的“指定授权模式”对话框，选择“以后配置”单选项。

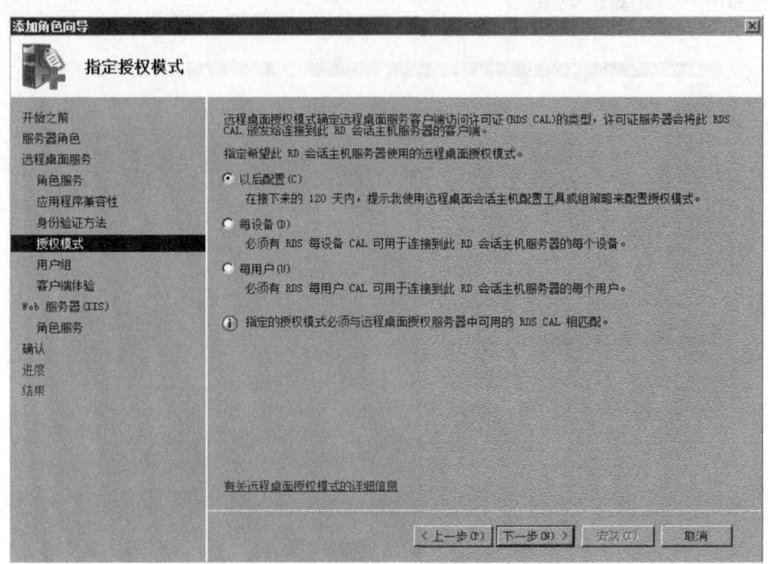

图 11.9　指定授权模式

【步骤 8】单击“下一步”按钮，在如图 11.10 所示的对话框中，对可以访问该远程桌面服务器的用户或用户组进行设置，默认只有 Administrators 组。

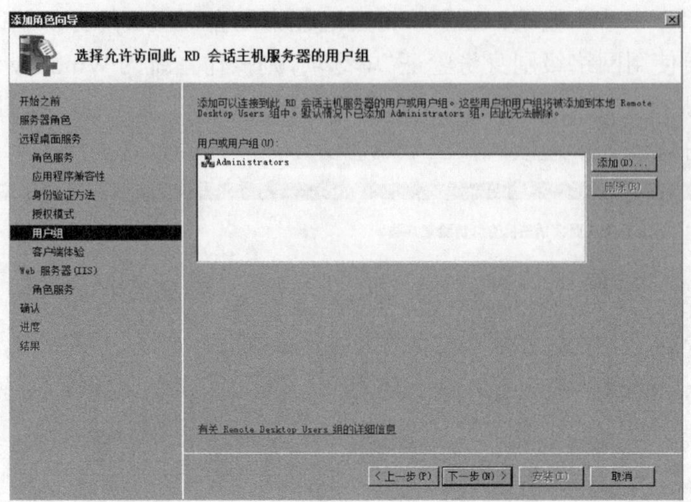

图 11.10　设置访问 RD 会话主机服务器的用户组

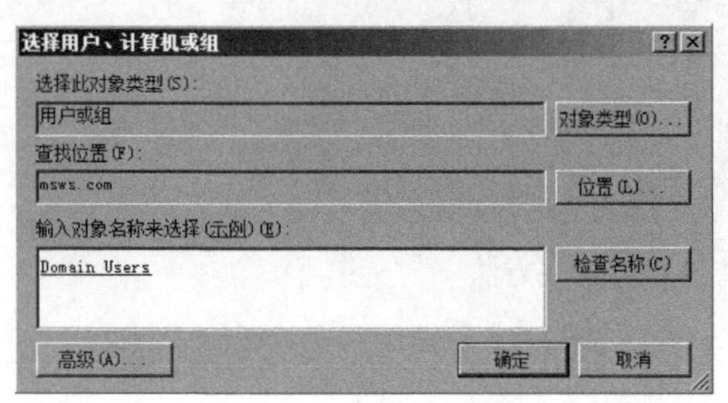

图 11.11　选择用户、计算机或组

如需增加其他用户，则需单击“添加”按钮，在弹出的“选择用户、计算机或组”对话框中，添加相应的用户或组，例如添加 msws.com 中的 Domain Users 组，如图 11.11 所示。

【步骤 9】在随后的“客户端体验”“Web 服务器”和“角色服务”对话框里，按默认选择进行配置，即单击一系列“下一步”按钮，出现如图 11.12 所示的“确认安装选择”对话框。

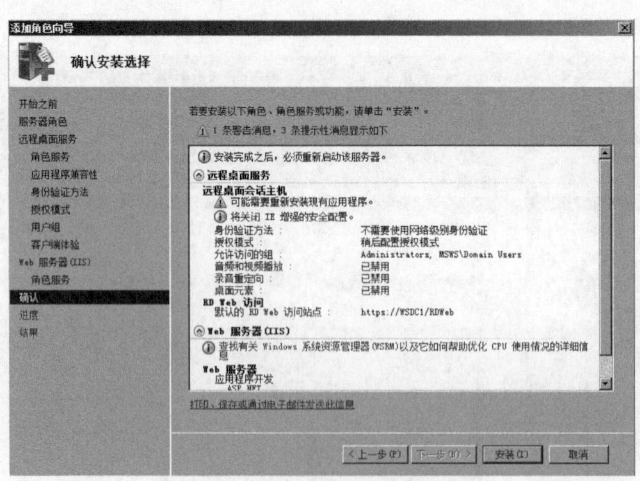

图 11.12　确认安装选择

【步骤 10】这里有一条警告消息，即“可能需要重新安装现在应用程序”。这是因为我们在安装“远程桌面服务”之前安装了其他应用程序，如 Office 软件等。单击“安装”按钮，就开始远程桌面服务角色的安装，如图 11.13 所示。

【步骤 11】安装完成后，弹出如图 11.14 所示的“安装结果”对话框，单击“关闭”按钮，并重启计算机，即可完成远程桌面服务角色的安装。

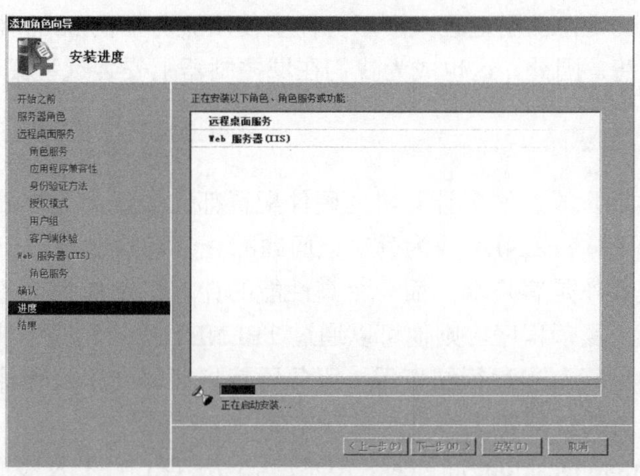

图 11.13　开始安装

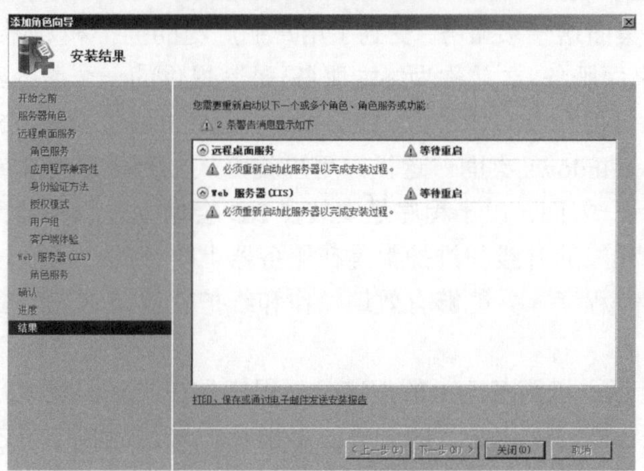

图 11.14　安装结果

【步骤 12】服务器的安装完成后，出现如图 11.15 所示的“安装成功”的提示。同时，还有若干条警告消息。这些警告并不要紧，可以放到后面处理。单击“关闭”按钮，完成远程桌面服务器的安装。

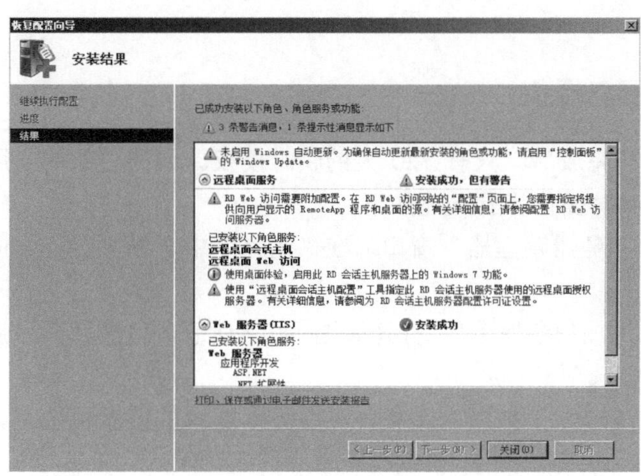

图 11.15　安装成功

此外，还需要注意的是：由于远程桌面服务需要使用服务器的 3389 端口，这就可能成为该服务器的一个安全隐患。因此，这也成为我们在域控制器上安装远程桌面服务的一个弊端。

11.2.2　相关知识

在计算机发展的早期阶段，许多计算机的硬件配置都比较低，无法独立完成一些复杂程序的运行。在这种情况下，TELNET 成为解决该问题的一个有效途径。在 TELNET 协议中，这些低配置的计算机被看作是客户端，而一个高性能的计算机则作为服务器。如果用户需在客户端计算机上运行一个复杂程序，则他可以通过 TELNET 登录到服务器上，并利用服务器上的资源来完成程序的运行。当运行结束后，服务器就将计算结果反馈给客户机。通过这种方式，人们就可在低配置的计算机上运行一些原本无法运行的程序。

远程桌面服务(Remote Desktop Services，RDS)就是从 TELNET 发展而来的，它采用的是一种类似 TELNET 的技术。从 Windows 2000 Server 开始，微软公司为了方便网络管理员管理和维护服务器推出远程桌面这一项服务，受到了用户们广泛的拥护和好评。在 Windows Server 2008 R2 系统中，远程桌面服务(之前称为终端服务)是其提供的一个服务器角色。利用远程桌面服务，一个用户可以访问在 RD(Remote Desktop)会话主机服务器上安装的基于 Windows 的程序，或访问完整的 Windows 桌面。这样，用户就可从公司网络内部或通过因特网来访问 RD 会话主机服务器。另一方面，由于程序是安装在 RD 会话主机服务器上，而不是安装在客户端计算机上，所以对程序的升级和维护都是在服务器上执行的。因而，这就使得管理员可以很容易从中心位置部署程序，并能够有效地操作和维护软件，这在一些企业环境中特别适用。

当用户访问 RD 会话主机服务器上的程序时，程序是在服务器上运行的。这里，每个会话都是相互独立的，服务器对某一会话的管理，不影响它与其他客户端之间的会话。另外，将远程桌面服务和 Hyper-V 结合起来可实现远程桌面虚拟化主机。通过配置远程桌面服务将虚拟机分配给用户，它就能够给每个用户分配一个虚拟机，也可以为一组用户建立一个虚拟机池。

11.3　任务二：管理远程桌面服务

11.3.1　远程桌面服务授权

远程桌面服务安装完成后，只有 120 天的临时授权。如需更长的使用期限，则需对远程桌面服务进行授权，具体操作步骤描述如下：

【步骤 1】打开“服务器管理器”窗口，在“角色”中选择“远程桌面服务”，如图 11.16 所示。

【步骤 2】单击“添加角色服务”，打开如图 11.17 所示的“选择角色服务”对话框，并选中“远程桌面授权”复选项。

【步骤 3】单击“下一步”按钮，选择许可服务器配置的搜索范围，如图 11.18 所示。

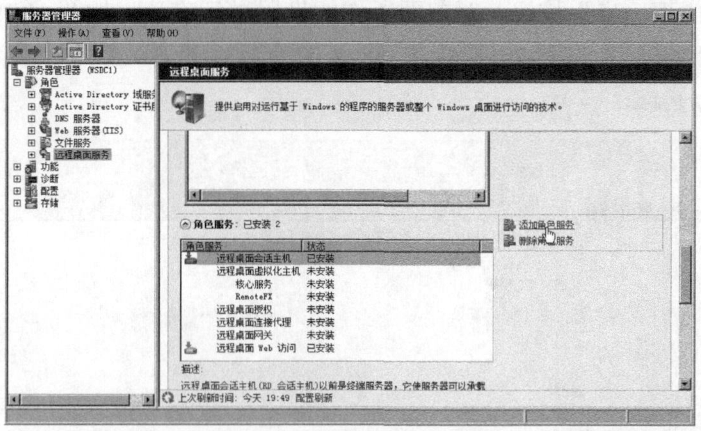

图 11.16　远程桌面服务界面

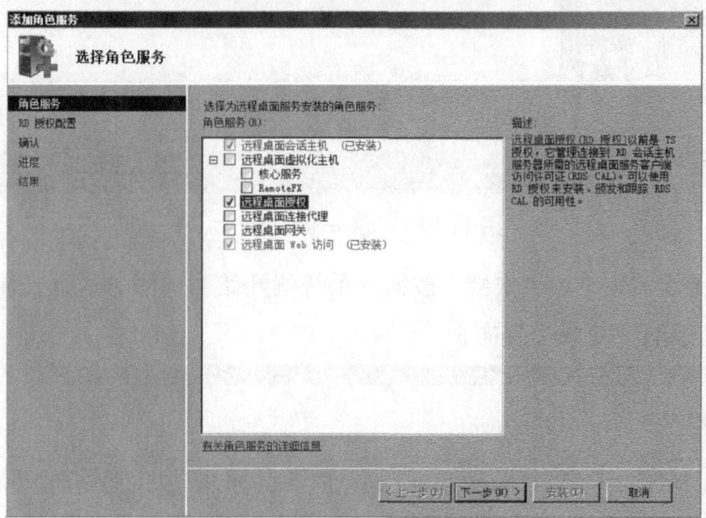

图 11.17　选择角色服务

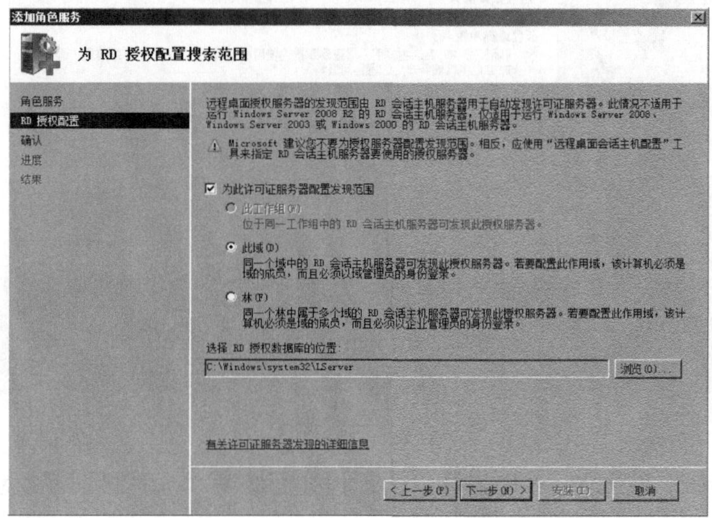

图 11.18　设置许可服务器配置的搜索范围

【步骤 4】单击“下一步”按钮，对前面所作的设置进行确认，如图 11.19 所示。

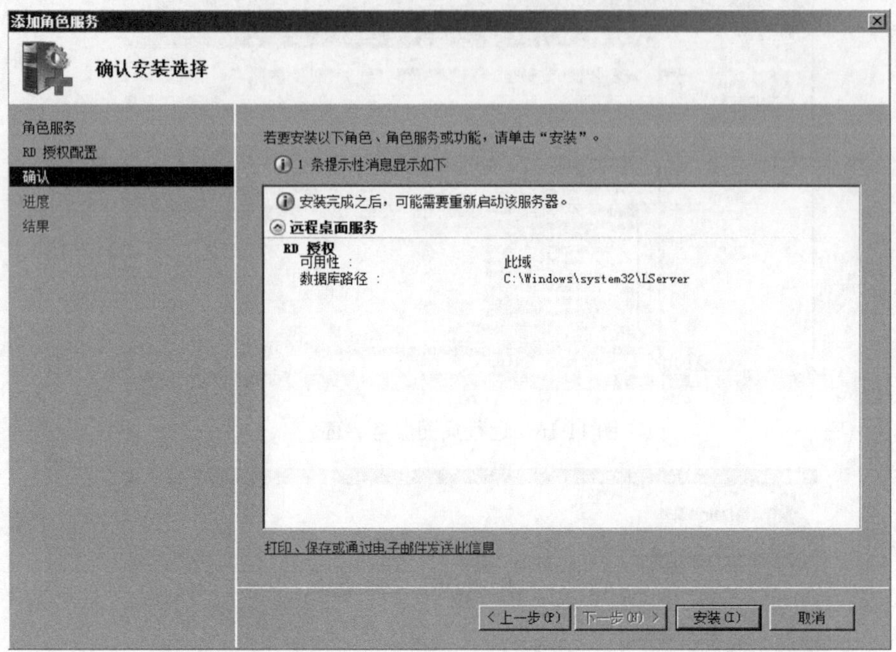

图 11.19　确认安装选择

【步骤 5】确认无误后，单击“安装”按钮，系统就开始对该服务进行安装。安装完成后，将显示如图 11.20 所示的安装成功界面。

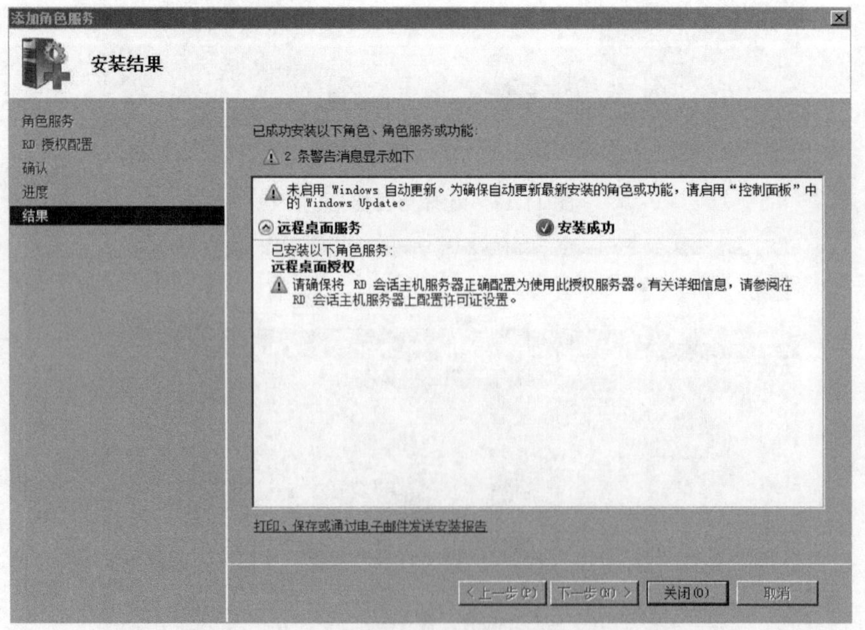

图 11.20　安装成功

安装成功后，运行“开始”管理工具中的远程桌面服务“远程桌面授权管理器”命令，打开“RD 授权管理器”窗口，发现该服务器已授权，但尚未被激活，如图 11.21 所示。

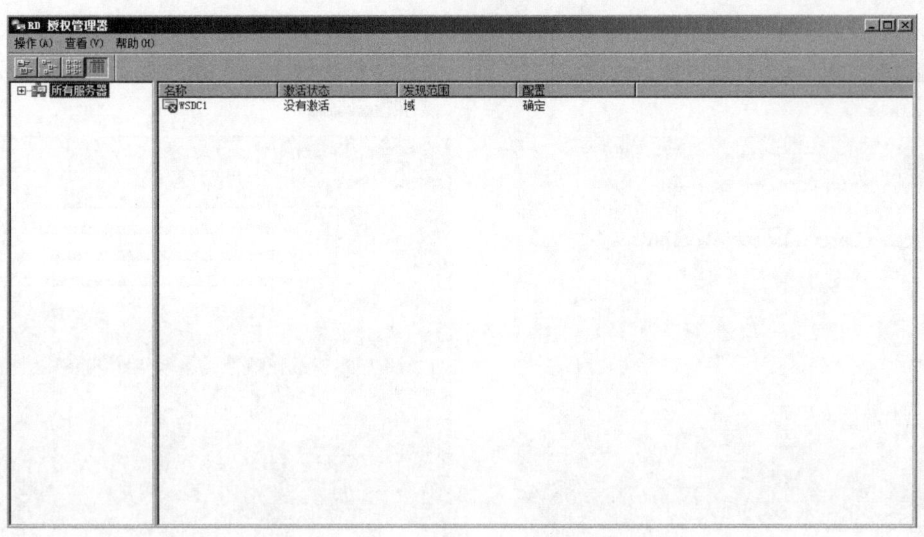

图 11.21　“RD 授权管理器”窗口

11.3.2　激活远程桌面服务

默认情况下，新安装的远程桌面服务器 WSDC1 是未激活的。因此，我们还需对该服务器进行激活，具体操作步骤描述如下：

【步骤 1】右键单击该服务器图标，在弹出的快捷菜单中选择“激活服务器”菜单项，就打开“服务器激活向导”对话框，如图 11.22 所示。

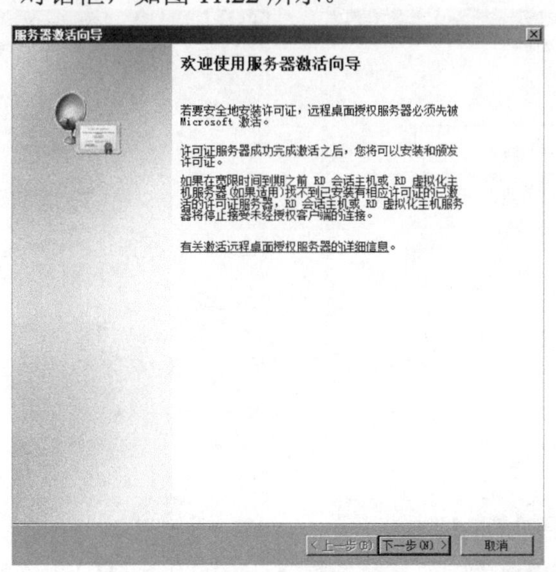

图 11.22　服务器激活向导

【步骤 2】单击“下一步”按钮，在如图 11.23 所示的对话框中对连接方法进行设置，如选择“自动连接”。

【步骤 3】单击“下一步”按钮，在“公司信息”对话框中输入相关信息，如图 11.24 所示。

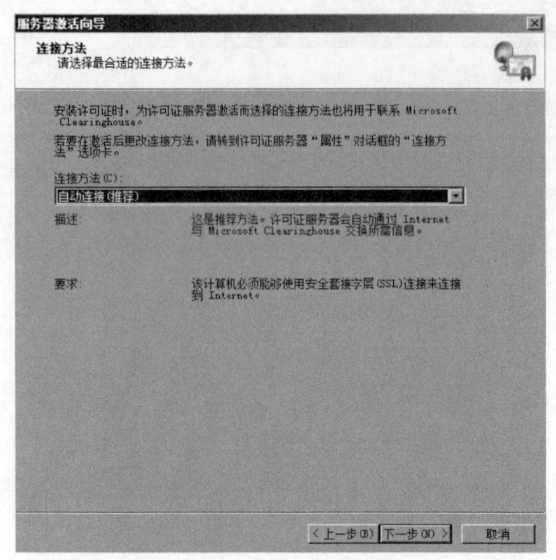

图 11.23　选择连接方法

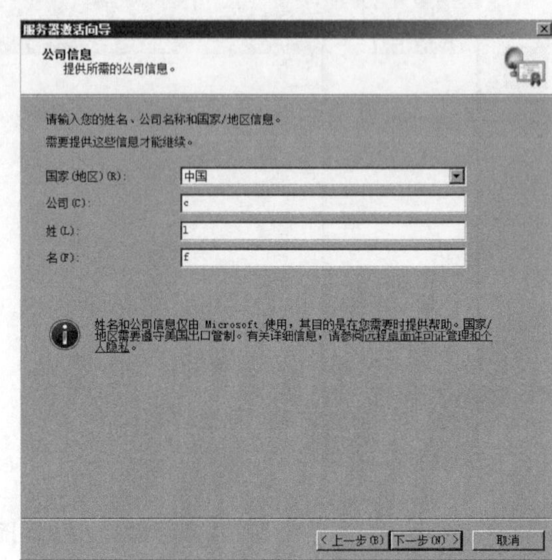

图 11.24　输入公司信息

【步骤 4】单击“下一步”按钮，进行激活。激活成功后，显示如图 11.25 所示的对话框。

【步骤 5】选中“立即启动许可证安装向导”复选项，并单击“下一步”按钮，弹出如图 11.26 所示的“许可证安装向导”对话框。

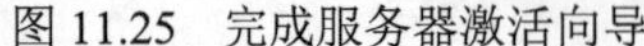
图 11.25　完成服务器激活向导

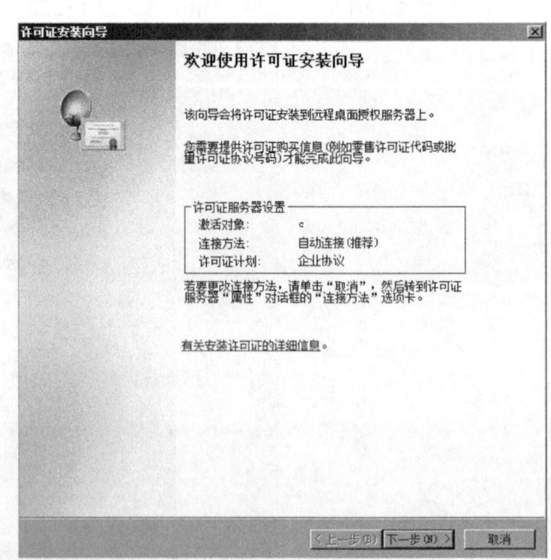

图 11.26　许可证安装向导

【步骤 6】单击“下一步”按钮，在如图 11.27 所示的“许可证计划”对话框中，对许可证计划进行设置，下拉选中“企业协议”。

【步骤 7】单击“下一步”按钮，在“协议号码”文本框中输入许可证协议号码，如图 11.28 所示。

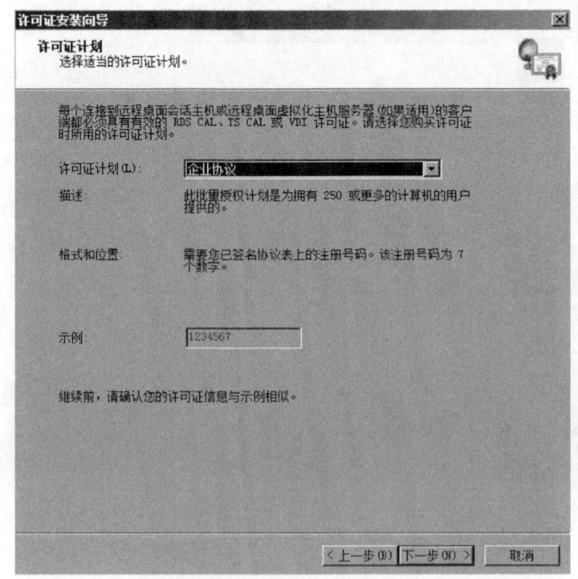

图 11.27　设置许可证计划

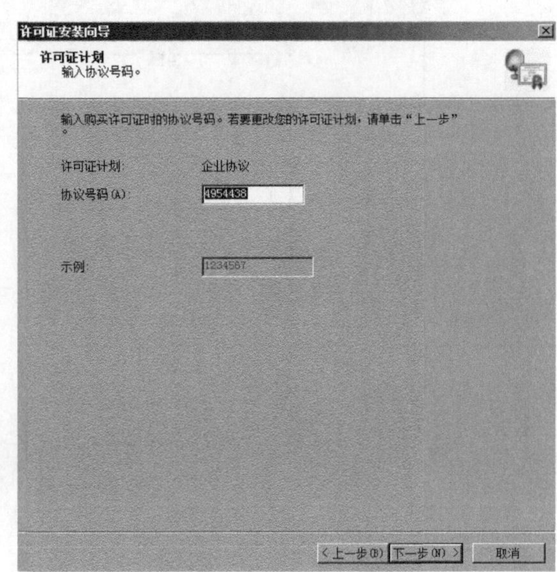

图 11.28　输入协议号码

【步骤 8】单击“下一步”按钮，在如图 11.29 所示的对话框中，对产品版本、许可证类型和数量进行设置。

【步骤 9】单击“下一步”按钮，完成许可证安装，显示如图 11.30 所示的对话框。

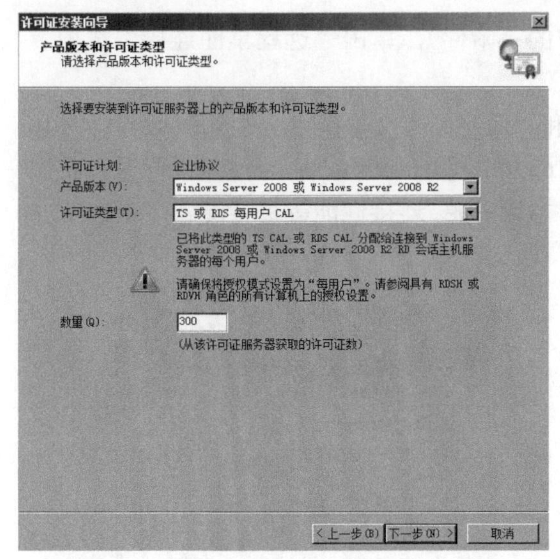

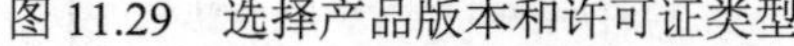

图 11.29　选择产品版本和许可证类型

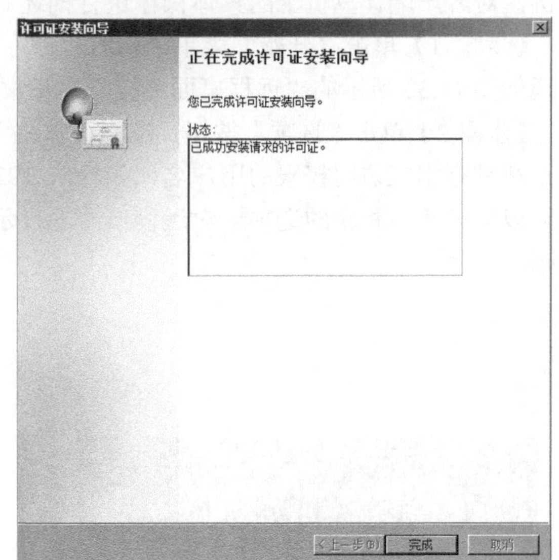

图 11.30　许可证安装完成

【步骤 10】单击“完成”按钮，完成远程服务器的授权。然后，再次打开“RD 授权管理器”窗口，可以看到远程服务器 WSDC1 已被激活，如图 11.31 所示。

图 11.31　激活成功

11.4　任务三：远程管理

当 Windows Server 2008 R2 服务器启动远程桌面服务后，用户就可在客户端计算机上通过“远程桌面连接”对服务器进行远程管理。这也就是说，用户可以使用客户机的鼠标和键盘对服务器端的 Windows Server 2008 R2 操作系统进行操作。这里以 Windows XP Professional 为例，对客户端计算机上的具体操作进行描述。

【步骤 1】单击“开始”菜单“所有程序”中的“附件”，单击“远程桌面连接”选项，出现如图 11.32 所示的“远程桌面连接”对话框。

【步骤 2】单击“选项”按钮，在“计算机”和“用户名”文本框中分别输入服务器的 IP 地址和具有相应访问权限的用户名，如输入 192.168.95.1 和 msws\administrator。同时，我们也可以通过其他相应的选项卡对远程桌面的显示、本地资源、连接性能等进行配置，如图 11.33 所示。

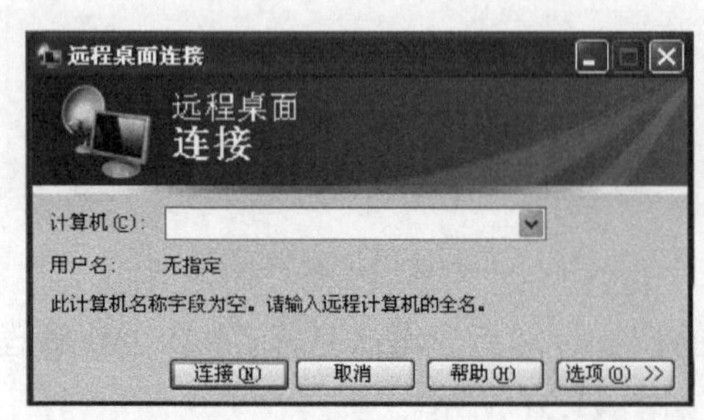

图 11.32　“远程桌面连接”对话框

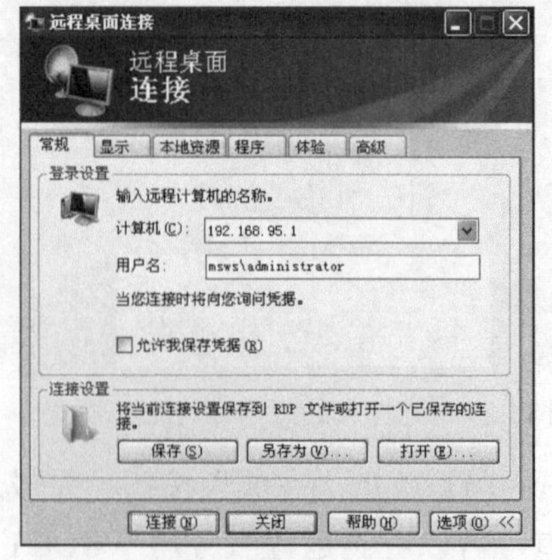

图 11.33　设置远程桌面连接参数

【步骤 3】单击“连接”按钮，客户机就可远程连接到服务器的操作界面，如图 11.34 所示。

图 11.34　远程 Windows Server 2008 R2 服务器登录界面

【步骤 4】单击 msws\administrator 用户图标按钮，在图 11.35 所示的文本框中输入相应的密码。这样，就可进入域 msws.com 的域控制器 WSDC1 的桌面，并在此操作界面下对该服务器进行管理，如图 11.36 所示。

图 11.35　登录界面

图 11.36　远程 Windows Server 2008 R2 服务器操作界面

11.5　任务四：RemoteApp 管理器的配置和管理

在任务三中，用户通过远程桌面连接可以访问服务器，并通过服务器端的操作系统桌面对服务器进行操作，这显然为服务器管理员管理服务器提供了极大的便利。但与此同时也出现了一些问题。在客户端计算机上存在两个桌面，即本地操作桌面和远程服务器桌面，进而要求用户必须能够在这两个桌面之间进行灵活的切换。例如，当一个用户需要使用远程服务器上的某一个应用程序时，他就必须通过远程服务器端的操作桌面来访问这个程序，这就要求该用户熟悉服务器端的操作系统。对于一些初级用户来说，这无疑是比较困难的，并且增加了他们在使用过程中出错的几率。

为了解决这一问题，微软公司在 Windows Server 2008 之后提供了 RemoteApp 这一项功能。基于该功能，用户可以通过远程桌面连接直接运行服务器上的应用程序。它将 RemoteApp 中的应用程序和客户端桌面有机集成在一起，使得这些程序可以有效地在客户端桌面运行，而无需使用服务器桌面。下面，我们就对 RemoteApp 的配置、管理及程序发布进行简要介绍。

首先，我们在 Windows Server 2008 R2 服务器上对 RemoteApp 管理器进行设置，具体操作步骤描述如下：

【步骤 1】单击“开始”菜单“管理工具”中的“远程桌面服务器”，选择 RemoteApp 管理器，弹出如图 11.37 所示的“RemoteApp 管理器”窗口。

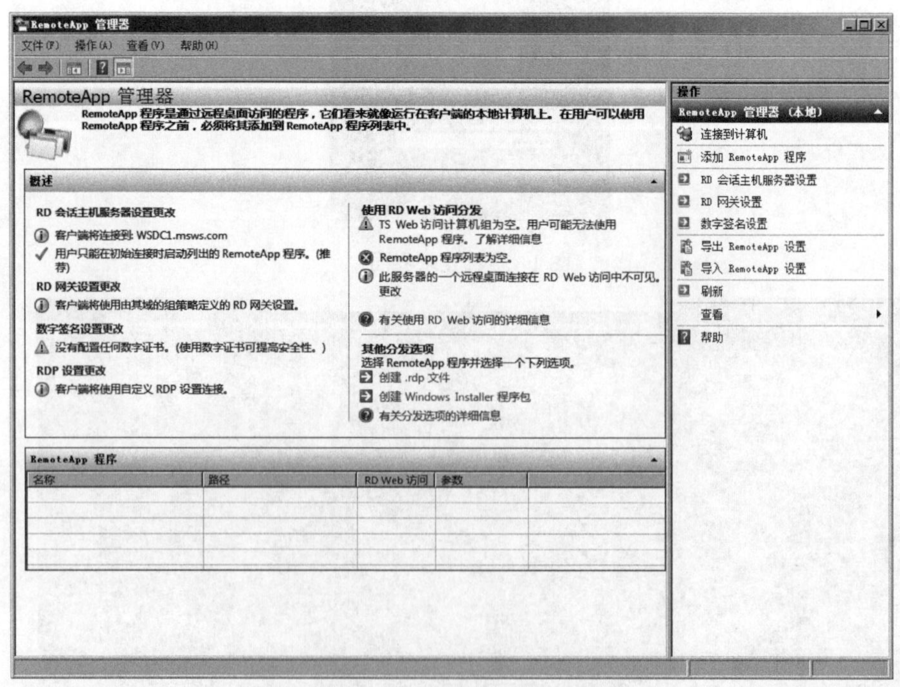

图 11.37　“RemoteApp 管理器”窗口

【步骤 2】在窗口的右侧栏中，选择“添加 RemoteApp 程序”命令，出现如图 11.38 所示的“RemoteApp 向导”对话框。

【步骤 3】在“RemoteApp 向导”对话框中选择若干应用程序，如 Word 2003、Excel 2003、PowerPoint 2003 等，并单击“下一步”按钮，显示如图 11.39 所示的“复查设置”对话框。

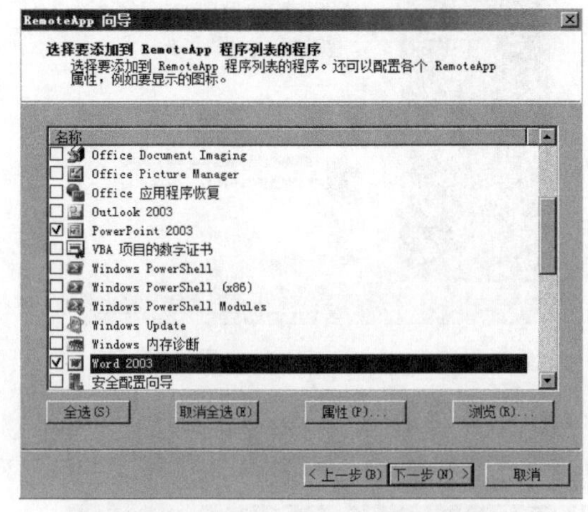

图 11.38　“RemoteApp 向导”对话框

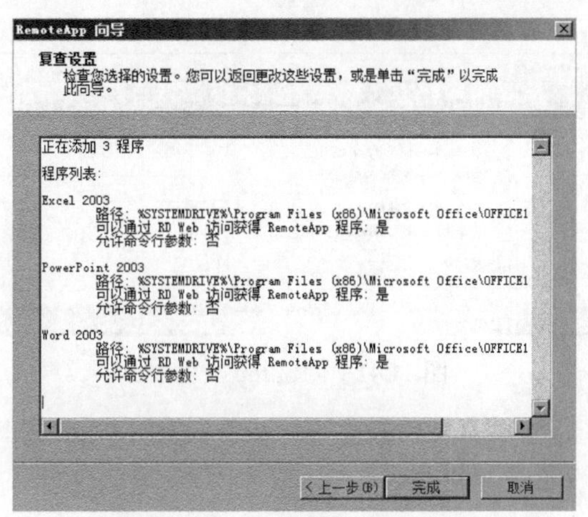

图 11.39　“复查设置”对话框

【步骤 4】单击“完成”按钮。这时，在“RemoteAPP 管理器”窗口中就显示了前面选中的 3 个应用程序，表明这 3 个程序已添加为 RemoteApp 程序，如图 11.40 所示。

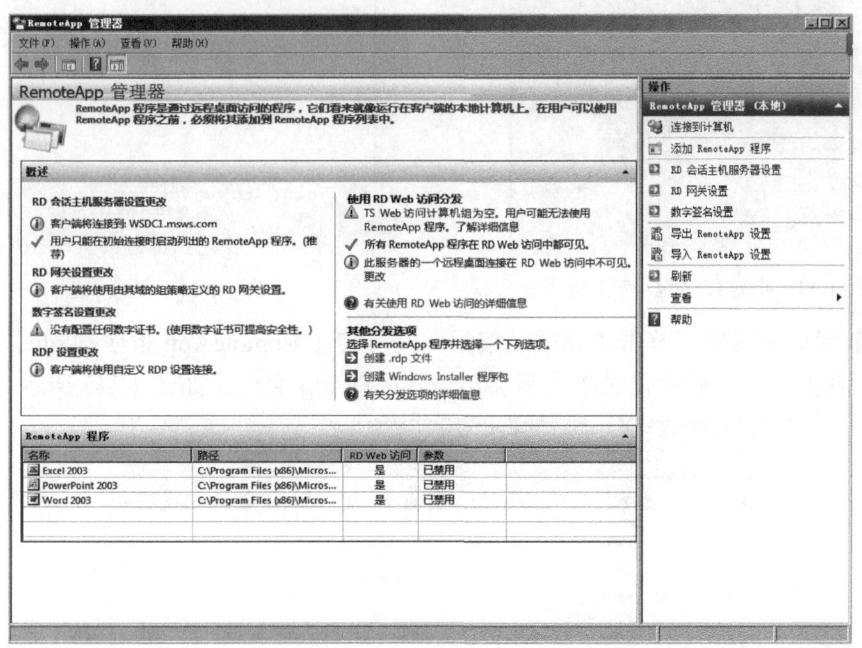

图 11.40　“RemoteAPP 管理器”窗口

【步骤 5】右键单击某一 RemoteApp 程序，就弹出如图 11.41 所示的快捷菜单。该菜单提供了 3 种发布方式，分别是“在 RD Web 访问中显示”“创建.rdp 文件”和“创建 Windows Installer 程序包”。这里，我们选择“创建.rdp 文件”。

【步骤 6】在弹出的如图 11.42 所示的对话框中单击“下一步”按钮。

【步骤 7】在如图 11.43 所示的“指定程序包设置”对话框中，输入程序包的存储位置，并对 RemoteApp 连接和身份认证进行设置。

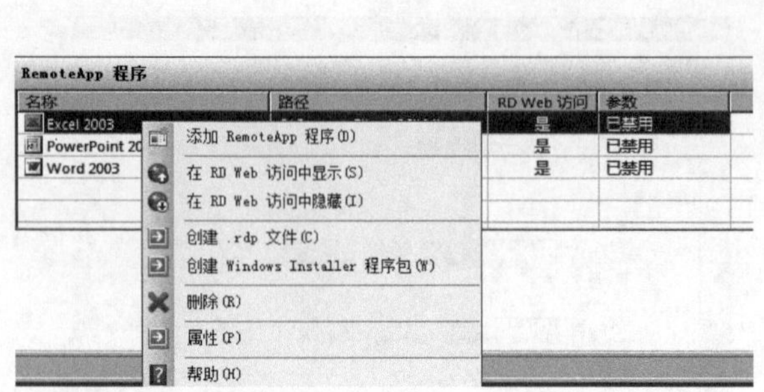

图 11.41　创建.rdp 文件

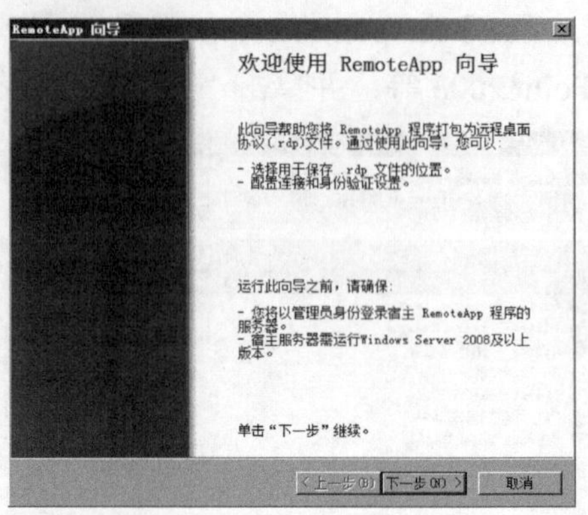

图 11.42　“RemoteAPP 向导”对话框

【步骤 8】单击“下一步”按钮，显示如图 11.44 所示的对话框。在该对话框中，对前面的设置进行复查。

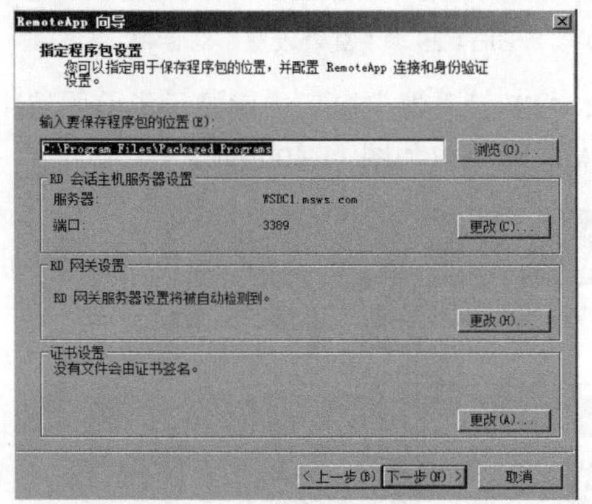

图 11.43　指定程序包设置

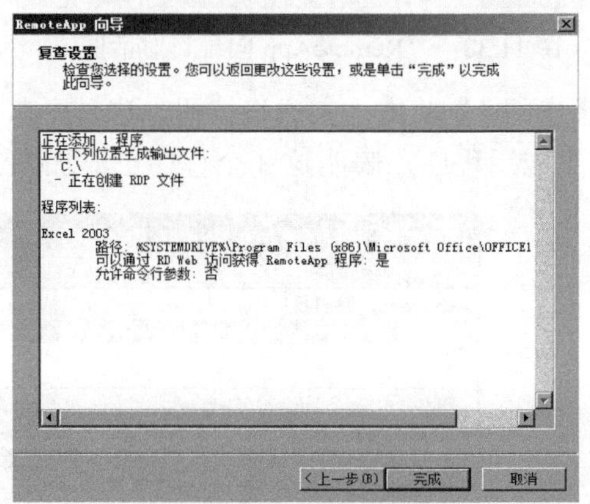

图 11.44　复查设置

【步骤 9】确认无误后，单击“完成”按钮，就可实现 RemoteApp 程序的.rdp 文件创建。创建成功后，在前面设定的存储位置上就会出现相应的.rdp 文件，如图 11.45 所示。

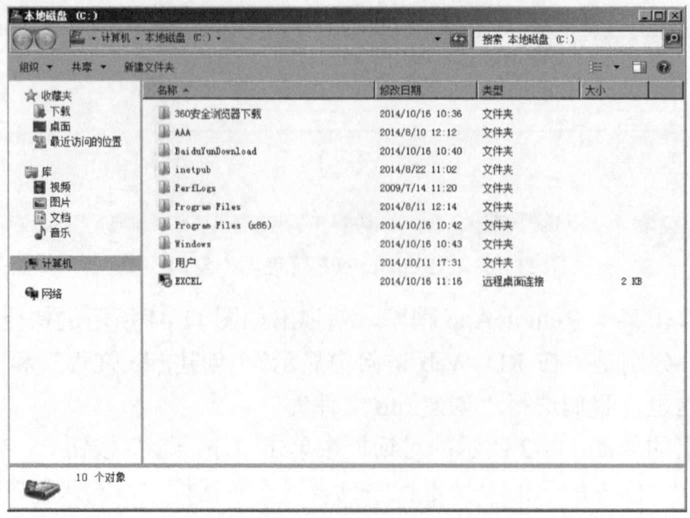

图 11.45　创建成功

接下来，我们就可在客户端计算机上运行该应用程序，即 Excel 2003 程序。具体操作步骤描述如下：

【步骤 1】如图 11.46 所示，将服务器端的 EXCEL.rdp 文件复制到客户端计算机上。

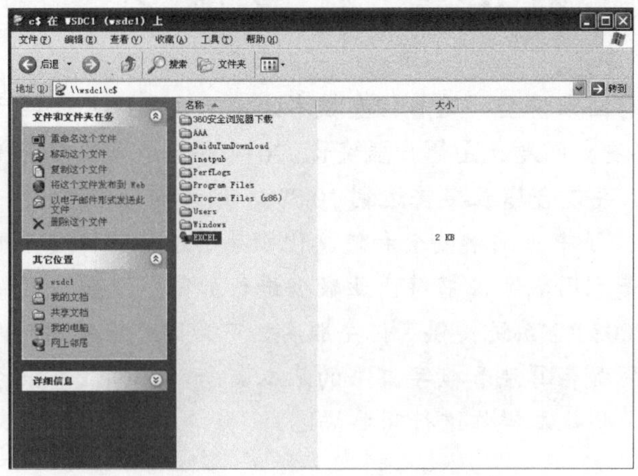

图 11.46　复制 EXCEL.rdp 文件

【步骤 2】在客户端计算机上运行 EXCEL.rdp 文件，会出现如图 11.47 所示的警告提示框。

【步骤 3】单击“连接”按钮，显示如图 11.48 所示的连接窗口。

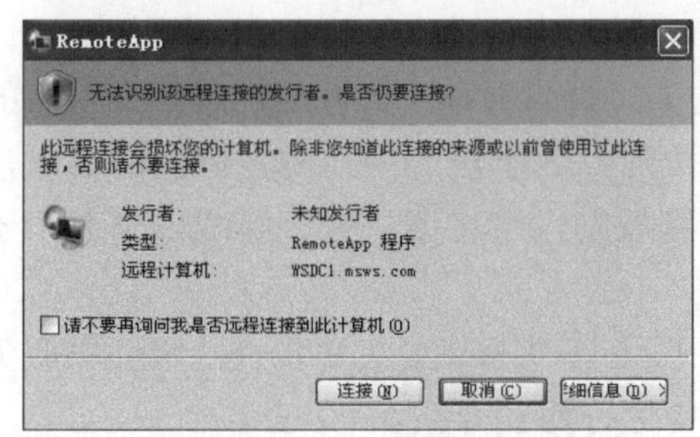

图 11.47　警告消息

图 11.48　连接窗口

【步骤 4】连接成功后， Excel 2003 程序将被自动打开，如图 11.49 所示。通过这种方式，用户就可以在该客户端界面上运行服务器端的应用程序 Excel 2003。

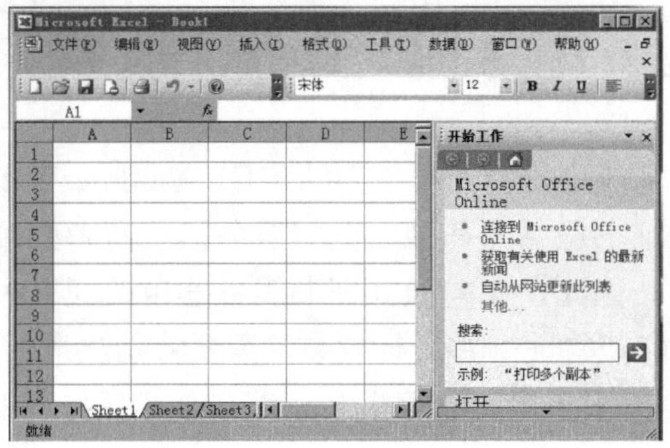

图 11.49　运行 RemoteApp 程序

第12章　证 书 服 务

没有网络安全就没有国家安全。随着信息技术的迅速发展，互联网已经融入人们日常生活的方方面面，因此网络安全问题就变得日益突出。2014 年全球网络安全市场规模达到 5951.3 亿元，并且在未来 5 年，年复合增长率将达到 10.3%，预计到 2019 年这一数据将达到近 1 万亿元。2014 年，我国成立了中央网络安全和信息化领导小组来应对这一形势。在电子商务活动过程中，常见的方法是利用数字证书对商业数据进行加密，进而达到保护私密数据安全的目的。Windows Server 2008 R2 系统提供了证书服务，可为网络中的用户配置数字证书。本章主要介绍一些常见的数据加密算法和数字证书的基本概念，并对证书服务器的安装和配置以及证书的申请和安装等一些基本操作进行简要描述。

12.1　案例需求分析

由于业务需求，某公司需要使用到公共网络。为了确保数据通信的安全，公司希望利用数字证书对计算机之间的通信数据进行加密。因此，就需要创建 PKI 结构规范。具体要求：创建企业 CA，利用 CA 为公司内部每台计算机派发证书，使得所有计算机都拥有一个合法的证书，以确保计算机之间的通信数据都可以被加密。同时，为了满足用户网上办公的需求，提供网上证书颁发的功能。通过对该案例的需求分析和规划，可将该任务分解成以下若干子任务。

(1) 部署证书服务器：通过服务器管理器工具，在服务器 WSDC1 上安装企业级证书服务器；并对相关的数据加密基本原理和数字证书基本结构进行简要介绍。

(2) 管理证书服务器：利用“证书颁发机构”工具，对证书服务器进行管理，如吊销证书等。

(3) 证书申请和安装：根据用户计算机所处位置的不同，利用两种证书申请方式向证书服务器 WSDC1 申请并安装数字证书。

12.2　任务一：部署证书服务器

证书服务器在数字证书系统中扮演 CA 中心的角色。Windows Server 2008 R2 系统提供两种证书服务器，分别是企业证书服务器和独立证书服务器。前者必须得到域服务的支持，而后者是在非域环境下运行的。因此，在向独立证书服务器申请证书时，需要先对申请用户的信息进行检验，然后用户才能获得证书并进行安装。需要特别注意的是，安装证书服务器后，服务器的 IP 地址可以更改，但服务器的计算机名和域名必须保持不变。否则，证书服务器将无法工作。

12.2.1　安装步骤

证书服务器的部署比较简单，只需对 CA 类型、加密方式等一些基本信息进行设定即可。

在服务器安装企业证书服务角色之前，要求该服务器必须加入一个域，即它是域控制器或域成员服务器。具体安装过程描述如下：

【步骤 1】单击“开始”菜单“管理工具”中的“服务器管理器”，打开如图 12.1 所示的“服务器管理器”窗口。

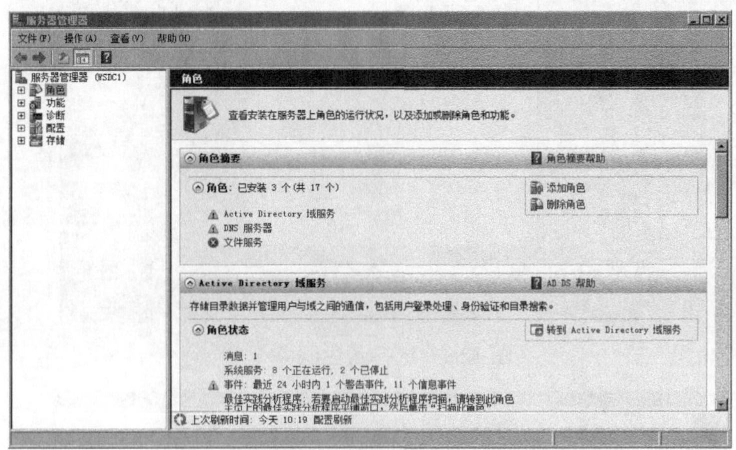

图 12.1 服务器管理器

【步骤 2】在“服务器管理器”窗口的左侧栏中右击“角色”选项，在弹出的快捷菜单中选择“添加角色”菜单项，启动“添加角色向导”，并选中“Active Directory 证书服务”复选框，如图 12.2 所示。

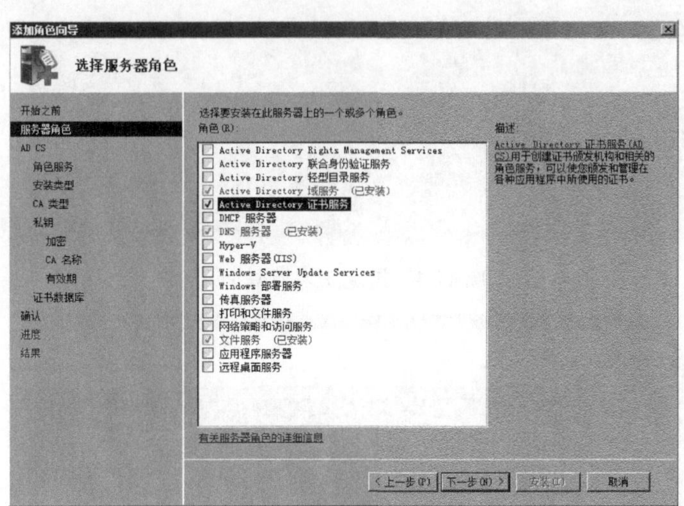

图 12.2 服务器角色选择

【步骤 3】单击“下一步”按钮，在出现的“选择角色服务”对话框中有 4 个复选项，其中默认选中“证书颁发机构”。如需使用证书 Web 注册功能，请选中“证书颁发机构 Web 注册”复选框，如图 12.3 所示。

【步骤 4】单击“下一步”按钮，在如图 12.4 所示的“指定安装类型”对话框中，选中“企业”单选按钮。

【步骤 5】单击“下一步”按钮，在“指定 CA 类型”对话框中，选中“根 CA”单选按钮，如图 12.5 所示。

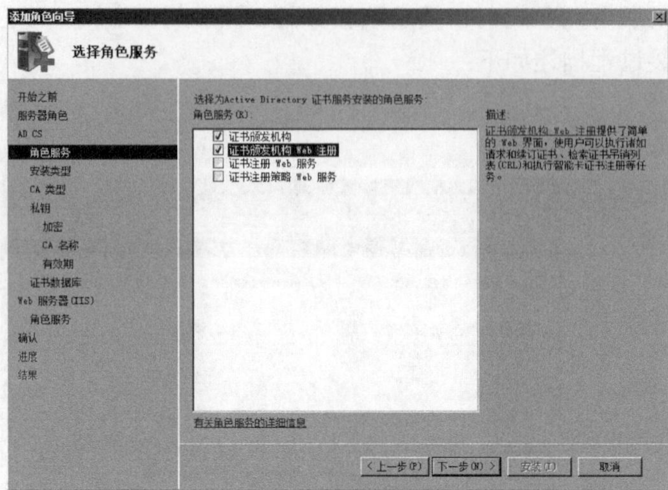

图 12.3　选择角色服务

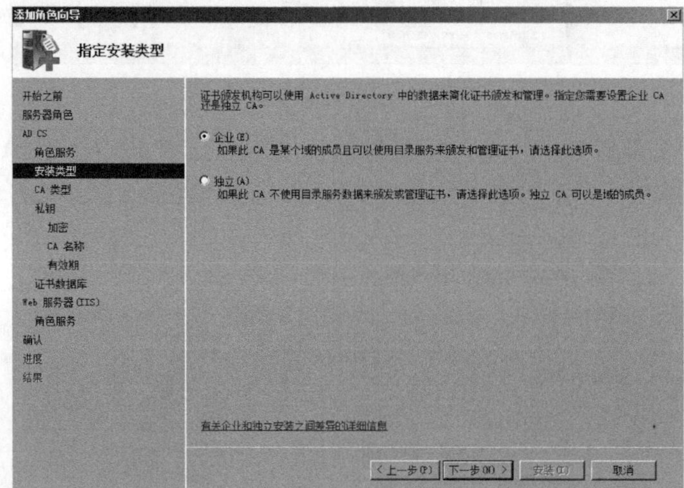

图 12.4　指定安装类型

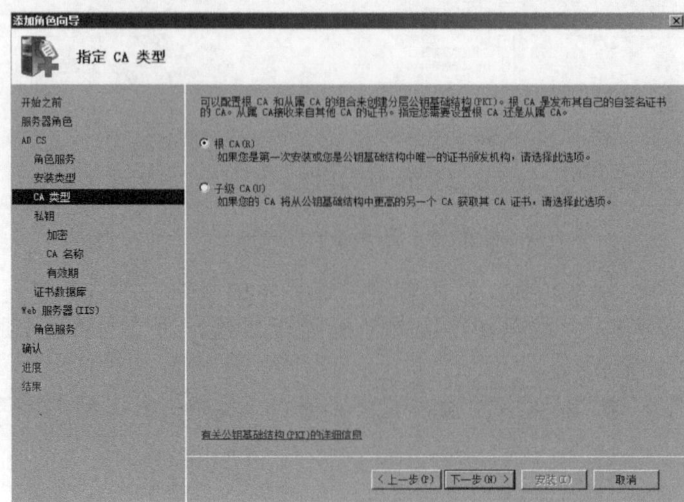

图 12.5　设置 CA 类型

【步骤 6】单击“下一步”按钮，在“设置私钥”对话框中，选中“新建私钥”单选按钮，如图 12.6 所示。

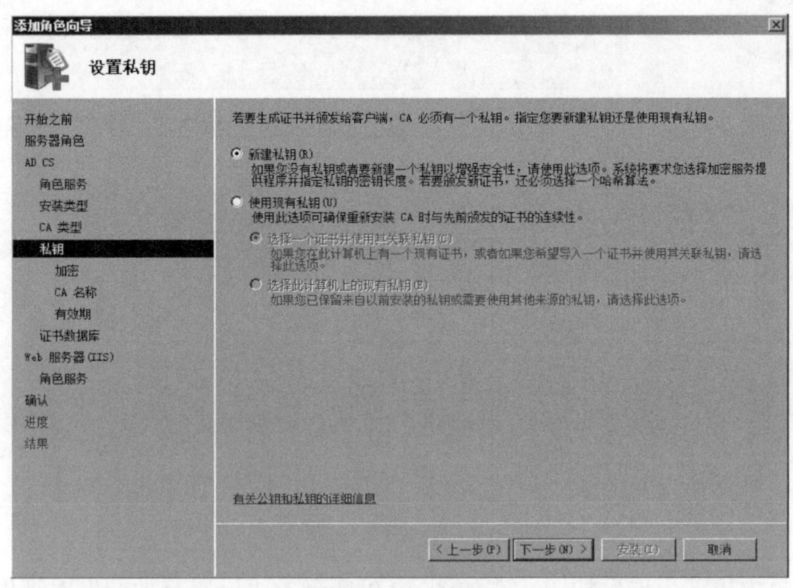

图 12.6　设置私钥

【步骤 7】单击“下一步”按钮，在如图 12.7 所示的“为 CA 配置加密”对话框中，对公钥加密算法、密钥长度和哈希算法进行设定，默认使用 RSA 加密算法、长度为 2048 位和 SHA-1 哈希算法。

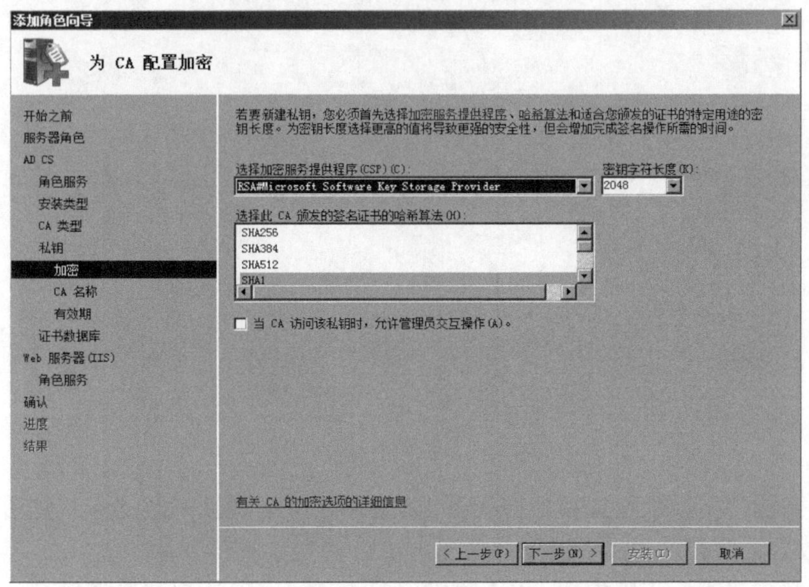

图 12.7　设置加密参数

【步骤 8】单击“下一步”按钮，在如图 12.8 所示的“配置 CA 名称”对话框中，对证书的公用名称进行设定。

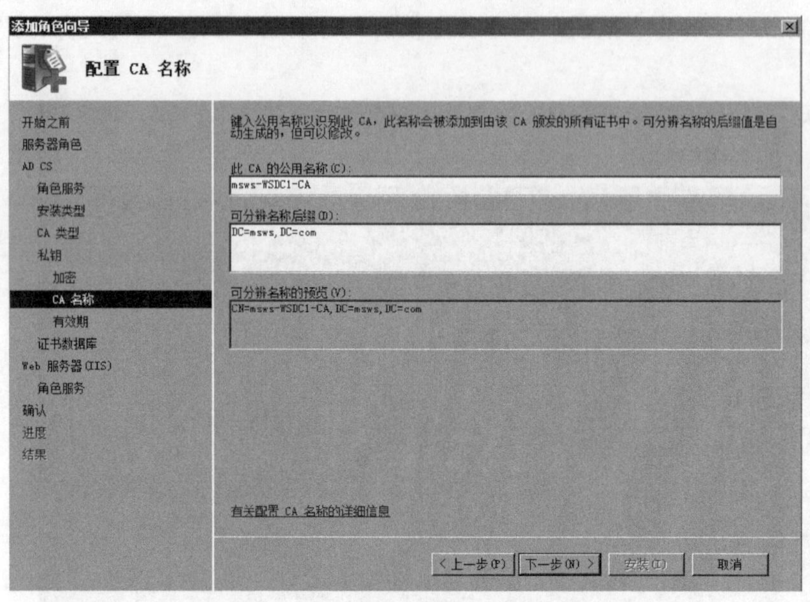

图 12.8　配置 CA 名称

【步骤 9】 单击“下一步”按钮，在如图 12.9 所示的“设置有效期”对话框中，对 CA 所颁发证书的有效期进行设定。当超过有效期时，该 CA 中心就无法颁发有效的数字证书。

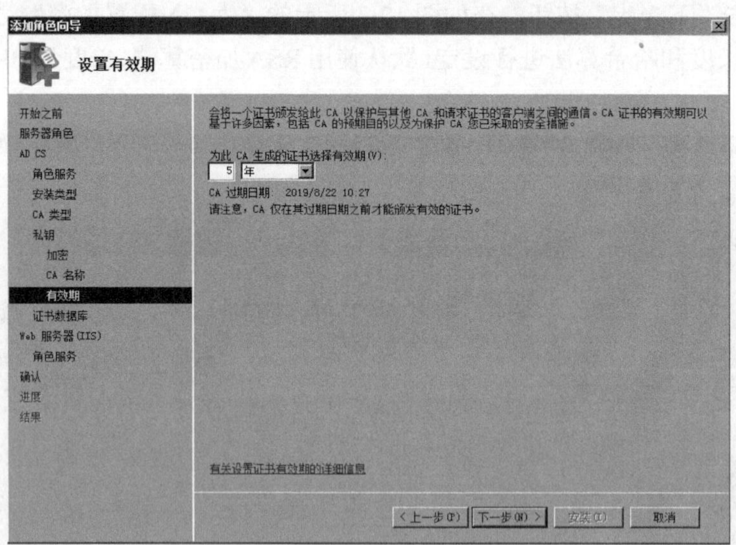

图 12.9　设置有效期

【步骤 10】单击“下一步”按钮，在如图 12.10 所示“配置证书数据库”对话框中，指定证书数据库中数据文件和日志文件的存储位置。

【步骤 11】单击“下一步”按钮，出现如图 12.11 所示“确认安装选择”对话框，显示上述对该证书服务器所做的设置。若确认无误，单击“安装”按钮进行安装。

【步骤 12】安装完成后会出现如图 12.12 所示的“安装结果”对话框，表示证书服务器安装成功。

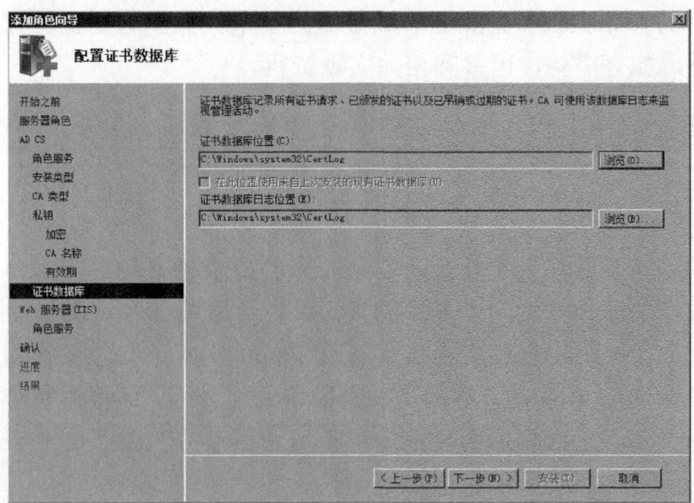

图 12.10 配置证书数据库

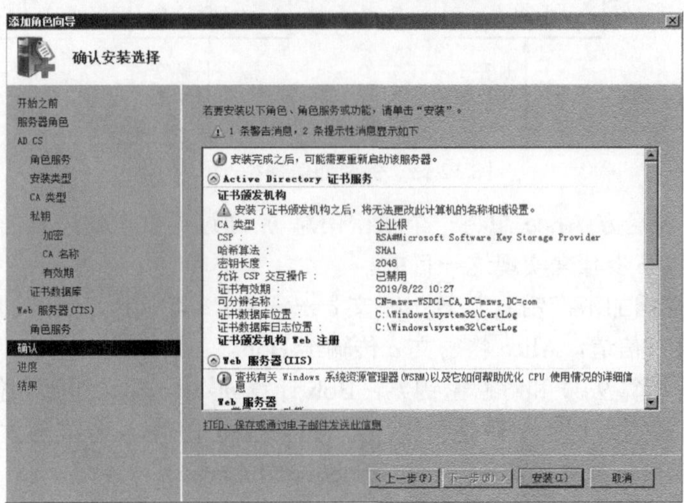

图 12.11 确认安装选择

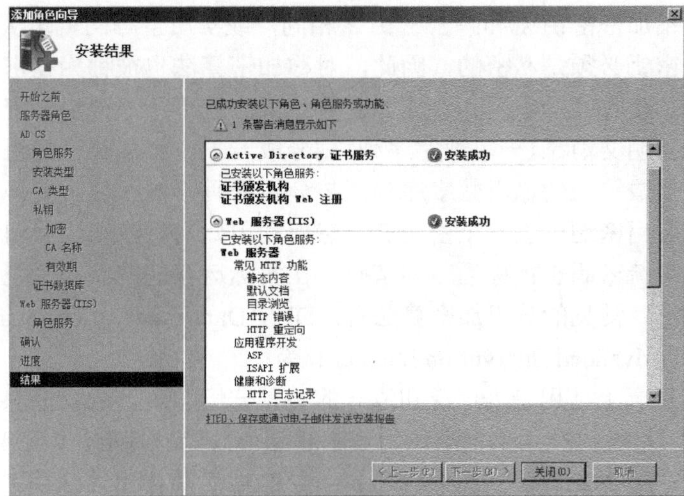

图 12.12 安装结果

独立证书服务器的安装步骤与企业证书服务器的基本类似，这里我们就不再对该类型服务器的安装进行介绍。如有需要，可参阅相关文献资料。

12.2.2 相关知识

1. 数据加密

随着网络技术的不断发展，人类社会对信息安全的要求越来越高。作为信息安全的主要手段和核心技术，数据加密技术受到了人们的极大关注并取得了显著的进展。它是通过公开的加密算法和秘密的加密密钥将有意义的私密信息(Plain Text，明文)变换为看似无意义的随机消息(Cipher Text，密文)。相应的，解密是加密过程的逆过程，即根据解密算法和解密密钥可以将密文恢复成明文。利用数据加密技术，可实现通信双方在公开信道下进行保密通信的目的。如图 12.13 所示是一个通用的保密通信模型。

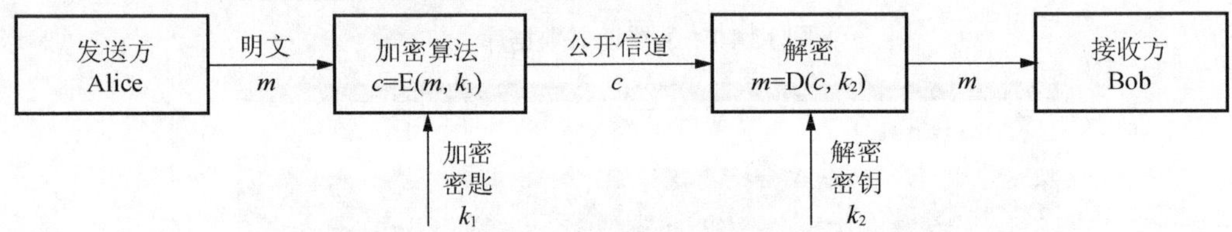

图 12.13　保密通信模型

在这个模型中，发送方 Alice 想将一个秘密信息 m 通过不安全的公开信道传输给接收方 Bob。他们可以通过以下步骤来实现这一目的。

【步骤 1】Alice 根据加密密钥 k_1 计算出密文 c=E(m,k_1)，其中 E 为公开的加密算法。

【步骤 2】通过公开信道，Alice 将密文 c 传输给 Bob。

【步骤 3】通过解密算法 D 和解密密钥 k_2，Bob 计算 m=D(c,k_2)，进而获得明文 m。

这里，根据加密密钥与解密密钥是否相同，可将数据加密算法分成两大类：对称加密算法(Symmetric Cipher)和非对称加密算法(Asymmetric Cipher)。

2. 对称加密算法

对称加密算法是指加密密钥 k_1 和解密密钥 k_2 相同，或实质上等同，即从一个密钥易于推出另一个。这就要求密钥必须是私密的，因此，对称加密算法也被称为秘密密钥加密算法或单钥加密算法。根据加密方式的不同，对称加密算法又大致可分为分组加密算法和流加密算法两种。分组密码是将明文消息(一串数字序列)划分成若干个固定长度的组，每一组数据分别在密钥的控制下变换成等长的输出数字序列。与分组密码不同，流密码是以单个数字作为基本的处理单元。它利用密钥产生一个密钥流，然后利用此密钥流依次对明文进行加密，得到相应的密文。因此，流密码也被称为序列密码。在实际运行的产品和系统中，分组加密是最常用的对称密码算法。常见的分组加密算法有：DES(Data Encryption Standard)、IDEA、RC6、Twofish、AES(Advanced Encryption Standard)等。

DES 是迄今为止世界上使用最为广泛和流行的一种分组加密算法。它是由美国 IBM 公司研制的，于 1977 年 1 月 15 日被正式批准作为美国联邦信息处理标准，即 FIPS-46。随后，每隔 5 年由美国国家保密局(National Security Agency，NSA)对其作出评估，判定它能否继续作为联邦加密标准。随着人类计算能力的不断提高和一些新的密码攻击方法的提出，DES 的安全性受到越来越严峻的挑战。1994 年 1 月，NSA 对 DES 进行了一次评估，决定 1998 年 12 月以后将不再使用 DES 作为加密标准。因此，NSA 于 1997 年 4 月发起了征集下一代加密标准的活动，其目的是确定一个非保密的、公开细节的、免费使用的密码算法，使其成为新的数据加密标准。1999 年 3 月，在第 2 届 AES 候选会议选出了 RC6、Rijndael、SERPENT、Twofish 和 MARS 这 5 个候选算法。2000 年 10 月，经过 3 年多的讨论，最终确定将由比利时科学家 Joan Daemen 和 Vincent Rijmen 所设计的 Rijndael 算法作为新一代的分组加密标准。

Rijndael 算法与 AES 算法唯一区别在于密钥和分组长度范围的不同。前者使用的密钥和分组长度是 32 位的整数倍，最小值为 128 位，最大值为 256 位。AES 算法的分组固定为 128 位，而密钥长度为 128 位、192 位和 256 位，相应的迭代轮数 N_r 为 10 轮、12 轮、14 轮。因此，AES 加密算法操作的对象可以看作一个 4×4 的字节矩阵，即它将一个 16 字节长的明文分组排列成一个 4×4 矩阵，如图 12.14 所示。

m_0	m_1	m_2	m_3	m_4	m_5	m_6	m_7	m_8	m_9	m_A	m_B	m_C	m_D	m_E	m_F

m_0	m_4	m_8	m_C
m_1	m_5	m_9	m_D
m_2	m_6	m_A	m_E
m_3	m_7	m_B	m_F

图 12.14　明文分组排列

AES 算法采用的是代替/置换网络架构，其加密过程如图 12.15 所示。它需要进行多次数据变换操作，每一次变换操作都会产生一个中间结果，称为状态(State)。这里，我们不妨将变换前的状态记为$(a_0,a_1,\ldots,a_F)$，变换后记为$(b_0,b_1,\ldots,b_F)$。每一次轮变换由 4 个步骤组成，分别是轮密钥加(AddRoundKey)、字节代换(SubBytes)、行移位(ShiftRows)和列混合(MixColumns)。下面就对这 4 个主要步骤进行简要的介绍。

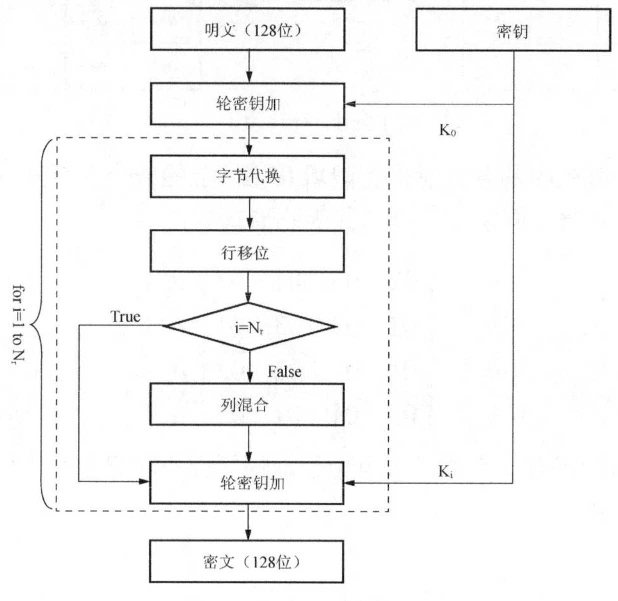

图 12.15　AES 加密过程

(1) 轮密钥加。根据密钥及密钥编排算法得到一个轮密钥 $K_i=(k_i^0,k_i^1,\ldots,k_i^F)$，该轮密钥的长度为 16 个字节。对分组数据和轮密钥进行逐位异或(XOR)操作就完成这一步骤，即计算 $a_j \oplus k_i^j$。例如，若 a_0=01100010、k_i^0=10101001，则计算结果为：b_0=11001011。

(2) 字节代换。对分组数据中的每个字节，通过查找如表 12.1 所示的 S 盒，得到变换后的数据。例如，当 a_0=01100010 时，查表的结果为第 0110=6 行第 0010=2 列元素的数值，即 b_0='43'=01000011。

表 12.1　S 盒

		y															
		0	1	2	3	4	5	6	7	8	9	A	B	C	D	E	F
x	0	63	7C	77	7B	F2	6B	6F	C5	30	01	67	2B	FE	D7	AB	76
	1	CA	82	C9	7D	FA	59	47	F0	AD	D4	A2	AF	9C	A4	72	C0
	2	B7	FD	93	26	36	3F	F7	CC	34	A5	E5	F1	71	D8	31	15
	3	04	C7	23	C3	18	96	05	9A	07	12	80	E2	EB	27	B2	75
	4	09	83	2C	1A	1B	6E	5A	A0	52	3B	D6	B3	29	E3	2F	84
	5	53	D1	00	ED	20	FC	B1	5B	6A	CB	BE	39	4A	4C	58	CF
	6	D0	EF	43	FB	43	4D	33	85	45	F9	02	7F	50	3C	9F	A8
	7	51	A3	40	8F	92	9D	38	F5	BC	B6	DA	21	10	FF	F3	D2
	8	CD	0C	13	EC	5F	97	44	17	C4	A7	7E	3D	64	5D	19	73
	9	60	81	4F	DC	22	2A	90	88	46	EE	B8	14	DE	5E	0B	DB
	A	E0	32	3A	0A	49	06	24	5C	C2	D3	AC	62	91	95	E4	79
	B	E7	C8	37	6D	8D	D5	4E	A9	6C	56	F4	EA	65	7A	AE	08
	C	BA	78	25	2E	1C	A6	B4	C6	E8	DD	74	1F	4B	BD	8B	8A
	D	70	3E	B5	66	48	03	F6	0E	61	35	57	B9	86	C1	1D	9E
	E	E1	F8	98	11	69	D9	8E	94	9B	1E	87	E9	CE	55	28	DF
	F	8C	A1	89	0D	BF	E6	42	68	41	99	2D	0F	B0	54	BB	16

(3) 行移位。将状态阵列中的各行按照不同的偏移量进行循环左移位，第 i 行循环左移动 i 个字节，如图 12.16 所示。

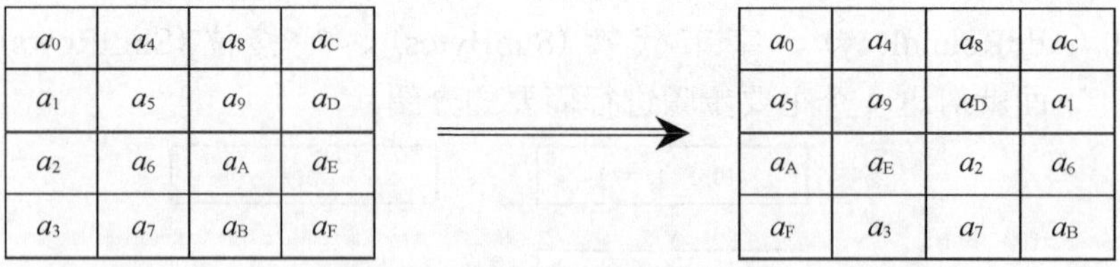

a_0	a_4	a_8	a_C
a_1	a_5	a_9	a_D
a_2	a_6	a_A	a_E
a_3	a_7	a_B	a_F

⟹

a_0	a_4	a_8	a_C
a_5	a_9	a_D	a_1
a_A	a_E	a_2	a_6
a_F	a_3	a_7	a_B

图 12.16　行移位

(4) 列混合。将状态阵列中的各列看作有限域 GF(2^8) 上的一个多项式 $a(x)$，与多项式 $c(x)$ = '03'x^3 + '01'x^2 + '01'x +'02'相乘(模 x^4+1)，其矩阵形式为：

$$\begin{pmatrix} b_0 \\ b_1 \\ b_2 \\ b_3 \end{pmatrix} = \begin{pmatrix} 02 & 03 & 01 & 01 \\ 01 & 02 & 03 & 01 \\ 01 & 01 & 02 & 03 \\ 03 & 01 & 01 & 02 \end{pmatrix} \begin{pmatrix} a_0 \\ a_1 \\ a_2 \\ a_3 \end{pmatrix}$$

AES 的解密算法与加密算法类似，这里由于篇幅原因不对其进行介绍。如对其感兴趣，可参考阅读相关文献资料。

3. 非对称加密算法

在非对称加密算法中，加密密钥和解密密钥是不相同的，并且从一个密钥很难推出另一个。它将算法的加密和解密能力分开，其中一个密钥是公开的，称为公钥(Public Key)，用于加密；另一个密钥是秘密的，称为私钥(Private Key)，用于解密。因为算法中的一个密钥可以公开，所以非对称密钥算法也被称为公开密钥算法(Public-key Cipher)或双钥密码算法。公钥密码可以解决对于对称密码体制而言两个最难解决的安全问题，即密钥分发和数字签名。因此，公钥密码被认为是密码学史上最大的而且是唯一一次真正的革命。

1976 年，密码学家 W. Diffie 和 M. Hellman 首次提出了公钥密码的概念。随后，人们基于不同的计算难解问题，提出了许多各具特色的公钥密码算法，如 RSA 算法、ElGamal 算法、Rabin 算法、Merkle-Hellman 背包算法、椭圆曲线算法等。其中，最具代表性的是 RSA 算法。该算法是由美国麻省理工学院的 3 位科学家 R . Rivest、A. Shamir 和 L. Adleman 于 1978 年提出的，成为迄今为止研究最成熟、应用最广泛的公钥密码算法。2002 年，RSA 算法的 3 位发明人凭借这一成果获得了信息科学领域的最高荣誉——图灵奖。下面，我们就对 RSA 算法进行简要的介绍。

RSA 算法包含 3 个主要阶段，分别是密钥产生、加密和解密。

1) 密钥产生

(1) 选取两个大素数 p 和 q；

(2) 计算 $n = p \times q$，和 n 的欧拉函数值 $\varphi(n) = (p-1)(q-1)$；

(3) 随机选取一个整数 e，要求 $1 \leqslant e < \phi(n)$，并且 e 和 $\phi(n)$ 互素，即 $\gcd(\varphi(n), e) = 1$；

(4) 求 e 在模 $\varphi(n)$ 下的乘法逆元 d，满足 $d \times e = 1 \bmod \varphi(n)$；

(5) 取 $\{e,n\}$ 为公钥，$\{d,n\}$ 为密钥。这里，p 和 q 不能公开，且在后面的加解密阶段无需使用，因此可以销毁。

2) 加密

将明文比特串分组，使得每个分组所对应的十进制数小于 n，即分组长度小于 $\log_2 n$。然后对每个明文分组 x 作加密运算：

$$y = x^e \bmod n$$

3) 解密

对密文分组的解密运算为

$$x = y^d \bmod n$$

RSA 算法的正确性源于一些数论知识，如欧拉定理等，这里我们不对这些内容进行描述。下面，通过一个简单的例子来表明算法的正确性。

例如，设 $p=7$，$q=17$，可得 $n = p \times q = 7 \times 17 = 119$，$\varphi(n) = (p-1)(q-1) = 6 \times 16 = 96$。取 $e=5$，满足条件 $1 \leqslant e < \varphi(n)$，且 $\gcd = (\varphi(n), e) = 1$。确定满足条件 $d \times e = 1 \bmod 96$ 且小于 96 的 d，因为 $77 \times 5 = 385 = 4 \times 96 + 1$，所以 d 为 77，因此公钥为{5, 119}，私钥为{77, 119}。

设明文 $x=19$，则由加密过程得密文为

$$y \equiv 19^5 \bmod 119 \equiv 2476099 \bmod 119 \equiv 66$$

解密为

$$66^{77} \bmod 119 \equiv 19$$

由上述描述可知，如果攻击者能从 n 分解出 p 和 q 两个素因子，就可计算出 $\varphi(n)$ 和密钥 d，进而破译密文。因此，RSA 算法的安全是完全依赖于大数分解这一数学难题。随着计算机

技术的不断提高，人类对该问题的求解能力有了很大的提高。这就要求 RSA 算法中的密钥长度必需足够长，才能保证算法的安全性。目前，一般要求使用 1024 位或 2048 位的密钥。然而，这就导致算法运行需要花费更多的时间，其运行速度比常见对称密码算法慢约 1000 倍。因此，公钥密码一般被用于数字签名和分发密钥，而数据加密一般使用对称密码来完成。

4. 数字签名

签名在日常生活中起到非常重要的作用，如银行存取款、商业合同的签订等。在现实世界里，每个人都有各自独特的手写签名，并且同一个人对不同文件的手写签名都是相似的，因此手写签名具有认证、核准和生效等功能。随着计算机网络的发展，许多过去依赖于手写签名的业务都可通过网络远距离完成，因而数字签名(Digital Signature)也就应运而生，成为网上业务中不可或缺的一环。

数字签名是用数字化的方式来表示签名，是一串由比特 0 和 1 构成的比特串。由于数字信息是可以很容易复制的，所以，与手写签名不同，同一个人对不同文件的数字签名必须是不一样的。因此，一个安全的数字签名应该满足以下几点要求。

(1) 可验证性，接收者可对签名进行验证，并且这在计算上是容易的。

(2) 不可伪造性，只有签名者本人才能产生，任何其他人都无法伪造签名。

(3) 不可抵赖性，签名后，签名者不能否认自己的签名。

(4) 不可重用性，签名与所签文件是绑定的，无法将签名转移到其他文件上。

一般来说，一个签名方案由两个算法组成。一个是签名算法 Sign(sk, m)，对于一个消息 m，用私钥 sk 计算签名 s= Sign(sk, m)，最后得到一个消息——签名对 (m, s)。另一个是验证算法 Verify(m, s, pk)，使用公钥 pk 对消息——签名对(m, s)进行计算，输出的结果为“真(有效)”或“伪(无效)”。下面，通过介绍 RSA 数字签名方案，来了解数字签名的整个过程。

设 $n = p \times q$，p 和 q 是两个大素数，$sk \times pk = 1 \bmod \varphi(n)$。这里，$pk$ 和 n 是公开的，sk，p 和 q 是秘密的。签名方案为：

签名算法：$\mathrm{Sign}(sk, m) = m^{sk} \bmod n$

验证算法：Verify(m, s, pk)=真 $\Leftrightarrow m = s^{pk} \bmod n$

因为 pk 和 n 是公开的，所以任何人都可以对该签名进行验证。这样，该签名方案就可满足上述 4 个安全要求。

此外，根据上节可知，m 的长度小于 $\log_2 n$。因此，该签名方案存在一个弱点，即它只能对长度短于 $\lfloor \log_2 n \rfloor$ 的比特信息进行签名。一般的解决方法是，利用哈希函数(Hash Function)计算 m 的消息摘要，然后再对消息摘要进行签名。哈希函数是这样一个公开的单向函数 h，它可将任意长的消息 m 映射成一个较短的有固定长度的值 $h(m)$。对消息中任何一个比特或几个比特进行改变，都会使哈希值 $h(m)$发生很大的改变。常见的哈希函数有 MD5、SHA-1 等。

12.2.3 数字证书

数字证书，是一种用于计算机的身份认证机制。它是一个包含拥有人的身份数据及一组公开密钥的文件，由权威的身份认证机构CA (Certificate Authority) 中心对该文件进行签名，来表明对该身份的认可。类似于现实生活中的居民身份证的功能，拥有人凭借数字证书文件认证自己的身份，从而获得访问或使用某一特定服务的权力。

与居民身份证一样，数字证书的结构必须采用一种可理解且标准的形式，便于人们检索和理解证书所包含的信息。现有的数字证书一般采用了 X.509 规范，它是由以下信息组成：版本号，证书序列号，有效期，用户信息，颁发者信息，其他扩展信息，拥有者的公钥，CA 对证书整体的签名，如图 12.17 所示。

版本号
证书序列号
签名算法和哈希算法
颁发者唯一识别名
有效期
主体唯一识别名
主体的公钥信息
颁发者唯一标识符（可选）
主体唯一标识符（可选）
扩展项（可选）
CA的签名

图 12.17 数字证书格式

在信息时代，数字证书具有广泛的应用，如网上商业事务处理、安全电子交易、安全站点的访问等。举个例子，在上一节数字签名方案中，签名者 Alice 对消息进行了签名，并将消息—签名对 (m, s)发给接收者 Bob。然后，Bob 利用 Alice 的公钥 pk_A 对该签名进行验证，验证成功表明该签名是有效的。但是，现在考虑一个特殊的情况，有一个攻击者 Eve，她偷偷使用了 Bob 的计算机，并用她自己的公钥 pk_E 来替换 Alice 的公钥 pk_A。这样，Eve 就可假冒 Alice 进行签名，并使 Bob 认为该签名是 Alice 签署的。这一问题就成为数字签名在实际应用过程中的一个主要的安全漏洞。解决该问题的一个有效方法就是使用数字证书。在验证签名时，Bob 要求 Alice 先到 CA 中心对她的身份进行认证，并将 CA 颁发的数字证书发给他。这里，数字证书中包含 Alice 的身份信息以及 Alice 的公钥 pk_A，Bob 就可以利用该证书进行签名验证。显然，由于 Eve 不是 Alice，她无法使 CA 中心为其颁发合法的数字证书，因而 Eve 就不能假冒 Alice 进行签名。

从上述例子中可以看出，CA 中心在数字证书体系中扮演了一个重要的角色。它作为电子商务一个受信任的第三方，承担了对证书拥有者的身份数据及其公钥的合法性进行检验的责任。检验正确后，CA 中心对这些信息使用他的私钥进行签名，这就使得攻击者不能伪造和篡改数字证书。同时，CA 中心负责产生、分配并管理所有参与网上交易的个体所需的数字证书。因此，要求 CA 中心必须是一个具有权威性、公正性、唯一性的机构。

在一个简单的数字证书颁发过程中，首先要求用户产生自己的公私钥对，并将公钥及个人身份信息传送给 CA 中心。然后，CA 中心对用户发来的信息进行核实身份。如果信息无误的话，CA 中心将给用户颁发一个数字证书。该证书内包含用户的个人信息和他的公钥信息，同时还附有认证中心的签名信息。最后，证书拥有者就可以使用自己的数字证书进行相关的各种活动。

12.3 任务二：管理证书服务器

证书服务器安装成功后，Windows Server 2008 R2 系统提供“证书颁发机构”工具对证书服务器进行管理，如吊销证书等。具体操作步骤描述如下：

【步骤 1】单击“开始”程序管理工具中的“证书颁发机构”，打开“证书颁发机构”管理控制台窗口，如图 12.18 所示。

【步骤 2】在“证书颁发机构”窗口中单击 msws-WSDC1-CA 颁发的证书，在右侧栏中将显示所有已颁发的证书。右键单击要吊销的证书项，在弹出的快捷菜单中选择“所有任务”中的“吊销证书”选项，如图 12.19 所示。

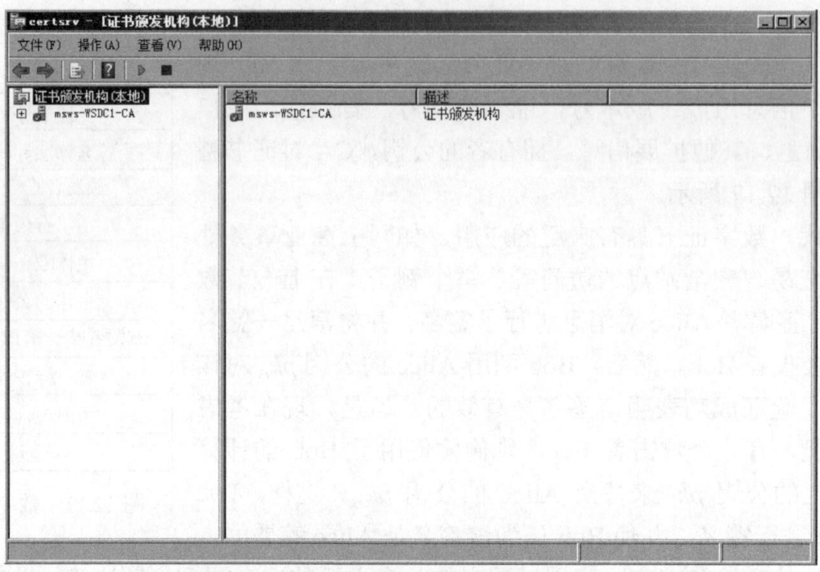

图 12.18　“证书颁发机构”窗口

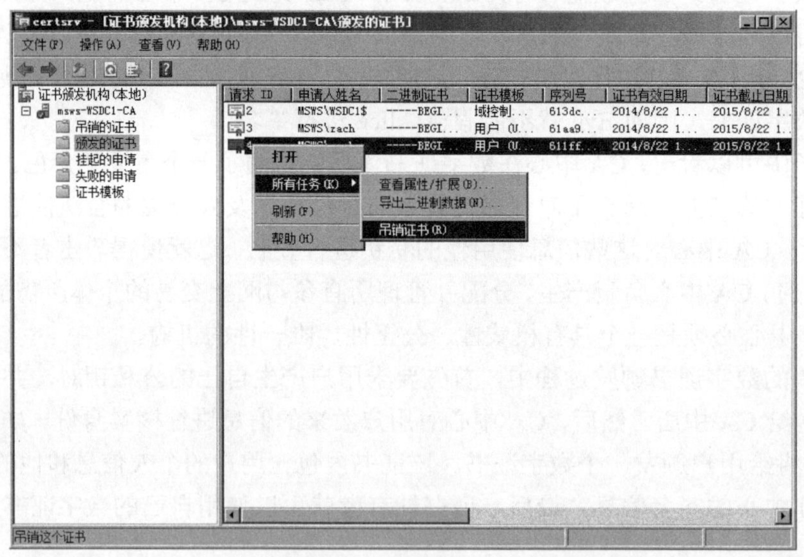

图 12.19　吊销证书

【步骤 3】在如图 12.20 所示的“证书吊销”对话框中，通过“理由码”下拉框选择吊销证书的理由。

【步骤 4】单击“是(Y)”按钮，完成证书的吊销。这时，在“吊销的证书”文件夹中就存在该证书吊销记录，如图 12.21 所示。

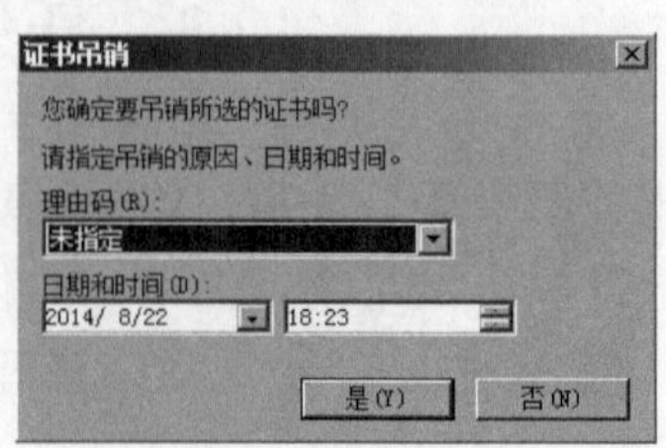

图 12.20　“证书吊销”对话框

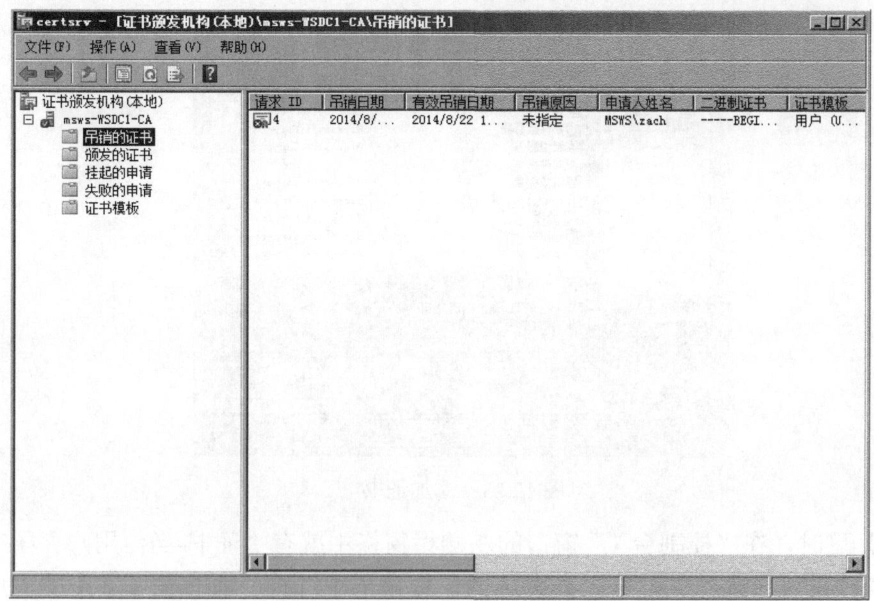

图 12.21　证书吊销成功

12.4　任务三：证书的申请和安装

12.4.1　证书申请向导方式

只有域用户才能使用“证书申请向导”的方式来向企业证书服务器申请证书，因此，要申请企业证书需要先以域用户的身份登录客户端计算机，再向企业 CA 中心申请证书。具体申请步骤描述如下：

【步骤 1】运行 mmc 命令，打开如图 12.22 所示“控制台 1”窗口，选择“控制台”中“添加/删除管理单元”菜单项。

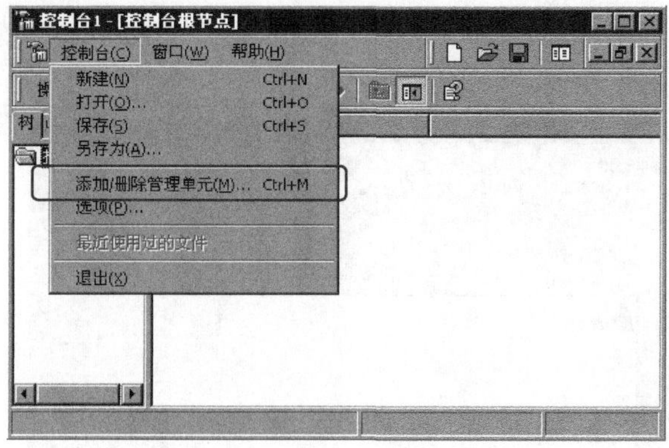

图 12.22　“控制台 1”窗口

【步骤 2】在“添加/删除管理单元”窗口中，单击“添加”按钮，在打开的对话框中选中“证书”项进行添加，如图 12.23 所示。

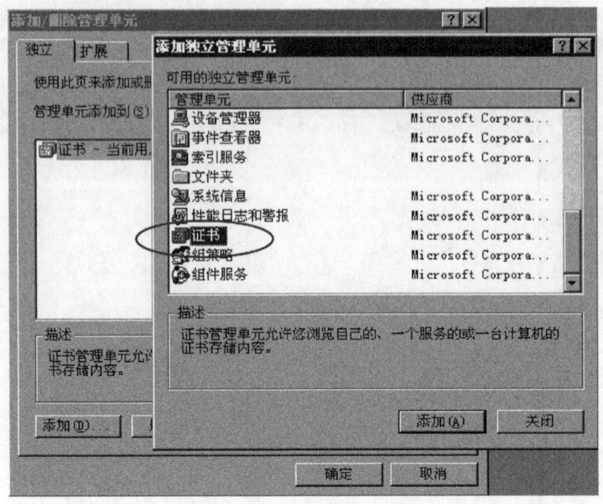

图 12.23　添加证书

【步骤 3】这时，在“控制台 1”窗口的左侧栏窗格中就有“证书-当前用户”子节点，右键单击该节点下的“个人”文件夹，在弹出的快捷菜单中选择“所有任务”中的“申请新证书”菜单项，如图 12.24 所示。

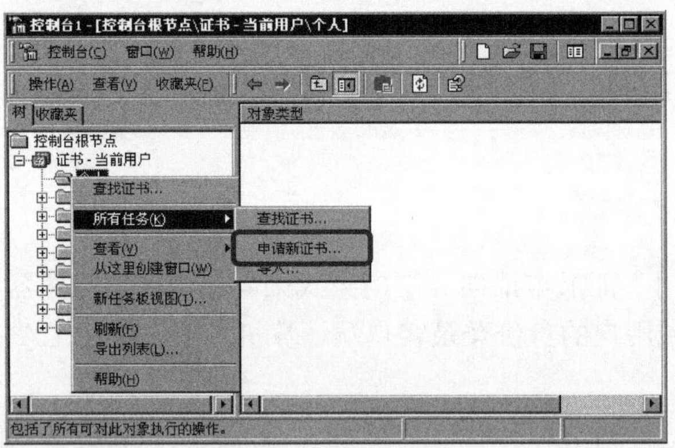

图 12.24　申请新证书

【步骤 4】在如图 12.25 所示的“证书申请向导”的“证书模板”对话框中，对证书的模板进行设置。

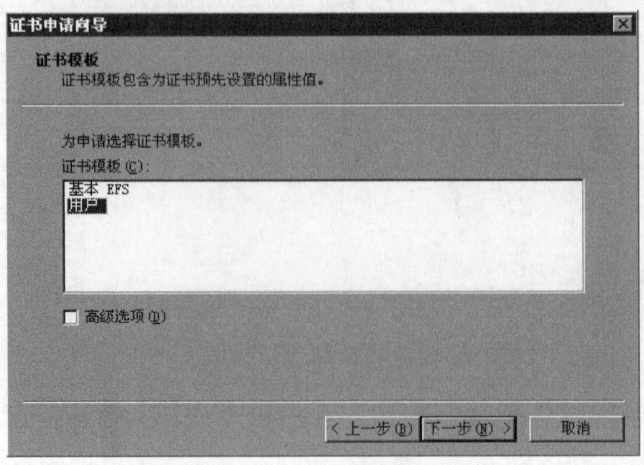

图 12.25　设置证书模板

【步骤 5】单击“下一步”按钮，在如图 12.26 所示的对话框中，为所申请的证书取一个适当的名称并进行相应的描述，便于识别。

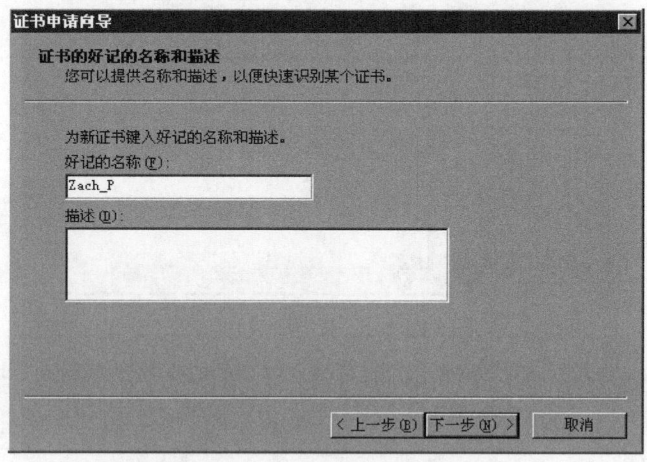

图 12.26　设置证书的名称和描述

【步骤 6】单击“下一步“按钮，显示如图 12.27 所示的对话框。

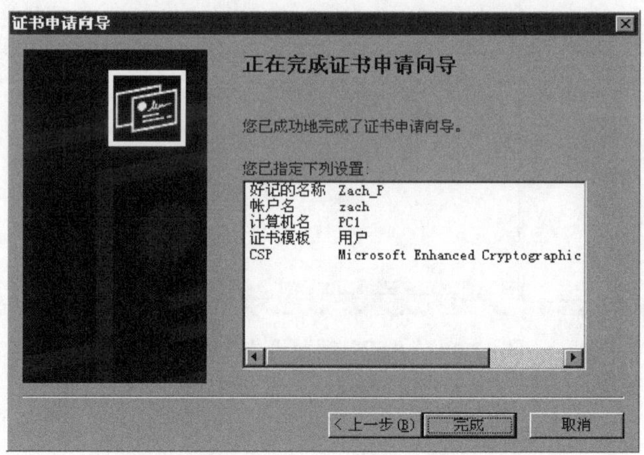

图 12.27　证书申请完成

【步骤 7】单击“完成”按钮，弹出如图 12.28 所示的消息框，单击“安装证书”按钮，这样就成功地申请并安装了一个新证书。

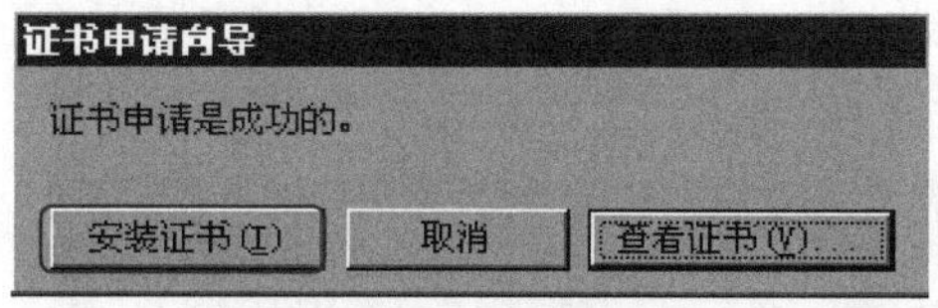

图 12.28　安装证书

证书申请成功后，在“控制台 1”窗口中，就会显示该证书的信息，如图 12.29 所示。

同时，在证书服务器端上，也可以看到相关信息。打开“证书颁发机构”窗口，选中“颁发的证书”文件夹，在右窗体中就可看到该证书，如图 12.30 所示。

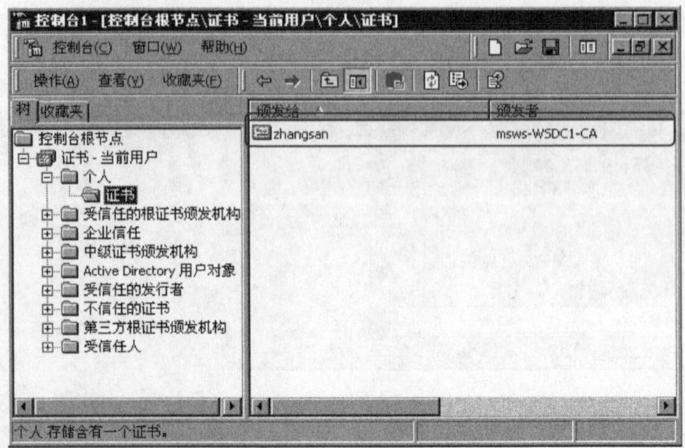

图 12.29　证书申请成功

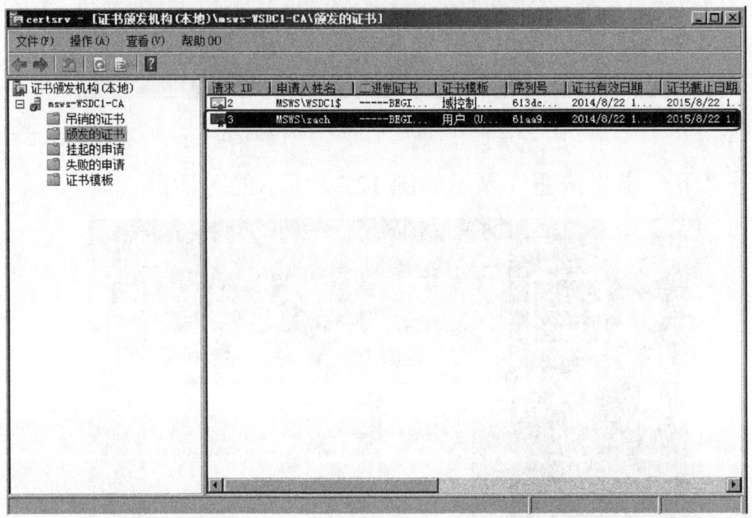

图 12.30　“证书颁发机构”窗口

12.4.2　Web 方式

非域用户也可以通过 Web 方式来向企业证书服务器申请证书。具体操作步骤描述如下：

【步骤 1】打开 Web 浏览器，在地址栏中输入http://ServerName/certsrv 或 http://ServerIP/certsrv。这里，ServerName 为证书服务器的名称，ServerIP 为证书服务器的 IP 地址。例如，http://msws.com/certsrv 或 http://192.168.95.1/certsrv。在证书申请网页出现前，需要先通过合法的域用户账户名和密码登录到该域中，如图 12.31 所示。

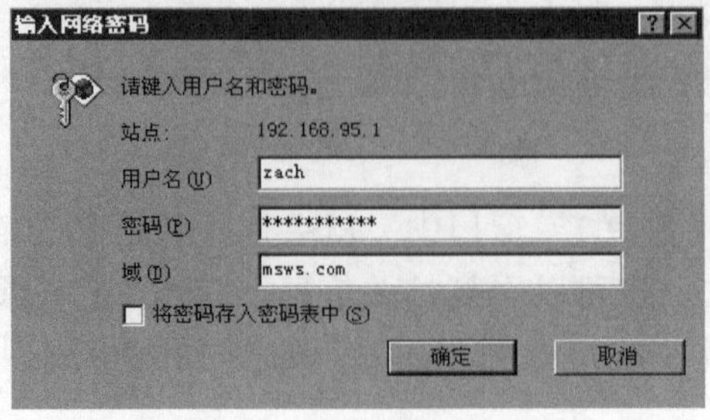

图 12.31　输入用户名和密码

【步骤 2】在如图 12.32 所示的“Microsoft Active Directory 证书服务”网页中，单击“申请证书”链接。

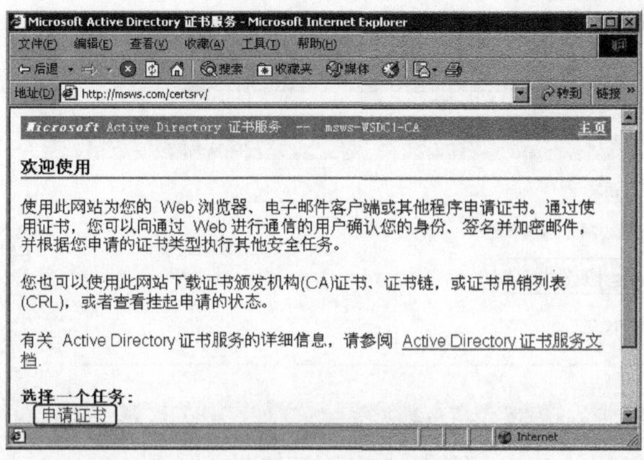

图 12.32 申请证书

【步骤 3】在如图 12.33 所示的网页中，单击“用户证书”链接。

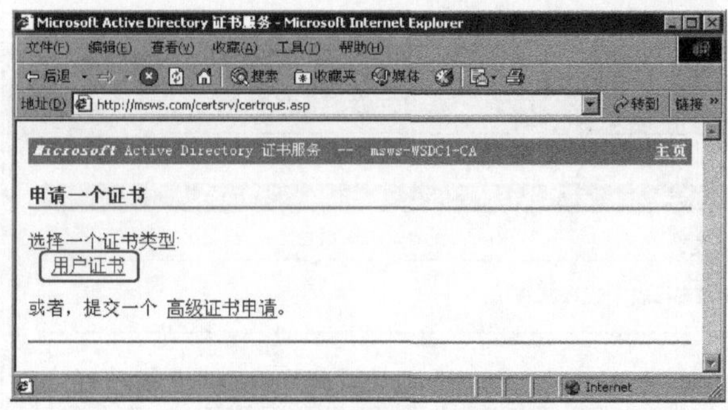

图 12.33 选择证书类型

【步骤 4】在“识别信息”页面中，单击“更多选项”按钮，可对用户证书的识别信息进行设置，如图 12.34 所示。例如，若选中“启用强私钥保护”复选框，则每次使用私钥时都会收到一个提示信息。

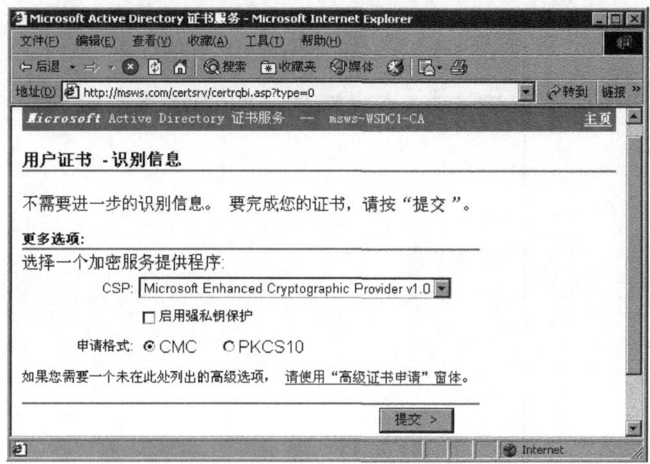

图 12.34 设置识别信息

【步骤 5】设置完成后，单击“提交”按钮，就开始向证书服务器申请证书。如果出现如图 12.35 所示的“证书已颁发”页面，则表示证书申请成功。

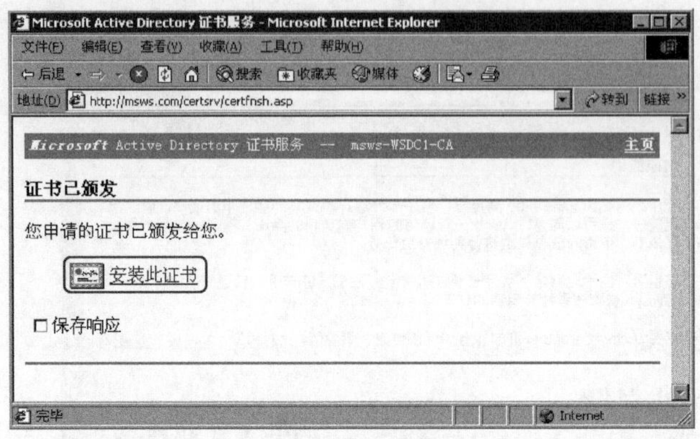

图 12.35 证书已颁发

【步骤 6】单击“安装此证书”链接，对新申请的证书进行安装。安装成功后，将出现如图 12.36 所示的网页。

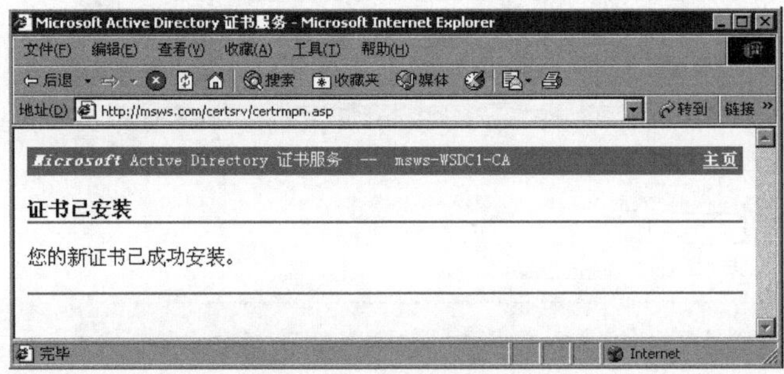

图 12.36 证书已安装

同时，在证书服务器上的“证书颁发机构”窗口中，就可看到该证书的相关信息，如图 12.37 所示。

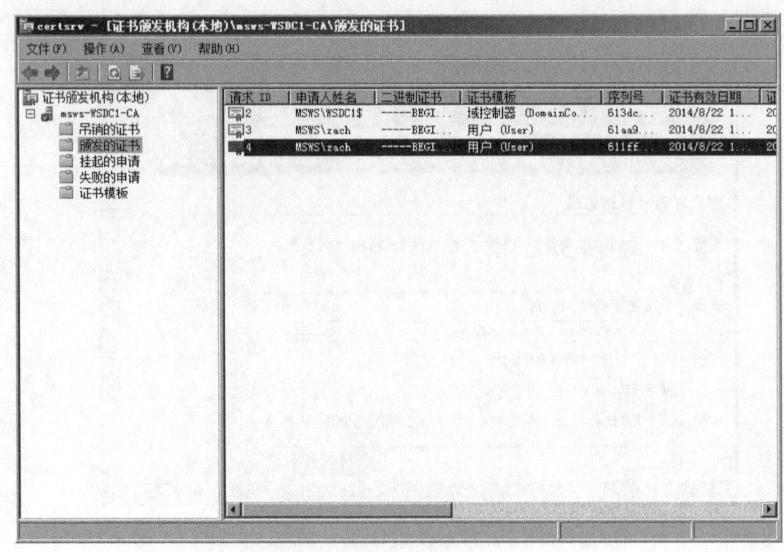

图 12.37 “证书颁发机构”窗口

参 考 文 献

陈晴. 2011. 基于项目式的 Windows Server 2008 网络操作系统教程. 北京：科学出版社

程延周. 2014. Windows 服务器操作系统管理和网络服务. 北京：机械工业出版社

戴有炜. 2011. Windows Server 2008 R2 Active Directory 配置指南. 北京：清华大学出版社

戴有炜. 2011. Windows Server 2008 R2 安装与管理. 北京：清华大学出版社

廉文娟. 2014. 现代操作系统与网络服务管理. 北京：北京邮电大学出版社

刘晓辉，李书满. 2010.Windows Server 2008 服务器架设与配置实战指南. 北京：清华大学出版社

麦克莱恩. 2009. Windows Server 2008 网管员自学宝典(MCITP 教程). 施平安，刘晖，张大威，等译. 北京：清华大学出版社

《全国高等职业教育计算机系列规划教材》丛书编委会. 2011.Windows Server 2008 服务器架设与管理教 程(项目式). 北京：电子工业出版社

王春海，薄鹏. 2012. Windows Server 2008 R2 系统管理实战. 北京：清华大学出版社

杨云. 2015. Windows Server 2008 网络操作系统项目教程. 3 版. 北京：人民邮电出版社

张博. 2013. Windows Server 2008 R2 网络配置与管理. 北京：人民邮电出版社

朱林立. 2015. 网络操作系统配置与管理实训教程. 2 版. 北京：机械工业出版社